Sigrid Hirbodian/Tabea Scheible (Hg.)

Mensch und Wald seit dem Mittelalter

SCHRIFTEN ZUR SÜDWESTDEUTSCHEN LANDESKUNDE

Herausgegeben von
Jürgen Dendorfer, Sigrid Hirbodian, Sabine Holtz,
Ulrich Köpf, Bernhard Mann, Wilfried Schöntag, Ellen Widder
in Verbindung mit dem
Institut für Geschichtliche Landeskunde und
Historische Hilfswissenschaften der Universität Tübingen

Band 87

Mensch und Wald seit dem Mittelalter

Lebensgrundlage zwischen Furcht und Faszination

Herausgegeben von
Sigrid Hirbodian und Tabea Scheible

Jan Thorbecke Verlag

Gefördert durch
Andrea von Braun Stiftung
Hochschule für Forstwirtschaft Rottenburg
Stadt Rottenburg
Sülchgauer Altertumsverein
Universitätsbund der Universität Tübingen e. V.

Die Verlagsgruppe Patmos ist sich ihrer Verantwortung gegenüber unserer Umwelt bewusst. Wir folgen dem Prinzip der Nachhaltigkeit und streben den Einklang von wirtschaftlicher Entwicklung, sozialer Sicherheit und Erhaltung unserer natürlichen Lebensgrundlagen an. Näheres zur Nachhaltigkeitsstrategie der Verlagsgruppe Patmos auf unserer Website www.verlagsgruppe-patmos.de/nachhaltig-gut-leben

Bibliografische Information der Deutschen Nationalbibliothek
Die Deutsche Nationalbibliothek verzeichnet diese Publikation in der Deutschen Nationalbibliografie; detaillierte bibliografische Daten sind im Internet über http://dnb.d-nb.de abrufbar.

Verlagsgruppe Patmos in der Schwabenverlag AG, Ostfildern
www.thorbecke.de

Umschlagabbildung: Tübinger Forst von Georg Gadner, 1592 (© HStA S N 3 Nr. 1/16 Bild 1)
Umschlaggestaltung, Satz und Repro: Schwabenverlag AG, Ostfildern
Druck: Beltz Grafische Betriebe GmbH, Bad Langensalza
Hergestellt in Deutschland
ISBN 978-3-7995-5287-5

Inhalt

Vorwort

„Keine Zukunft ohne Geschichte!" war einer der Slogans der Studierenden, als man vor Jahren an einer Landesuniversität erwogen hatte, eine Professur in den Geschichtswissenschaften nicht wiederzubesetzen. Obwohl dieser Satz vermutlich anders – oder ganz bewusst doppeldeutig gemeint war, machte er (mir) in knapper Weise einen Zusammenhang deutlich, der uns im Alltag entweder zu selbstverständlich ist oder zu unbedeutend: unser heutiges Leben, unsere Werte und unser Wohlstand stehen in einem direkten Zusammenhang mit unserer Herkunft, unserer Geschichte, unseren Erfahrungen und unserer Entwicklung.

Den Wissenschaftlerinnen und Wissenschaftlern der Disziplinen, die sich mit unserer Historie beschäftigen, ist dieser Zusammenhang klar und er ist eine der Grundvoraussetzungen für ihre Deutungen. Auch die Forstwissenschaftlerinnen und Forstwissenschaftler gehen in ihrer Arbeit mit großen Zeitspannen um, deren Beginn viel weiter zurückliegt als ein Baumalter und deren Reichweite ihre eigene Lebenserwartung und die Zeiträume sicherer Vorhersagen weit übertrifft. Dabei spielen die Standpunkte der Akteure in ihrer jeweiligen Zeit eine ebenso bedeutende Rolle wie die Standorte der Bäume und Wälder.

Es lag also fachlich nahe, diese „Schnittmenge" des Erfahrungs-, Untersuchungs- und Prognosezeitraums zwischen den beiden Wissenschaftsdisziplinen in einen engeren Kontakt miteinander zu bringen, im Diskurs andere Sichtweisen kennenlernen und neue Schlüsse ziehen zu können. Angesichts der geographischen Nähe der Hochschule für Forstwirtschaft Rottenburg zur Universität Tübingen lag das auch im buchstäblichen Sinne nahe.

In enger Zusammenarbeit der beiden Hochschulen und unter engagierter Mitwirkung des Sülchgauer Altertumsvereins und der Stadt Rottenburg am Neckar ist es gelungen, im Herbst 2018 an der HFR das Symposium „Wald und Mensch" zu realisieren, in dem Wissenschaftlerinnen und Wissenschaftler beider „Welten" – der anwendungsorientierten Forstwissenschaften und der Grundlagenforschung an der Universität Tübingen – zu Wort, miteinander und mit einem fachkundigen Publikum ins Gespräche kamen. Insofern war dieses Symposium auch ein bemerkenswertes Beispiel für die Stärke der Vielfalt in der Hochschullandschaft Baden-Württembergs.

Ich danke allen in der Vorbereitung und Realisierung beteiligten Kolleginnen und Kollegen sowie allen, die in Vorträgen und Diskussionen interessante und bereichernde Beiträge zu dieser Veranstaltung geleistet haben. Und ich freue mich sehr darüber, dass diese Beiträge nun auch im vorliegenden Tagungsband erschienen und nachzulesen sind.

Prof. Dr. Dr. h.c. mult. Bastian Kaiser

Einleitung

Sigrid Hirbodian & Christian Kübler[1]

> *„Nicht nur der Klimawandel gefährdet zunehmend die Vitalität unserer Wälder. Auf großer Fläche sind die Waldböden immer noch von der Altlast des sauren Regens in den 1980er und 90er Jahren geprägt.“*[2]

In einer Zeit, in der die Probleme des globalen Klimawandels für die Menschheit immer deutlicher zutage treten, ist auch der Wald als wichtiges Ökosystem in das Bewusstsein der Öffentlichkeit zurückkehrt – wenn er in der jüngeren Geschichte der Bundesrepublik Deutschland überhaupt jemals verschwunden war. Seit der Mitte der 1970er Jahre hatte sich in den DACH-Staaten unter dem Eindruck der wirkmächtigen Studie *The Limits to Growth. A Report for the Club of Rome's Project on the Predicament of Mankind* zur Zukunft der Weltwirtschaft eine gesamtgesellschaftliche Sorge über den Zustand der heimischen Wälder ausgebreitet, die unter dem Schlagwort des Waldsterbens stark in das Bewusstsein des Menschen gerückt ist.

Spätestens seit den 1980er Jahren ist der deutsche Wald auf mannigfaltige Art und Weise Gegenstand von wissenschaftlichen Untersuchungen, öffentlichen Debatten sowie privaten und staatlichen Projekten gewesen. Dabei wurde der Fokus aber nicht nur auf umweltproblematische Aspekte gelegt, sondern das „Phänomen Wald“ wurde aus einer breiten Basis von unterschiedlichsten Thematiken und Fachdisziplinen heraus betrachtet, untersucht und interpretiert. In den historischen Disziplinen war man sich der Bedeutung des Waldes für moderne wie vormoderne Gesellschaften hingegen schon sehr viel früher bewusst, aber auch hier haben die gesellschaftlichen Entwicklungen ab den 1970er Jahren dazu geführt, den deutschen Wald verstärkt und teilweise unter neuen Gesichtspunkten unter die Lupe zu nehmen. Dass Wälder bis weit ins 19. Jahrhundert geradezu eine der wichtigsten Lebensgrundlagen für den Menschen sowohl als Individuen, als auch Gruppen gebildet haben, ist dabei immer wieder hervorgehoben worden. Als Beispiel sei hier lediglich nur die 27. Tagung des „Arbeitskreises für genetische Siedlungsforschung in Mitteleuropa“ (heute ARKUM) verwiesen, die vom 27.–30. September 2000 in Tübingen stattfand und auf interdisziplinärer Ebene nach den Zusammenhängen zwischen Wald und Siedlung gefragt hat. Die Ergebnisse

---

1 Aufgrund der COVID-19-Pandemie und mehreren Personalwechseln kam es zu einer längeren Verzögerung bis zur Drucklegung des Bandes. Die beiden Herausgeberinnen möchten an dieser Stelle allen Beteiligten danken, die zur Realisierung der Publikation beigetragen haben.

2 Waldzustandsbericht 2022, S. 51, hrsg. von der Forstlichen Versuchs- und Forschungsanstalt Baden-Württemberg. Online: https://www.fva-bw.de/daten-tools/monitoring/waldzustandserhebung

wurden im 19. Band der *Siedlungsforschung*[3] publiziert. Hier wird deutlich, wie bedeutend neben aktuellen Klima- und Umweltschutzdebatten die historische Dimension dieses Themas ist.

An diese Tradition anknüpfend fand vom 27.–28. April 2018 in Rottenburg am Neckar die Tagung *Mensch und Wald seit dem Mittelalter. Lebensgrundlage zwischen Furcht und Faszination* statt, die das Institut für Geschichtliche Landeskunde und Historische Hilfswissenschaften zusammen mit der Hochschule für Forstwirtschaft Rottenburg, dem Sülchgauer Altertumsverein und der Stadt Rottenburg konzipiert und durchgeführt hat. Dabei stand mit den Wechselbeziehungen zwischen Mensch und Wald, ihren Ausprägungen und Auswirkungen in der Geschichte eine Frage im Vordergrund, die viele der genannten Aspekte aufgreift. Der aus dieser Tagung hervorgegangene Sammelband mit Beiträgen aus der Geschichtswissenschaft, Archäologie, Forstwirtschaft, Baugeschichte und Literaturwissenschaft zeigt einen interdisziplinären Blick auf die Thematik „Mensch und Wald".

Im ersten Beitrag KAHLSCHLAG? IM URWALD? beschäftigt sich Rainer Schreg mit dem mittelalterlichen Landesausbau sowie den damit verbundenen Rodungsvorgängen vornehmlich aus archäologischer Perspektive. Hierbei geht er von drei Beobachtungen aus, nämlich erstens, dass die bisherigen Vorstellungen zu diesem Thema häufig noch auf kolonialistischem Gedankengut des 19. Jahrhunderts beruhen, zweitens, dass den Bauern als eigentlichen Akteuren solcher Rodungsvorgänge deutlich mehr Handlungsspielraum zuzurechnen ist, als dies in der bisherigen Forschung der Fall gewesen ist, und drittens, dass archäologischen sowie geoarchäologischen Untersuchungen der letzten Jahre zufolge der vermeintlich erst im Hochmittelalter gerodete Raum häufig bereits deutlich frühere Nutzungs- und Siedlungsphasen aufweist. In einem ersten Teil beschäftigt sich Schreg mit dem Mythos vom deutschen Wald als Wildnis, dessen Grundlagen bereits bei antiken römischen Autoren zu finden sind. Diese Entwicklung zieht sich bis in die heutige Gegenwart fort und bedient sich dabei des Narrativs vom Wald als Wildnis im Gegenzug zur offenen, agrarischen Kulturlandschaft als Errungenschaft einer vermeintlich modernen Gesellschaft. In einem zweiten Teil untermauert Schreg anhand dreier Beispiele aus südwestdeutschen Mittelgebirgslandschaften seine eingangs vorgestellten Thesen, bevor er zum Schluss noch der Frage nachgeht, inwieweit der früh- und hochmittelalterliche Landesausbau für das spätmittelalterliche Wüstungsphänomen verantwortlich gemacht werden kann.

Mit einer wichtigen Funktion, die dem Wald im Mittelalter und der Frühen Neuzeit zukam, setzt sich Christoph Schurr auseinander. Der Jagdausübung lagen mannigfaltige Aspekte zugrunde, wie im Beitrag deutlich herausgearbeitet wird. Nach einer kurzen einführenden Übersicht über die gegenwärtige Jagdsituation in Deutschland und speziell in Baden-Württemberg zieht Schurr den Vergleich für das frühe 16. Jahrhundert. Einer der größten Unterschiede zu heute bestand in der Tatsache, dass das Jagdrecht in dieser Zeit

3 Klaus FEHN u. a.: Siedlungsforschung 19 (2001).

weitestgehend in den Händen der Landesherrschaften lag und ein wichtiges Element ihrer Macht darstellten. Lediglich in den vereinzelt eingestreuten freien Pirschbezirken durften auch die Untertanen jagen. Anschließend widmet sich Schurr der Jagdbewaffnung und unterschiedlichen Jagdpraktiken, die teilweise zu bedeutenden Umgestaltungen der Kulturlandschaft in Mitteleuropa geführt haben. Auch der Aspekt der Wilderei wird thematisiert, die im Herzogtum Württemberg vergleichsweise milde sanktioniert wurde. Zum Schluss wird von Schurr noch die Frage nach Kosten und Nutzen in Bezug auf die Landesherrschaft und die bäuerliche Bevölkerung gestellt. Während beim Adel Jagdlust und Repräsentation überwogen, ist für die ländliche Bevölkerung – wenig verwunderlich – das Gegenteil feststellbar. Diese wurde nach und nach aus dem Jagdrecht verdrängt und musste mit den Wild- sowie Jagdschäden zurechtkommen, die häufig nicht unerhebliche wirtschaftliche Einbußen zur Folge hatten.

Peter Rückert widmet sich in seinem Beitrag dem Phänomen WALD UND HERRSCHAFT IM SPÄTEREN MITTELALTER in Südwestdeutschland. Dieses Thema ist in den letzten Jahrzehnten aufgrund des deutlich gestiegenen Interesses an der Umweltgeschichte stärker in den Fokus der Wissenschaft gerückt, wobei eine umfassende Erörterung der Problematik Wald und Herrschaft aus umweltgeschichtlicher Sicht noch nicht vorgelegt wurde. Rückert nimmt sowohl geistliche als auch weltliche Herrschaften in den Blick, denn ihnen allen war gemeinsam, dass sie Verfügungsgewalt über den Wald innehatten. Als Beispiele dienen ihm hierzu die Zisterzienser in Herrenalb und Maulbronn, der Bischof von Würzburg sowie die Grafen bzw. späteren Herzöge von Württemberg. Mit dem Ende der großflächigen Rodungsvorstöße im 13./14. Jahrhundert verengte sich auch der Blick der Herrschaftsträger neben der Jagd auf die wirtschaftliche Nutzung des Waldes. Dies geschah häufig zu Lasten der bäuerlichen Anteile, deren hergebrachten Rechte mehr und mehr durch landesherrliche Privilegierungen zurückgedrängt wurden. Rückert macht deutlich, dass es den verschiedenen Obrigkeiten neben der eigenen Holzversorgung und Waldweide vor allem um den wirtschaftlichen Profit durch Rodung, Beweidung, Holzverkauf oder Verpachtung ging. Nicht zuletzt diente der Wald aber auch der herrschaftlichen Repräsentation durch Jagd und Besuche in den Wildbädern. Diese Demonstration von Macht spielte im Territorialisierungsprozess des ausgehenden Mittelalters und der Frühen Neuzeit gerade auch im deutschen Südwesten eine zentrale Rolle.

Der Wald als zentrale Rohstoffquelle der Frühen Neuzeit ist das Thema von Johanna Regnath. Bis ins 19. Jahrhundert wurde der Wald vor allem für die drei wichtigen Ressourcenkomplexe Energieversorgung, Gewinnung von Werkstoffen sowie für die landwirtschaftliche Nutzung benötigt, die von Regnath nacheinander ausführlich thematisiert werden. Brennholz als Energielieferant für den heimischen Herd bildete die Grundlage für jeden Haushalt der Frühen Neuzeit. Dementsprechend stark wurde der Holzbezug des Einzelnen durch die Herrschaft im Laufe der Zeit reglementiert und eingegrenzt. Dies führte regelmäßig zu Konflikten mit der Obrigkeit und stellte zentrale Forderungen der aufständischen Bevölkerung im Armen Konrad 1514 und im Bauernkrieg 1525 dar. Auch beim zweiten Ressourcenkomplex Werkstoff wird deutlich, welch große Bedeutung Holz zukam. Es wurde nicht nur als Bauholz beim Haus- oder Zaunbau verwendet, sondern diente als Grundstoff ebenso bei der Herstellung von Möbeln oder Gebrauchsgegenständen aller Art, die heute durch andere Rohstoffe wie Plastik etc. ersetzt wurden. In der landwirtschaftlichen Nutzung, dem dritten zentralen Ressourcenkomplex, wurden Waldflächen in den Sommermonaten als Viehweide herangezogen und Äste mit Blättern als Viehfutter gesammelt. Es ist somit leicht nachvollziebar, dass die Ressource Wald häufig Konfliktpotential bot, für das ständig neue Lösungsansätze gefunden werden mussten, wie Johanna Regnath im zweiten Teil ihres Beitrages erläutert.

Georg Wendt befasst sich mit Forstkonflikten in Württemberg während des 15. und 16. Jahrhunderts. Diese werden in vier Punkten dargestellt. Der erste Punkt ist der Beziehung zwischen Wald und Herrschaft gewidmet und beschreibt vor allem die Entstehung der württembergischen herrschaftlichen Forstverwaltung. Der zweite Aspekt beschreibt den Wald als Rückzugsort für Außenseiter der Gesellschaft, die sich etwa körperlichen Strafen entziehen wollten, oder von der Obrigkeit in die Verbannung geschickt wurden. Dabei wird deutlich, wie beschwerlich und drückend ein solches Leben in der Wildnis für die Delinquenten werden konnte. Forstpolitik war zugleich auch Außenpolitik, wie Wendt in seinem dritten Punkt ausführt. Dies war vor allem dem Umstand geschuldet, dass Forstgrenzen nicht kongruent zu neuzeitlichen Territorialgrenzen verliefen. Daraus ergaben sich immer wieder Kompetenzstreitigkeiten zwischen Landesherren und Forstleuten, da man sich auf jeweils unterschiedliche Rechtsvorstellungen und Territorien berufen konnte, wie das Beispiel der Reichsstadt Esslingen und Herzog Ulrich von Württemberg verdeutlicht. Der letzte Punkt zeigt am Beispiel der Besetzung des Herzogtums durch 10.000 spanische Söldner während des Augsburger Interims welches Konfliktpotential die Waldnutzung barg. Die Soldaten waren auf Holz und Nahrung angewiesen, was zu ausgedehnter Wilderei und weiteren Formen von Beschaffungskriminalität führte. Hieraus entstanden teils gewalttätige Auseinandersetzungen zwischen spanischen Besatzern und württembergischem Forstpersonal, die erst unter Herzog Christoph entschärft werden konnten.

Den Wald aus Sicht der deutschen Literatur beschreibt Stefan Knödler. Literarischer und realer Wald sind hierbei unterschiedlich zu bewerten, da der fiktive Wald der Literatur stets von kulturellen Prägungen und Zuschreibungen abhängig war und ist. Dies wird von Knödler eingangs am Beispiel von Goethes Gedicht Wanderes Nachtlied aus dem Jahr 1780 erläutert. Wald wird in der Literatur zum semantisierten Raum, der mehr die Seelenlandschaft der Autoren als reale Gegebenheiten widerspiegelt. Wird der Wald lange Zeit lediglich als gefährlich, dunkel, unheimlich oder gar unchristlich wahrgenommen, ändert sich diese einseitige Sichtweise zu Beginn des 19. Jahrhunderts. Im zweiten, ausführlicheren Teil seines Beitrages stellt Knödler fünf verschiedene Erscheinungsformen des Waldes in der deutschen Literatur vom Mittelalter bis zur Romantik exemplarisch dar. Diese sind der allegorische Wald, der gefährliche Wald, der Jagdwald, der Märchenwald und der romantische Wald.

Bernhard Grewe fragt nach den Bewältigungsstrategien der kurpfälzischen Regierung im Zusammenhang der dortigen großen Holznot während des 19. Jahrhunderts. Einleitend erläutert er die immense wirtschaftliche Bedeutung, die der Wald für die vor- und frühindustrielle Gesellschaft gehabt hat und weshalb eine drohende Verknappung dieser wichtigen materiellen Ressource erhebliche negative Auswirkungen zur Folge hatte. Anschließend skizziert Grewe die Auswirkungen einer solchen Waldressourcenknappheit anhand der bayerischen Pfalz als regionale Fallstudie. Dort können mehrere Merkmale festgestellt werden, die auf die Holzknappheit im 19. Jahrhundert verstärkte Auswirkungen gehabt haben. Insbesondere der Wunsch der Regierung, möglichst hohe Holzpreise für die Staatskasse zu generieren führte dazu, dass sich die ärmere Bevölkerung häufig kein Holz für den Eigenbedarf mehr leisten konnte, was zu einem eklatanten Anstieg der Forstfrevel geführt hat. Als Reaktion darauf, so die weiteren Ausführungen Grewes, wurden vor allem zwei Maßnahmen verfolgt. Zum einen versuchte man, die Verbraucher zu zwingen, weniger Holz zu verbrauchen und auf Torf oder Steinkohle als Energielieferanten umzusteigen, wobei hier lediglich der private Verbraucher in die Pflicht genommen wurde. Zum anderen bemühte sich der Staat durch die Einführung einer rationalen Forstwirtschaft, das Angebot nachhaltig zu erhöhen. Als Ergebnis stellt Grewe zum Schluss fest, gelang es dem modernen Staat durch moderne arbeitsteilige Bürokratie und Verrechtlichung einen homogenen, gleichaltrigen und nur aus wenigen Baumarten bestehenden Hochwald zu schaffen, der allerdings nach wie vor zu Lasten der sozial schwachen Teile der Bevölkerung ging.

Auf die europaweite Problematik durch jahrhundertelange Übernutzung der Wälder, da Holz eine der zentralen Ressourcen der Vormoderne darstellte, macht Sebastian Hein in seinem Beitrag aufmerksam. Anschließend beschreibt er historische Lösungsansätze eines nachhaltigen Waldaufbaus, die erst im Laufe des 19. Jahrhunderts entstehen konnten, als durch die Einführung von Kohle, Mineraldünger und Stallhaltung der Wald allmählich entlastet wurde. Zunächst kam es zu Gründungen forstlicher Akademien in Frankreich und Deutschland, um die Pflege nachhaltiger Nutzwälder in wissenschaftliche Bahnen zu lenken. Da Prognosen zum Holzwachstum allerdings nur schwer zu generalisieren waren, behalf man sich mit der Errichtung von Versuchsanlagen, um Waldzuwachs durch Methodik und Standardisierung überregional zu quantifizieren. Ein weiterer Versuch, der im 19. und 20. Jahrhundert von der Forstwissenschaft mit großer Hoffnung durchgeführt wurde, war die Einführung von fremdländischen Baumsorten, die den Ertrag steigern sollten. Heute ist man diesbezüglich allerdings sehr viel zurückhaltender. Zum Abschluss verweist Hein darauf, dass trotz aller moderner Forstwirtschaft auch heute Wald als eine endliche Ressource begriffen werden muss, der nicht so statisch ist, wie man allgemein denken mag.

Kahlschlag? Im Urwald?
Archäologische Aspekte zu Landesausbau und Rodung im Mittelalter

RAINER SCHREG

Lange Zeit sah man im mittelalterlichen Landesausbau eine Rodungsbewegung, bei der unter herrschaftlicher Lenkung dem Wald neues Ackerland abgerungen wurde. Im Schutz von „Rodungsburgen" habe der Adel planmäßig Wald gerodet und Siedlungen gegründet.

An diesem Bild melden neuere Forschungen vielfältige Zweifel an: Erstens zeigt sich, dass das zugrunde liegende theoretische Konzept aus kolonialistischem, bisweilen rassistischem Gedankengut des 19. Jahrhunderts entspringt und nur schwach durch indirekte Quellen abgedeckt ist. Zweitens zeigt sich, dass den Bauern wohl weit mehr eigener Handlungsspielraum zuzubilligen ist. Auch hier dürfte ein Geschichtsverständnis eine Rolle spielen, das noch immer den in den Quellen besser sichtbaren Eliten sowie Institutionen eine entscheidende Bedeutung in historischen Prozessen zubilligt. Drittens schließlich gab es in den letzten Jahren mehrfach (geo)archäologische Beobachtungen, die zeigen, dass es in vielen vermeintlich erst im Rahmen einer hochmittelalterlichen Kolonisation gerodeten und besiedelten Mittelgebirgslandschaften ältere, frühmittelalterliche Nutzungsphasen gab.

Daraus ergeben sich die Fragen, wie man sich denn Wald und Rodung im Früh- und Hochmittelalter vorzustellen hat und inwiefern wir hier nicht einem weiteren Mythos, nämlich dem des deutschen Waldes verhaftet bleiben?[1]

1 Vorliegender Beitrag baut auf einigen früheren Arbeiten auf, die das Thema der Siedlungsgeschichte südwestdeutscher Mittelgebirgslandschaften jeweils aus etwas anderer Perspektive behandeln: Rainer SCHREG: Before Colonization: Early Medieval Land-Use of Mountainous Regions in Southern and Western Germany, in: Christoph BARTELS/Claudia KÜPPER-EICHAS (Hgg.): Cultural Heritage and Landscapes in Europe – Landschaften – kulturelles Erbe in Europa. Internationale Konferenz 6.–10. Juni 2007 im Deutschen Bergbau-Museum Bochum (Veröffentlichungen aus dem Deutschen Bergbau-Museum Bochum, Bd. 161), Bochum 2008, S. 293–312; Rainer SCHREG: Development and Abandonment of a Cultural Landscape – Archaeology and Environmental History of Medieval Settlements in the Northern Black Forest, in: Jan KLÁPŠTĚ/Petr SOMMER (Hgg.): Medieval Rural Settlement in Marginal Landscapes (Ruralia, Bd. VII), Turnhout 2009, S. 315–333; Rainer Schreg: Uncultivated Landscapes or Wilderness? Early Medieval Land Use in Low Mountain Ranges and Flood Plains of Southern Germany, in: European Journal of Post-Classical Archaeologies 4 (2014), S. 69–98; Rainer SCHREG: Mönche als Pioniere in der Wildnis? Aspekte des mittelalterlichen Landesausbaus, in: Marco KRÄTSCHMER/Katja THODE/Christina VOSSLER-WOLF (Hgg.): Klöster und ihre Ressourcen. Räume und Reformen monastischer Gemeinschaften im Mittelalter (RessourcenKulturen, Bd. 7), Tübingen 2018, S. 39–58; Rainer SCHREG: Late Medieval Deserted Settlements in Southern Germany as a Consequence of Long-Term Landscape Transformations, in: Niall BRADY/Claudia THEUNE (Hgg.): Settlement Change across Medieval Europe. Old Paradigms and New Vistas (Ruralia, Bd. XIII), Kilkenny 2017/Leiden 2019, S. 161–170; Rainer SCHREG: Kolonisation und Landnahme von Marginal- und Ungunsträumen. Mythen, Paradigmen und Ideologien und ihre Auswirkungen auf moderne Vorstellungen zum mittelalterlichen Landes-

Der Mythos vom Wald als Wildnis

Der Mythos vom deutschen Wald ist zweifellos für die historische Umwelt- und Siedlungsforschung von grundlegender Bedeutung, erst als Paradigma, aber zunehmend auch als Thema. Die Wirkung des Mythos hat sich in den vergangenen Jahrzehnten deutlich abgeschwächt, wenngleich er noch in den 1980er Jahren bei der öffentlichen Rezeption des Waldsterbens eine wichtige Rolle spielte und auch jüngst bei den Protesten gegen den Braunkohletagebau am Hambacher Forst bemüht wurde.[2]

Die romantische Vorstellung vom deutschen Wald als identitätsstiftendes Element des deutschen Nationalcharakters und Garant der Tradition verklärte den Wald als unberührte Wildnis. Siedlungen in Waldgebieten wurden daher eher als Rodung denn als Teil einer komplexen Entwicklung der Kulturlandschaft begriffen. So zeigt eine Karte des Geographen Otto Schlüter vor allem die Rodungsgebiete und die restlichen Waldflächen des 19. Jahrhunderts.[3] Sie impliziert ein langfristiges Zurückdrängen des Waldes und blendet beispielsweise die Phasen einer Wiederbewaldung in Spätmittelalter und früher Neuzeit aus.

Antike Bilder der barbarischen Wildnis

Die Grundlagen des Mythos des deutschen Waldes legte bereits die Antike.

Text 1: **Caesar, Der Gallische Krieg (VI, 25–28)**

> *„Der Wald Hercynia. Niemand in diesen Gegenden Germaniens, selbst wenn er 60 Tage gereist ist, kann behaupten, dass er den Anfangspunkt des Waldes gesehen oder etwas Bestimmtes darüber erfahren habe. Bekanntlich leben in ihm auch viele Tiergattungen, die man anderswo nicht findet:*
>
> *– ein Rind, dem Hirsch nicht unähnlich, auf dessen Stirn mitten zwischen den Ohren sich ein Horn erhebt*
>
> *– der Elch. Er gleicht an Gestalt und Farbenwechsel des Fells einer Wildziege, ist aber etwas größer; seine Hörner sind nur ein Stumpf, und seine Beine haben keine Knöchel und Gelenke. Wenn er ausruhen will, legt er sich deshalb nicht nieder und kann sich, wenn er durch einen Zufall niederstürzt, nicht aufrichten oder aufhelfen. Bäume dienen ihm daher als Lager; ... die Jäger ... untergraben entweder alle Bäume in der Wurzel oder hauen sie ... an ... Lehnt sich dann ein Elch seiner Gewohnheit nach daran, so drückt er den geschwächten Baum durch sein Gewicht um und fällt selbst mit zur Erde.*

ausbau, in: Jan J. MIERA/Thomas KNOPF/Thomas SCHOLTEN (Hgg.): Gunst/Ungunst. Nutzung und Wahrnehmung von (Marginal-) Räumen (RessourcenKulturen, Bd. 20), Tübingen 2022, S. 37–68.

2 Tief verwurzelt. Die Deutschen und der Wald. Süddeutsche Zeitung (21.9.2018).

3 Otto SCHLÜTER: Die Siedlungsräume Mitteleuropas in frühgeschichtlicher Zeit. 1. Einführung in die Methodik der Altlandschaftsforschung (Forschungen zur deutschen Landeskunde, Bd. 63), Remagen 1952.

– die sogenannten Auerochsen, die in ihrem ganzen Äußeren, besonders an Gestalt und Farbe, dem Stier nahe kommen, aber fast so groß sind wie ein Elefant. Diese Tiere besitzen eine gewaltige Stärke und Schnelligkeit; jeder Mensch und jedes Tier, das sie erblicken, ist verloren. Man gibt sich deshalb viel Mühe, sie in Gruben zu fangen und zu töten.“[4]

Text 2: Tacitus, Germania

“4. Das Land, obgleich in der besonderen Erscheinung etwas verschieden, ist doch im Allgemeinen entweder durch Wälder schauerlich oder durch Sümpfe wüst.

9. Haine und Wälder heiligen sie,

39. Zu bestimmter Zeit treten alle [suevischen] Stämme desselben Blutes durch Gesandte in einen Wald zusammen, ehrwürdig durch der Vorfahren Heiligung und uralte Gottesfurcht; dann wird in des Ganzen Namen ein Mensch geopfert, und so barbarischen Dienstes schauerlicher Uranfang gefeiert. Dieser Hain hat auch noch eine andere heilige Scheu: Niemand betritt ihn, außer gefesselt als Unterwürfiger und offen die Macht der Gottheit bekennend. Fällt er etwa, so dürfen sie nicht aufgehoben werden und auch nicht aufstehen: über den Boden hin schieben sie sich hinaus.“[5]

Caesars und Tacitus Schilderungen sind keine Naturbeschreibungen, sondern sind den politischen Botschaften der Autoren untergeordnet. Es ist unnötig zu sagen, dass die Archäologie weder die von Caesar beschriebenen Einhornrinder noch eine geschlossene Bewaldung Deutschlands während der Antike nachweisen kann. Vielmehr zeigen archäologische Fundstellen der römischen Kaiserzeit außerhalb wie innerhalb des römischen Limes die Existenz dicht besiedelter Siedlungsräume. Beide Schilderungen des Waldes sind zwar eher düster, aber die Humanisten der frühen Neuzeit deuteten den Wald nun positiv.

Das Ideal der mittelalterlichen Klöster

Ein zweites Element der Waldwahrnehmung resultiert aus einer christlichen Konnotation, die bereits im Mittelalter propagiert wurde. Klöster wählten im frühen wie im hohen Mittelalter häufig Standorte im Wald, der als Ort der Kontemplation und der gottgefälligen Arbeit wahrgenommen wurde. Er verkörpert das Ideal von *ora et labora*. Einerseits verspricht die *„dürre Einöde“* eine besondere Nähe zu Gott[6], andererseits lässt sich mit Rodung des Waldes auch das Gebot „Macht euch die Erde untertan“[7] in die Tat umsetzen.

4 Otto Schönberger: Caius Iulius Caesar: Der gallische Krieg. Lateinisch – deutsch = Commentarii de bello Gallico (Sammlung Tusculum), München [8]1986; Übersetzung nach Anton Baumstark: Des Gaius Iulius Caesar Denkwürdigkeiten des Gallischen und des Bürgerkriegs, Stuttgart 1854.

5 Manfred Fuhrmann: Caius Cornelius Tacitus: Germania. Lateinisch/Deutsch (Reclams Universal-Bibliothek, Nr. 9391), Stuttgart 2016. Übersetzung in Anlehnung an Anton Baumstark: Die Germania von C. Cornelius Tacitus, Freiburg 1876.

6 5. Buch Mose 32,10.

7 1. Buch Mose 1,28.

Besonders den Zisterziensern galt der Wald als Ort des Schreckens und der öden Einsamkeit („*locus tunc scilicet horroris et vastae solitudinis*"),[8] der gezielt aufgesucht werden sollte. Die Statuten des Klosters Cîteaux schrieben daher vor, dass „keines unserer Klöster [...] in Städten, Kastellen oder Dörfern, sondern an entlegenen Orten, fern vom Verkehr der Menschen" zu errichten sei.[9]

Ein Abgleich mittelalterlicher Klosterstandorte mit schriftlichen, vor allem aber archäologischen Quellen zeigt indes, dass viele Klöster, selbst wenn sie ihre Abgeschiedenheit durch die Namenswahl oder in ihre Gründungslegenden betonen, keineswegs in einer Wildnis angelegt wurden. Dies gilt für früh- wie für hoch- oder spätmittelalterliche Gründungen in gleichem Maß. Beispielhaft sei an dieser Stelle nur auf das Zisterzienserkloster Bebenhausen verwiesen, wo einerseits archäologisch eine profane Vorgängerbesiedlung, wohl ein (befestigter?) Adelssitz nachgewiesen werden konnte, andererseits landschaftsarchäologische Beobachtungen im Schönbuch zeigen, dass hier nicht nur zahlreiche vorgeschichtliche und römische Fundstellen vorhanden sind, sondern, dass der Wald auch im Hoch- und Spätmittelalter durch Eisenverhüttung, Glas- und Keramikproduktion in den umliegenden Orten so sehr als Energielieferant genutzt wurde, dass die nachgewiesene spätmittelalterliche Bodenerosion im Kern des heutigen Landschaftsschutzgebietes daraus zu erklären sein dürfte.[10]

Der deutsche Wald: 19. Jahrhundert

Caesars Einhornrind wie auch die sakrale Aufladung durch die Klöster verklärten den Wald etwa in dem Gemälde „Das Schweigen des Waldes" von Arnold Böcklin 1885 zu einem romantischen Märchenwald, wie in der Romantik des 19. Jahrhundert der Wald überhaupt zu einer Seelenlandschaft wurde.[11] Die große Bedeutung des Waldes in den Werken von Caesar und Tacitus, die zugleich die ersten Zeugnisse einer ‚germanischen' Vergangenheit darstellen, schuf den Ursprungsmythos der deutschen Nation aus dem Wald, der lange ein wesentlicher Teil der deutschen Identität ausmachte.[12]

Das 19. Jahrhundert trug aber auch erheblich zu unserer modernen Vorstellung des Waldes bei, denn damals veränderte sich dessen Wahrnehmung durch die Etablierung der modernen Forstwirtschaft, durch die Aufhebung der Allmende und die Privatisierung des Waldes.

8 Kodex von Trient, Exordium Cistercii I,7; Hildegard BREM/Alberich M. ALTERMATT: Einmütig in der Liebe. Die frühesten Quellentexte von Cîteaux; lateinisch-deutsch, Langwaden 1998, S. 32.

9 Abt Bernhard von Clairvaux: Statuten des Klosters Cîteaux, ca. 1130/34, Kodex von Trient, Capitula IX,3; BREM/ALTERMATT: Einmütig in der Liebe (wie Anm. 8), S. 47.

10 S. u. ‚Beispiel Schönbuch'.

11 Ute JUNG-KAISER (Hg.): Der Wald als romantischer Topos (Interdisziplinäres Symposion der Hochschule für Musik und Darstellende Kunst Frankfurt am Main, Bd. 5), Bern u. a. 2008, S. 13–36

12 Johannes ZECHNER: Der deutsche Wald. Eine Ideengeschichte zwischen Poesie und Ideologie 1800–1945, Darmstadt 2016, bes. S. 16–21.

Abb. 1: Arnold Böcklin: Schweigen im Walde, 1885.

Ein wichtiger Faktor dürfte auch die erste Energiewende weg von grüner Energie hin zu fossilen Energieträgern gewesen sein. Viele Waldnutzungen wurden durch den Gedanken des Waldschutzes aus dem Wald verbannt. Neben dem Brennholzmachen wurde die Laubernte und die Streuwirtschaft unterbunden, was den Wald großen Teilen der Gesellschaft noch einmal mehr entfremdete. Die zunehmende Bürokratisierung mit ihrer kartographischen Erfassung und der Anlage eines Katasters führte zu einer simplifizierenden Differenzierung von Wald und Offenland, die den sehr komplexen älteren Land- und Waldnutzungsformen nicht gerecht wird.[13]

Wald und Wildnis zwischen Rassismus und Naturschutz

Einen wesentlichen Anteil an unserem Bild des Waldes als Wildnis hat sicher der Wilde Westen in den USA. Zwar wird dessen klassisches, in Deutschland nicht zuletzt durch Wild West Shows und populäre Literatur wie Karl May vermittelte Bild eher durch Prärie und

13 Winfried Schenk: Bilanzierung von Wald und Offenland in vorindustrieller Zeit. Dargestellt an Beispielen vor allem aus Süd- und Westdeutschland, in: Alois Schmid/Konrad Ackermann (Hgg.): Staat und Verwaltung in Bayern. Festschrift für Wilhelm Volkert zum 75. Geburtstag (Schriftenreihe zur bayerischen Landesgeschichte, Bd. 139), München 2003, S. 373–383.

Wüste bestimmt, aber die dort geborene Idee des Nationalparks wurde in Deutschland vor allem auf Waldgebiete bezogen. Die Frontier in Nordamerika wurde als *Conquest of nature* und die *Frontier* als ein Prozess der Zivilisierung verstanden, was im Umkehrschluss bedeutete, dass davor die Wildnis liege.[14] Dieses Bild marginalisiert die eingeborene Bevölkerung und negiert deren Kulturlandschaften und frühere Landschaftsveränderungen. Dahinter steht ein kolonialistisches, in vielen Fällen gar rassistisches Weltbild.

In Deutschland verbreitete sich nicht nur der Nationalpark- und Naturschutzgedanke, sondern auch die Idee der Slawen als der Indianer des Ostens, die zwar auf das 19. Jahrhundert zurück geht, aber im 20. Jahrhundert etwa von Adolf Hitler aufgegriffen wurde. Erst die deutsche Eroberung sollte in den Steppen und Wäldern des Ostens eine Kulturlandschaft schaffen.[15]

Eine rassistische Konnotation des Waldes liegt im Übrigen auch in der Bezeichnung „Buschmänner" für die als Jäger und Sammler lebenden San bzw. !Kung im südlichen Afrika. Wenn hier auch kein Wald der gemäßigten Breiten gemeint ist, so zeigt sich doch auch hier die gedankliche Verknüpfung von Wald mit Primitivität.

Lehrreich ist hier auch der Blick in das Amazonasgebiet, wo Brasiliens Präsident Jair Bolsonaro die Rechte und Landnutzung der indigenen Bevölkerung negierte und Wald ausschließlich als Wildnis sah, die der Rodung und Kolonisation offen steht.[16] Das, was wir dort als unberührten Urwald sehen, ist aber, wie archäologische Untersuchungen der letzten Jahre gezeigt haben, in nicht unerheblichem Ausmaß eine Kulturlandschaft. In vielen Regionen, in denen die Forschung intensiviert wurde, konnten Siedlungen, Kulturböden (*terra preta do Indios*), Siedlungshügel, Straßentrassen und Erdwerke nachgewiesen werden.[17]

Das Paradigma des Ackerbaus

Die Wahrnehmung von Wald als Wildnis beruht nicht zuletzt auf der Vorstellung, dass Landwirtschaft auf dem Acker und nicht im Wald stattfindet. Die Landwirtschaft mittel-

14 Vgl. Frederick J. TURNER: The Frontier in American History, New York 1921.

15 David BLACKBOURN: Die Eroberung der Natur. Eine Geschichte der deutschen Landschaft, München [2]2007, S. 368–376; Winfried SCHENK: „Landschaft" und „Kulturlandschaft" – „getönte" Leitbegriffe für aktuelle Konzepte geographischer Forschung und räumlicher Planung, in: Petermanns Geographische Mitteilungen 146 (2002), S. 6–13. Zum Naturschutzgedanke im Nationalsozialismus: Frank UEKÖTTER: The Green and the Brown. A History of Conservation in Nazi Germany (Studies in Environment and History), Cambridge 2006.

16 „Indios werden sich ans bessere Leben gewöhnen müssen". Nachrichtenpool Lateinamerika (13.11.2018), URL: https://www.npla.de/poonal/indios-werden-sich-ans-bessere-leben-gewoehnen-muessen/ [zuletzt aufgerufen am 25.02.2019].

17 William M. DENEVAN: Rewriting the Late Pre-European History of Amazonia, in: Journal of Latin American Geography 11 (2012), S. 9–24; Morgan J. SCHMIDT/Anne RAPP PY-DANIEL/Michael J. HECKENBERGER u.a.: Dark Earths and the Human Built Landscape in Amazonia: a Widespread Pattern of Anthrosol Formation, in: Journal of Archaeological Science 42 (2014), S. 152–165.

Abb. 2: Kulturbild des neolithischen Ackerbaus – in einer waldfreien Kulturlandschaft mit Getreidebau und Pflug, 1922.

europäischer Prägung als vermeintlich fortschrittlichste Form der Landnutzung dient dabei als Maßstab. Kennzeichnend für weite Teile der Alten Welt ist die gemischte Landwirtschaft mit Viehhaltung und dominierendem Getreidebau auf großen, mit dem Pflug langfristig bearbeiteten Äckern. Die Haustiere spielen in diesem System eine wichtige Rolle bei der Düngung, aber auch als Arbeitskraft. Lange Zeit hat die Forschung diese Wirtschaftsform bis ins Frühneolithikum zurück projiziert Zwar treten mit den ersten Bauern in Mitteleuropa die ersten Getreide und Haustiere auf, aber neuere Forschungen zeigen, dass man sich die neolithische Landwirtschaft am ehesten als Waldfeldbau bzw. Brandwirtschaft vorzustellen hat.[18] Die alte Idee des Geographen Robert Gradmann,[19] wonach die ersten Ackerbauern gezielt unbewaldete Landstriche in einer von Wald geprägten Umwelt – das Offenland der postulierten Steppenheide – aufgesucht hätten, ist nicht nur durch die Erkenntnisse der Landschaftsforschung überholt. Sie ging zudem davon aus, dass Landwirtschaft weites offenes Ackerland voraussetzt. Die neolithischen Bauern seien, so meinte Gradmann, mit

18 Amy Bogaard: 'Garden Agriculture' and the Nature of Early Farming in Europe and the Near East. World Archaeology 37/2 (2005), S. 177–196. Zur früheren Lehrmeinung z. B. Karl Schumacher: Der Ackerbau in vorrömischer und römischer Zeit (Kulturgeschichtliche Wegweiser durch das Römisch-Germanische Central-Museum, Bd. 1), Mainz 1922.

19 Robert Gradmann: Vorgeschichtliche Landwirtschaft und Besiedlung, in: Geographische Zeitschrift 42 (1936), S. 378–386.

ihren Steingeräten gar nicht zur Rodung des Waldes fähig gewesen. Tatsächlich lassen sich sehr vielfältige Waldnutzungen schon ab dem Frühneolithikum nachweisen .[20] Die Häuser der frühneolithischen Linearbandkeramik-Kultur waren beispielsweise aus massiven Baumstämmen errichtet, die man sehr wohl mit Steinbeilen fällen und bearbeiten konnte. Im Jungneolithikum musste man im Voralpengebiet auf jüngere, kleinere Bäume zurückgreifen, aber hier waren Rodungszyklen und Siedlungsdynamik aufs engste miteinander verknüpft.[21] Auch in Mitteleuropa ist der Wald schon seit dem Neolithikum keine unberührte Wildnis mehr. Stellenweise haben die Menschen des Neolithikums Landschaften sogar so sehr geschädigt, dass sich bis heute der Wald nicht davon erholt hat. Dabei geht es zwar im Unterschied zu heute nur um relativ kleine Flächen, aber wir kennen etwa bei Aachen, aber auch von der Schwäbischen Alb, Bergbauareale, deren Pingen und Schutthalden bis heute den Wald beeinträchtigen. Bei Asch oberhalb von Blaubeuren wurde mindestens vom Mittelneolithikum an bis ins Endneolithikum hinein Jurahornstein gewonnen. Möglicherweise waren die Hornsteinvorkommen Grund, dass sich hier auch eine der am höchsten gelegenen bandkeramischen Siedlungen findet. Der Bergbau hat hier unter Wald eine Haldenlandschaft hinterlassen, die in jüngerer Zeit vor allem als Niederwald genutzt wurde. Im Mittelalter war dieser, wie das Toponym „Borgerhau“ anzeigt, den Bürgern von Blaubeuren überlassen.[22]

Solche Landschaftsveränderungen hat man dem Menschen lange nicht zugetraut, wie man überhaupt den ländlichen Raum im Wesentlichen als unveränderlich wahrgenommen hat. Der Universalhistoriker Oswald Spengler beispielsweise hat in den 1920er Jahren zwar betont, dass mit der Einführung des Ackerbaus der Mensch in seinem Boden verwurzelt sei, dass „er selbst zur Pflanze, nämlich Bauer“ würde, Diese Verwurzelung in der Natur führe dazu, dass der Bauer geschichtslos sei.[23] So hat man sich in der Forschung zu Beginn des 20. Jahrhunderts gar keine Gedanken darüber gemacht, dass auch in Mitteleuropa bzw. in Süddeutschland die Landwirtschaft in der Vergangenheit ganz anders ausgesehen haben mag. Eindrücklich zeigen dies frühe Rekonstruktionszeichnungen der neolithischen Landwirtschaft, die offenes Ackerland, Getreide und Haustiere darstellen

20 Angela M. KREUZ: Die ersten Bauern Mitteleuropas. Eine archäobotanische Untersuchung zu Umwelt und Landwirtschaft der ältesten Bandkeramik (Analecta Praehistorica Leidensia, Bd. 23), Leiden 1990, S. 185–196.

21 Niels BLEICHER: Altes Holz in neuem Licht. Archäologische und dendrochronologische Untersuchungen an spätneolithischen Feuchtbodensiedlungen in Oberschwaben (Materialhefte zur Archäologie in Baden-Württemberg, Bd. 83), Stuttgart 2009.

22 Lynn FISHER/Susan HARRIS/Corina KNIPPER/Rainer SCHREG: Neolithic Chert Extraction and Processing on the Southeastern Swabian Alb (Asch-Borgerhau, Germany), in: F. Bostyn/J. Lech/A. Saville u. a. (Hrsg.), Prehistoric Flint Mines in Europe. Oxford 2023, S. 269–284.

23 Oswald SPENGLER: Der Untergang des Abendlandes, München 1923, Bd. 2, S. 104, S. 546.

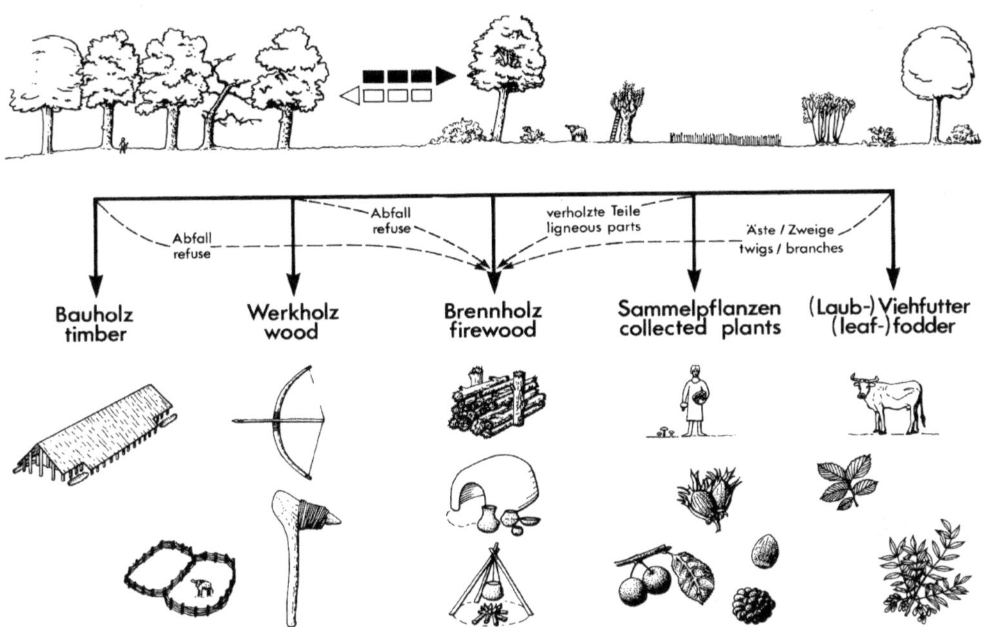

Abb. 3: Nutzung von Produkten aus dem Wald im Frühneolithikum nach A. Kreuz.

Sehr aufschlussreich ist auch das Beispiel der frühen Forschungen zu den Hochäckern, die seit der Mitte des 19. Jahrhunderts in Oberbayern Aufmerksamkeit gefunden haben.[24] In der Argumentation zur Datierung dieser meist unter Wald erhaltenen Ackerstrukturen berief man sich darauf, dass diese Flurform den heutigen Bayern unbekannt sei, sie also älter zu datieren sei. Da man diese Felder auch nicht für römisch hielt, wurden sie kurzerhand als „vindelikisch" bezeichnet. Hier zeigt sich, dass man wesentliche Veränderungen in der Landwirtschaft nur mit einem Bevölkerungswechsel für möglich erachtete. Was man dabei übersehen hat, war, dass in manchen Landschaften, so etwa im Elsass, die Wölbäcker damals durchaus noch in aktiver Nutzung waren.

Ein Problem ist es, dass die schriftlichen wie die archäologischen Quellen den klassischen Getreidebau bevorzugen. Die schriftlichen Quellen fokussieren auf jene Landwirtschaftsprodukte, die als Abgaben wegen ihrer Lager- und Transportfähigkeit attraktiv waren, was eben insbesondere auf das Getreide zutrifft. In der Archäobotanik haben ebenso die Getreide bessere Erhaltungschancen. Andere Feldfrüchte sind bestenfalls gut zu fassen, wenn das

24 Zum folgenden: Rainer Schreg: Mittelalterliche Feldstrukturen in deutschen Mittelgebirgslandschaften – Forschungsfragen, Methoden und Herausforderungen für Archäologie und Geographie, in: Jan Klápště (Hg.): Agrarian Technology in the Medieval Landscape (Ruralia, Bd. X), Turnhout 2016, S. 351–370, S. 351–354.

Bodensediment ausgeschlämmt wird und ggf. auch Phytolithen untersucht werden, was bislang aber kaum praktiziert wird, zumal auf Notgrabungen. Die Bedeutung des Getreidebaus und der offenen Ackerflächen unterliegt daher dem Risiko, dass er in der Bedeutung überschätzt wird und andere Formen der Landnutzung vergessen macht.

Waldnutzungen

Dieses Verdrängen gar nicht so alter Wirtschaftsformen aus dem kollektiven Gedächtnis betrifft einige weitere Wirtschaftsformen, insbesondere solche, die unmittelbar auch die Waldnutzung betreffen.[25] Zahlreiche Waldnutzungsformen kennen wir noch aus der Neuzeit, als sich die Forstwirtschaft bemühte, solche Nutzungen aus dem Wald zu drängen. Zu nennen sind hier die verschiedenen Formen der Brandwirtschaft, der Hutewald oder die Streuwirtschaft. Andere Nutzungsformen wie die Schwende, die sich vielerorts anhand von Flurnamen erfassen lässt, haben schon früher an Bedeutung verloren und lassen sich sehr schwer in ihrer Bedeutung einschätzen. Als Schwende (Geschwende, Unschweine etc.) wurden Flächen bezeichnet, bei denen die Bäume geringelt wurden.[26] Hier ist damit zu rechnen, dass dahinter kein einmaliger Vorgang stand, sondern eine längerfristige Praxis der Waldbewirtschaftung. Das Ringeln der Bäume führt zu einem Absterben der Baumkrone und in der Folge einer Auflichtung des Bodens, was dort eine Bewirtschaftung mit der Hacke und schließlich eine Verjüngung des Baumbestands ermöglicht. Die absterbenden Bäume, aber auch die Stockausschläge liefern dabei wichtiges Brennholz.

Die Vielfalt von Landnutzungsformen, die nicht immer eine klare Differenzierung von Wald und Offenland zuließen, tritt heute hinter der Idee des klassischen Getreidebaus als der selbstverständlichen Wirtschaftsweise zurück.

Zwischenfazit

Bewaldete Landschaften werden oft als „Natur“ oder Wildnis missverstanden oder auch deklariert. Dabei geht es nicht zuletzt um Nutzungsansprüche und legitimierende Narrative. In der Vergangenheit (und nicht selten auch heute) werden die Einwohner als rückständig und unzivilisiert stigmatisiert. Die Wahrnehmung des Waldes als Wildnis, als mystischen und gefährlichen Ort, in dem man Irrlichter, dem Wilden Mann, wilden Tieren und Räubern begegnet, ist nicht nur unter dem Aspekt des Weltbildes zu sehen, sondern hat auch

25 Vgl. z. B. Renate BÄRNTHOL: Nieder- und Mittelwald in Franken. Waldwirtschaftsformen aus dem Mittelalter (Schr. u. Kat. Fränk. Freilandmus. Bad Windsheim, Bd. 40), Bad Windsheim 2003.

26 Walther KEINATH: Orts- und Flurnamen in Württemberg, Stuttgart 1951, S. 86.

einen ‚kolonialistischen' Aspekt der Macht. Es ist der Topos des leeren Raumes[27], dem wir bei vielen ‚Kolonisationen' begegnen, und die offene agrarische Landschaft, die auf Getreidebau ausgerichtet ist als Maßstab dient. Kulturlandschaften, bei denen Wald durch die Nutzung von Wildbeuter, Hirten oder Waldbauern geprägt wurden, wurden hingegen als solche gar nicht erkannt.

Der mittelalterliche Landesausbau

Blicken wir im Bewusstsein einer kolonialistischen Perspektive der Quellen und mit einer besonderen Aufmerksamkeit für unterschiedliche Landnutzungsformen auf die archäologischen Befunde aus verschiedenen süddeutschen Mittelgebirgen, so ergeben sich die Umrisse eines wohl realistischeren Bildes der Vorgänge.

Dabei ist ganz grundsätzlich zu fragen, wie der Landesausbau überhaupt zu verstehen ist, wenn wir ihn nicht blind den Quellen folgend einfach als Besiedlung und Erschließung einer Wildnis verstehen können. Wir müssen genauer fragen, in was für Landschaften der Landesausbau eingriff, wer die Siedler waren, wer die Initiatoren bzw. die Akteure waren?

Mit drei konkreten Beispielen aus südwestdeutschen Mittelgebirgslandschaften soll im Folgenden aufgezeigt werden, 1.) wie ein Kloster in der Südpfalz dabei wichtige Akteure marginalisierte, 2.) dass der Landesausbau nicht als eine einmalige Phase der Rodung und Siedlungsgründung zu verstehen ist und 3.) dass am Ende des Landesausbaus ein durch vielfältige Nutzungen stark beanspruchter Wald entstand. Obgleich der Landesausbau seit langem ein Thema der historischen und geographischen Forschung auch in Südwestdeutschland ist, können wir leider nur auf einige wenige gut erforschte Beispiele zurückgreifen.[28]

Beispiel Kloster Eußerthal: Siedlerimperialismus im Pfälzerwald

Im Fall des 1148 gegründeten Zisterzienserklosters Eußerthal, das wie der Name hervorhebt, in einem abgeschiedenen Seitental lag, geben die schriftlichen und archäologischen Quellen zu erkennen, wie unterschiedliche Waldnutzungsansprüche mit der Klostergründung in Konflikt gerieten. Auch hier gilt, dass die Zisterzienser das Kloster nicht in einer unbesiedelten Wildnis gegründet haben. Zum einen findet sich in den schriftlichen Quellen der Hin-

27 Matthias Asche/Ulrich Niggemann (Hg.): Das leere Land. Historische Narrative von Einwanderergesellschaften (Historische Mitteilungen/Beihefte, Bd. 92), Stuttgart 2015.

28 Vergl. Schreg: Mönche als Pioniere in der Wildnis? (wie Anm. 1); Schreg: Kolonisation und Landnahme (wie Anm. 1).

Abb. 4: Frühmittelalterliche Erosionsschlucht bei Eußerthal.

weis auf ein schon 1035 erstmals genanntes kleineres Vorgängerkloster.[29] Zum anderen kennen wir zahlreiche Spuren einer frühmittelalterlichen Landnutzung. Die große Befestigung auf dem Orensberg, deren Fundspektrum vom 5./6. bis ins 9./10. Jh. reicht und wo verkohlte Balkenreste einen *terminus post quem* für die Befestigung von 750 n. Chr. ergeben, war vielleicht noch auf das Rheintal orientiert.[30] Das Queichtal stellte als Durchgangsstrecke durch den Pfälzerwald eine Erschließungsachse dar und so besitzen einige der Ortschaften Ersterwähnungen in der Karolingerzeit. Allerdings finden sich auch in dem Bergland nördlich des Queichtals, rund um das Kloster Eußerthal höchst unterschiedliche Indizien für eine frühe Landnutzung. Da sind zunächst ein merowingerzeitliches Knickwandgefäß vom Modenbacher Hof, dann der Befund mächtiger frühmittelalterlicher Bodenerosion nur 1,3 km unterhalb des Klosters und schließlich an verschiedenen Stellen im Bergland Fundstellen der Karolingerzeit. Am Armbrunnen, auf einer Passsituation etwa 5 km nordwestlich des Klosters, konnte eine Pechsiederei mit den Resten mehrerer Öfen nachgewiesen werden.[31]

Die archäologischen Befunde ergänzend, zeigt sich in einer Urkunde von 1170, dass der umliegende Wald von Bauern, unter anderem aus Godramstein im Oberrheintal als All-

29 Franz-Xaver REMLING: Urkundliche Geschichte der ehemaligen Abteien und Klöster im jetzigen Rheinbayern, Neustadt an der Haardt 1836, S. 186.

30 Jochen BRASELMANN: Untersuchungen zur Befestigung auf dem Orensberg, in: Mitteilungen des Historischen Vereins der Pfalz 109 (2011), S. 7–19.

31 Heidi PANTERMEHL: Haltestelle Zentralort – Anwendung von Modellen der Zentralortsforschung auf Mittelgebirgszonen am Beispiel des Pfälzerwaldes, in: Peter ETTEL/Lukas WERTHER (Hgg.): Zentrale Orte und zentrale Räume des Frühmittelalters in Süddeutschland (RGZM-Tagungen. Bd. 18), Mainz 2013, S. 175–191; Kartierung der Fundstellen: SCHREG: Mönche als Pioniere in der Wildnis? (wie Anm. 1), Abb. 4.

mende beansprucht wurde.[32] In der Folgezeit lässt sich über Generationen hinweg ein Konflikt um die Waldgerechtigkeiten verfolgen. Mit der Gründung des Zisterzienserklosters bzw. spätestens mit seinen Zustiftungen eine Generation später wurde massiv in bis dahin übliche Nutzungsgewohnheiten eingegriffen, die ignoriert wurden. In den Auseinandersetzungen kam es, jedenfalls laut bischöflicher Urkunde, auch zu Gewaltakten von Seiten der Bauern. Dieser Vorgang zeigt wesentliche Elemente des Siedlerimperialismus, nämlich den Mythos des leeren Raumes, wie er im Ortsnamen Eußerthal deutlich wird, sowie die Negierung einheimischer Landnutzungspraktiken. Diese Perspektive färbt auch auf die Forschung ab, die lange Zeit den Bauern keine eigenständige Handlungsfähigkeit (‚*agency*') zugebilligt hat.[33] Hier legen jedoch auch archäologische Zeugnisse im Altsiedelland nahe, dass den Bauern sehr wohl eine ganz wesentliche Rolle bei der Entwicklung der Siedlungsgefüge zukommt.[34]

Beispiel Würzbach: Ein Waldhufendorf im Nordschwarzwald

In Würzbach im Nordschwarzwald konnten in den vergangenen Jahren einige kleinere Grabungen sowie Surveys, geoarchäologische und palynologische Untersuchungen vorgenommen werden.[35] Bei Würzbach handelt es sich um ein Waldhufendorf, also eine angeblich geplante Siedlungsform, wie sie für die Nagold-Enz-Platte typisch ist und regional mit den Grafen von Calw und Kloster Hirsau in Verbindung gebracht wurde. Für Würzbach kann eine Verbindung zur Grafenfamilie insofern nachgewiesen werden, als die Mutter von Adalbert IV. von Calw (um 1094–1165) als Cunisa de Wirspach benannt wird.[36] Ein klassischer Adelssitz in Form einer Dorfburg fehlt jedoch. Überhaupt finden sich in den meisten Waldhufendörfer der Region keine Burgen. Die Siedlungsform des Waldhufendorfes wird in der Regel ins Hochmittelalter, genauer ins 11./12. Jahrhundert gesetzt.

32 Franz Xaver Remling (Hg.): Urkundenbuch zur Geschichte der Bischöfe zu Speyer 1. Ältere Urkunden, Mainz 1852, S. 115 [Nr. 101].

33 Rainer Schreg: Bauern als Akteure – Beobachtungen aus Süddeutschland, in: Jörg Drauschke/Ewald Kislinger/Karin Kühtreiber u. a. (Hgg.): Lebenswelten zwischen Archäologie und Geschichte. Festschrift für Falko Daim zu seinem 65. Geburtstag (Monographien des Römisch-Germanischen Zentralmuseums, Bd. 150), Mainz 2018, S. 553–563, S. 554.

34 Schreg: Bauern als Akteure (wie Anm. 33), S. 560f.

35 Rainer Schreg: Würzbach – ein Waldhufendorf im Nordschwarzwald, in: Claudia Theune-Vogt/Gabriele Scharrer-Liška/Elfriede H. Huber/Thomas Kühtreiber (Hgg.): Stadt – Land – Burg. Festschrift für Sabine Felgenhauer-Schmiedt zum 70. Geburtstag (Internationale Archäologie. Studia honoraria, Bd. 34), Rahden/Westf. 2013, S. 189–202; Katja Thode: Spuren von Macht und Herrschaft in der Wüstung Oberwürzbach (Nordschwarzwald). Zeitschrift für Archäologie des Mittelalters 48 (2020), S. 71–80. Kartierung der Fundstellen: Schreg: Mönche als Pioniere in der Wildnis? (wie Anm. 1), Abb. 5.

36 E. Schneider (Hg.): Codex Hirsaugensis (Württembergische Geschichtsquellen, Bd. 1), Stuttgart 1887, Nr. 56b.

Der archäologische Befund in Würzbach stellt diese Sicht in Frage. Zwar bestätigt sich an einem ergrabenen Gebäude, dass das 11./12. Jahrhundert wesentlich für die Entwicklung des Waldhufendorfes war. Es ist aber auch festzustellen, dass das Waldhufendorf und seine „Rodungsinsel“ so, wie sie sich heute und in historischen Karten, aber auch in der schriftlichen Überlieferung darstellt, nicht die Gründungsform sein kann, denn unter Wald haben sich südlich des Ortes Reste weiterer Hufen erhalten, die als Oberwürzbach bezeichnet werden. Das Dorf war einst also entweder größer oder es hat sich verlagert. Zudem finden sich in der näheren Umgebung potentiell ältere Siedlungsstrukturen, die ebenfalls nicht in das Schema des Waldhufendorfes passen. Auch geoarchäologische Untersuchungen deuten auf frühere Landnutzung hin, ebenso wie Pollenanalysen in einem Moor nordöstlich von Würzbach. Die Datierungsansätze verweisen für diese erste Landnutzungsphase ins 10., vielleicht schon das 9. Jahrhundert. Das ältere, später wieder bewaldete Waldhufendorf brachte jedoch Funde, die ins 11./12. Jahrhundert datieren. Das Waldhufendorf, wie es uns schließlich im 15. Jahrhundert entgegen tritt, hat nochmals eine Phase der Transformation durchlaufen. Die jüngsten Funde aus dem wüst gefallenen Siedlungsareal Oberwürzbach gehören ins 14. Jahrhundert. Dass der weiter bestehende Ortsteil eine gewisse planerische Komponente hat, zeigt eine Kartierung der in einem Lagerbuch von 1532 verwendeten Maßeinheiten.[37] Während das Lagerbuch die Hufengrößen westlich der Hauptstraße in Morgen angibt, werden die Parzellen östlich in Jauchert angegeben. Die beiden Hufenreihen stellten offenbar keine ursprüngliche Einheit dar, sondern stammten entweder aus unterschiedlichem herrschaftlichem Besitz oder hatten eine unterschiedliche Entstehung.

Das Beispiel zeigt in jedem Falle, dass der Landesausbau nicht mit der Anlage von geplanten Siedlungen begann, sondern diese erst eine spätere Phase darstellen. Die vermeintliche Rodungsfläche ist eher als eine Restfläche zu sehen, weil ausgedehnte Siedlungs- und Wirtschaftsflächen wohl im 15. Jahrhundert einer Wiederbewaldung anheim gefallen sind. Das ist im Übrigen eine Beobachtung, die sich auch bei anderen Rodungsinseln etwa im oberbayerische Voralpenland machen lässt.[38] Ein Detail der Befundbeobachtungen in Würzbach macht dabei aber auch nochmals deutlich, wie fließend die Grenzen zwischen Wald und Offenland waren: In Oberwürzbach zeichnen sich auf einzelnen Hufen verschiedene mikromorphologische Spuren ab, die verschiedene Landnutzungszonen zeigen. Während man im hofseitigen Bereich längs verlaufende parallele Bearbeitungsspuren erkennt, finden sich im rückwärtigen Bereich ausgedehnte Lesesteinhaufen. Vielerorts wurden diese als Relikte einer Ackernutzung im Hackbau interpretiert, doch zeigen die Grabungsbefunde in Würzbach, dass die Lesesteinhaufen an Bäumen aufgeworfen wurden. Man kann hier darüber nachden-

37 Altwürttembergische Lagerbücher aus der österreichischen Zeit 1520–1534, Bd. 1 (Veröffentlichungen der Kommission für Geschichtliche Landeskunde in Baden-Württemberg, Reihe A, Bd. 1), Stuttgart 1958.

38 Helmut JÄGER: Die Ausdehnung der Wälder in Mitteleuropa über offenes Siedlungsland, in: Géographie et histoire agraires. Actes du colloque international organisé par la Faculté des Lettres de l'Université de Nancy (Nancy, 2–7 septembre 1957) (Annales de l'Est, Bd. 21), Nancy 1959, S. 300–312, S. 309.

Abb. 5: Streuwald bei Würzbach.

ken, ob man tatsächlich in einem lichten Baumbestand den Boden bearbeitet hat, oder ob diese Spuren, die sich auf die Hufenparzellierung beziehen lassen von einer Streuwirtschaft herrühren, wie sie in der Neuzeit aus der Region bekannt ist. Aufgrund der geringen Agrarflächen war nicht genügend Stroh für die Winter-Stallhaltung des Viehs vorhanden, so dass man Streu aus dem Wald holen musste. Steine an der Oberfläche waren hierbei hinderlich, so dass man hier im Wald Lesesteinhaufen anlegte

Beispiel Schönbuch: Mittelalterliche Waldnutzungen

Der Schönbuch nördlich von Tübingen ist eine Insel von Keuperland umgeben von fruchtbarem Altsiedelland.[39] Er ist allerdings nur bedingt als Ausbaulandschaft zu sehen, da sein zentraler Teil ausweislich des merowingerzeitlichen Gräberfeldes von Holzgerlingen schon eine frühe Besiedlung anzeigt. Das Präfix Holz- im Ortsnamen, das bereits in der Erstnennung von 1007 auftritt[40], verweist aber auf die große Bedeutung des Waldes für die Siedlung. Im Hochmittelalter wurden im Umland jedoch Töpfereien in Altdorf[41] Hildrizhausen und Holzgerlingen, aber auch Eisenverhüttung in Weil-im-Schönbuch betrieben. Da wir all diese

39 Christoph MORRISSEY: Die vor- und frühgeschichtliche Besiedlung des Schönbuchs (Schriften zur südwestdeutschen Landeskunde, Bd. 34), Leinfelden-Echterdingen 2001; SCHREG: Mönche als Pioniere in der Wildnis? (wie Anm. 1), S. 45, Abb. 3 mit weiteren Nachweisen und Kartierung zu den hier genannten Fundstellen.

40 WUB I, Nr. 206.

41 Nun auch Uwe GROSS: Früh- und hochmittelalterliche Keramikfunde aus Altdorf „Äußerer Stöckach", Heidelberg 2017.

Abb. 6: Einsiedelei im Schönbuch (Gemarkung Altdorf).

Gewerbeplätze nur aus kleinsten archäologischen Aufschlüssen kennen, ist nicht klar, wie umfangreich ihr Brennholzbedarf war, aber sie lenken den Blick auf einen wesentlichen Aspekt der Waldnutzung, nämlich den der Energienutzung. Als das Kloster Bebenhausen gebaut wurde, war der Wald ebenfalls eine wesentliche und wohl auch knappe Ressource, weshalb Herzog Friederich von Schwaben dem Kloster Bebenhausen 1187 umfassende Waldnutzungsrechte im Schönbuch gewährte.[42]

Für das Spätmittelalter konnten baugeschichtliche und archäologische Forschungen aufzeigen, dass der Wald sehr unterschiedlichen Nutzungen ausgesetzt war. So wohnten im 13. Jahrhundert Mönche in einer Einsiedelei. [43] In den umliegenden Tälern wurde der Wald aber weiter intensiv genutzt. Im 15. Jahrhundert produzierte eine Glashütte im Goldersbachtal Flach- wie Hohlglas. Dabei wurde Holz sowohl als Brennholz wie auch als Rohstoff für die Pottascheproduktion benötigt. Deshalb schied der Schönbuch weitgehend als Lieferant von Bauholz aus, das man stattdessen per Flößerei aus dem Schwarzwald importierte.[44] Spätestens im 14. Jahrhundert war auch der südliche Schönbuch – der heute unter Naturschutz

42 WUB II, Nr. 449.

43 Uwe MEYERDIRKS/Markus WOLF: Neue Untersuchungen in der spätmittelalterlichen Einsiedelei im Schönbuch, Gemeinde Altdorf, Kreis Böblingen, in: Archäologische Ausgrabungen in Baden-Württemberg (2003), S. 178–181.

44 Tilmann MARSTALLER: Der Wald im Haus. Historische Holzgerüste im Vorland der schwäbischen Alb als Quellen der Umwelt- und Kulturgeschichte, in: Peter RÜCKERT/Sönke LORENZ (Hgg.): Landnutzung und Landschaftsentwicklung im deutschen Südwesten. Zur Umweltgeschichte im späten Mittelalter und in der frühen Neuzeit (Veröffentlichungen der Kommission für Geschichtliche Landeskunde in Baden-Württemberg, Reihe B, Bd. 173), Stuttgart 2009, S. 59–76.

steht – partiell entwaldet, wie eine mittels Radiocarbondaten datierte Erosionsschlucht belegt.[45]

Die intensive Waldnutzung beginnt schon vor der Gründung des Klosters Bebenhausen um 1183, das ausweislich der archäologischen Befunde selbst keine Gründung in einer unberührten Wildnis war. An der Stelle des Klosters wurde ein vielleicht auch befestigter Herrensitz nachgewiesen, der hier die alte Rheinstraße kontrollierte. Wir wissen also, dass nicht das Kloster für die Erschließung des Schönbuchs verantwortlich war, schließlich aber eine klösterliche Kulturlandschaft entstand, die neben Teichanlagen und der genannten Einsiedelei auch umfangreiche Waldnutzungen mit einschloss.

Kahlschlag – eine frühe Ökokatastrophe?

Die Phase des Landesausbaus – egal, wie wir diesen im Einzelnen verstehen wollen – endete im 13. Jahrhundert. Zwar konnten sich auch danach noch neue Siedlungen etablieren, aber das spätmittelalterliche Wüstungsphänomen spricht doch insgesamt eine deutliche Sprache: In vielen Waldregionen finden sich die Überreste aufgegebener Siedlungen. Würzbach ist ein Beispiel, aber auch Mosisbruch nahe dem Kloster Eußerthal.[46] Die Wüstungsintensität war nicht in allen Regionen gleich, aber insgesamt scheint sie ein überregionales, gesamteuropäisches Phänomen. In Südwestdeutschland war sie besonders hoch, hier gab es Schätzungen, dass in einigen Regionen fast 50 % der Siedlungen im Spätmittelalter aufgegeben worden seien.[47] Die Frage nach den Wüstungsursachen ist so alt wie das Interesse an den verschwundenen Ortschaften selbst, doch ist der Forschungsstand von einigen wenigen gut aufgearbeiteten Regionen am Nordrand der deutschen Mittelgebirge eher als schlecht zu beurteilen.[48] Die ohne Nachweise gebliebene Kartierung der Wüstungen im Historischen Atlas Baden-Württemberg geht beispielsweise für Württemberg im Wesentlichen auf die 1920er Jahre zurück.[49] Auch die Datierung der Wüstungen ist bei weitem nicht so klar, wie häufig postuliert. Aus methodischen Erwägungen ist sie meist kritisch zu sehen, denn ihre

45 Elena Beckenbach/Uwe Niethammer/Hartmut Seyfried: Spätmittelalterliche Starkregenereignisse und ihre geomorphologischen Kleinformen im Schönbuch (Süddeutschland): Erfassung mit hochauflösenden Fernerkundungsmethoden und sedimentologische Interpretation, in: Jahresberichte und Mitteilungen des Oberrheinischen Geologischen Vereins 95 (2013), S. 421–438.

46 Walter Ehescheid/Alfons Rohner: Die mittelalterliche Besiedlung des Mosisbruches in der Waldgemarkung von Wilgartswiesen/Pfalz, in: Mitteilungen des Historischen Vereins der Pfalz 76 (1978), S. 5–18.

47 Meinrad Schaab: Abgegangene agrarische und gewerbliche Siedlungen vom Frühmittelalter bis zum Ersten Weltkrieg, in: Historischer Atlas Baden-Württemberg, hg. von Kommission für geschichtliche Landeskunde in Baden-Württemberg/Landesamt für Geoinformation und Landentwicklung Baden-Württemberg, Stuttgart 1985, Erl. IV,25.

48 Schreg: Late Medieval Deserted Settlements (wie Anm. 1).

49 Dietrich Weber: Die Wüstungen in Württemberg. Ein Beitrag zur historischen Siedlungs- und Wirtschaftsgeographie von Württemberg (Stuttgarter geographische Studien, Bd. 4/5), Stuttgart 1927.

erste schriftliche Erwähnung finden die meisten Wüstungen erst nach ihrem Abgang, wie in Oberwürzbach nicht selten als „Mähder".[50] Archäologisch sind nur wenige Wüstungen ausreichend untersucht und die Datierungsgenauigkeit ist beim alltäglichen Fundmaterial selten genauer als ein Jahrhundert.

Wüstungen sind kein Phänomen der Mittelgebirgslandschaften bzw. Waldregionen. Sie finden sich ebenso in den Agrarlandschaften, sind dort aber meist schlecht erhalten, da sie inzwischen seit Jahrhunderten überpflügt und eingeebnet worden sind. Wenn viele der klassischen Wüstungsgrabungen im Wald liegen, so hat das eher etwas mit den dort besseren Erhaltungsbedingungen zu tun. Eine der klassischen Wüstungstheorien, nämlich die sogenannte ‚Fehlsiedlungstheorie',[51] die besagt, dass man im Landesausbau auch agrarisch ungeeignete Standorte gerodet und besiedelt hätte, konnte daher mit einem generellen Anspruch nicht überzeugen. In der Diskussion um die Wüstungsursachen hat man heute von monokausalen Erklärungen Abstand genommen. Die sicher berechtigte differenzierte Betrachtung und regionale Differenzierung führt jedoch dazu, dass wir wenig über die großen Zusammenhänge wissen, die dazu in vielen Regionen Europas annähernd parallel Wüstungserscheinungen bedingten. Der britische Geograph Bruce Campbell untersuchte jüngst die "Great Transition" im 14. Jahrhundert, indem er versuchte, Zusammenhänge von klimatischen Entwicklungen, Pestausbrüchen, Wirtschaftskonjunkturen und Landnutzung herauszuarbeiten.[52] Aus der Korrelation serieller Daten lassen sich zeitliche Zusammenhänge erkennen, doch bleibt unklar, worin diese im Einzelnen begründet sind. Deutlich wird dabei jedoch, dass die Krise des Spätmittelalters, die den Landesausbau gestoppt und zu einer Wiederbewaldung geführt hat, ohne die vielfältigen Umweltveränderungen durch Klimawandel oder anthropogen verursachte Landschaftsveränderung nicht zu verstehen ist.

Befunde wie die Erosionsschlucht im Schönbuch gibt es aus dem späten Mittelalter inzwischen aus verschiedenen Mittelgebirgslandschaften. Sie sind ein wichtiges Indiz für Umweltveränderungen infolge von Rodung. Solches Schluchtenreissen setzt voraus, dass die Landschaft entwaldet war und der Boden der Erosionskraft des Regens unmittelbar ausgesetzt war, ohne ein schützendes Blätterdach und ohne stabilisierendes Wurzelwerk.

Die Datierungen solcher Erosionsereignisse können nicht so präzise sein, um sie ganz sicher mit einem Einzelereignis zu verbinden. Dennoch hat man hier mit guten Gründen immer wieder auf das „Jahrtausendhochwasser" der sogenannte Magdalenenflut vom Juli 1342 verwiesen.[53] Es ist nicht das einzige Extremwetter des 14. Jahrhunderts, aber ausweis-

50 Hermann GREES: Die abgegangenen Siedlungen auf der Münsinger Alb, in: Münsingen. Geschichte – Landschaft – Kultur, Sigmaringen 1982, S. 476–488, bes. S. 483f.

51 Z. B. WEBER: Die Wüstungen in Württemberg (wie Anm. 49), S. 207.

52 Bruce M. S. CAMPBELL: The Great Transition. Climate, Disease and Society in the Late-Medieval World (The 2013 Ellen McArthur Lectures), Cambridge 2016.

53 Hans-Rudolf BORK/Arno BEYER/Annegret KRANZ: Der 1000-jährige Niederschlag des Jahres 1342 und seine Folgen in Mitteleuropa, in: Falko DAIM/Detlef GRONENBORN/Rainer SCHREG (Hgg.): Strategien zum Überleben. Umweltkrisen und ihre Bewältigung (RGZM-Tagungen, Bd. 11), Mainz 2011, S. 231–242; Martin

lich der schriftlichen Quellen wohl das mit Abstand heftigste. Aus den Schriftquellen ergibt sich das Bild der gar nicht so unüblichen Vb-Wetterlage, bei der ein Tiefdruckgebiet auf einer Zugbahn über die Adria von Südosten nach Mitteleuropa zieht und hier meist heftigen Starkregen und Überschwemmungen bringt. 1342 geschah dies kurz vor der Ernte, so dass sicherlich keimfähiges Getreide über die Landschaft verteilt wurde und paradiesische Zustände für Nager geschaffen hat. Sollten die Erosionsschluchten tatsächlich alle diesem Ereignis zuzuweisen sein, scheint es überlegenswert, ob die damit verbundene Störung des Ökosystems der Nager ein Faktor bei der verheerenden Pestepidemie wenige Jahre später gewesen sein könnte.[54] Es scheint jedenfalls eine spannende Frage, inwiefern der Schwarze Tod mit möglicherweise 40 Millionen Toten[55] nicht auch eine Folge der Rodung von Wald wie auch von Hecken und Gebüschen in den Agrarlandschaften gewesen sein könnte.

Diese bisher weitgehend hypothetische Möglichkeit eines Zusammenhangs von Rodung und Pest muss in weiteren Forschungen überprüft werden. Dabei sind nicht nur die Rodungen des Waldes sondern auch die Umformungen der Siedlungslandschaft in den Altsiedellandschaften zu berücksichtigen, wo Dorfgenese und die Einführung der Dreizelgenwirtschaft im 11./12. Jahrhundert wie auch die Stadtgründungen die Agrarlandschaft wesentlich anfälliger für Umweltveränderungen gemacht hat.[56] In Skandinavien konnten mittels Pollenanalysen die Veränderungen des Waldes genauer erfasst werden[57], ein methodischer Ansatz, der in Süddeutschland bislang nicht umzusetzen ist. Leider haben hier viele pollenanalytische Untersuchungen für das Mittelalter nicht die nötige chronologische Auflösung – entweder erhaltungsbedingt oder weil sich das Forschungsinteresse auf frühere, vorgeschichtliche Perioden konzentriert hat.[58]

Bauch: Die Magdalenenflut 1342 am Schnittpunkt von Umwelt- und Infrastrukturgeschichte, in: NTM Zeitschrift für Geschichte der Wissenschaften, Technik und Medizin 27/3 (2019), S. 273–309.

54 Rainer Schre:, Plague and Desertion – a Consequence of Anthropogenic Landscape Change? Archaeological Studies in Southern Germany, in: Martin Bauch/Gerrit Jasper Schenk (Hgg.): The Crisis of the 14th Century: "Teleconnections" between Environmental and Societal Change? (Das Mittelalter, Beiheft 13), Berlin (2019), S. 221–246.

55 Zu den nicht unproblematischen Schätzungen der Opferzahlen z. B. Ole Jørgen Benedictow: The Black Death, 1346–1353. The Complete History, Woodbridge 2004, S. 380–384; mit Fokus auf den deutschen Raum: Rolf Sprandel: Grundlinien einer mittelalterlichen Bevölkerungsentwicklung. Anmerkungen zu den ‚Outlines of Population Developments in the Middle Ages' von David Herlihy aus mitteleuropäischer Sicht, in: Bernd Herrmann/Rolf Sprandel/Ulf Dirlmeier (Hgg.): Determinanten der Bevölkerungsentwicklung im Mittelalter, Weinheim 1987, S. 25–35.

56 Rainer Schreg: Human Impact on Hydrology Direct and Indirect Consequences of Medieval Urbanisation in Southern Germany, in: Nicola Chiarenza/Annette Haug/Ulrich Müller (Hgg.): The Power of Urban Water. Studies in Premodern Urbanism, Berlin 2020, S. 249–264.

57 Per Lagerås/Anna Broström/Daniel Fredh u. a.: Abandonment, Agricultural Change and Ecology, in: Per Lagerås (Hg.): Environment, Society and the Black Death. An Interdisciplinary Approach to the Late-Medieval Crisis in Sweden, Havertown 2016, S. 30–68.

58 Zusammenstellung der Pollenanalysen http://www.europeanpollendatabase.net.

Fazit: grass roots im Wald

Die Waldgeschichte ist seit langem ein Thema unterschiedlicher wissenschaftlicher Disziplinen. Bis heute unterliegt unsere Wahrnehmung des Waldes und des Landesausbaus aber einigen wenig reflektierten Paradigmen. Indigene Bevölkerung und deren Kulturlandschaften werden oft ausgeblendet. Das war bereits bei den Zeitgenossen der Fall, betrifft aber eben auch die moderne Forschung. Indizien einer Waldnutzung vor dem eigentlichen ‚Landesausbau' haben sich in den letzten Jahren vor allem durch Geoarchäologie und Palynologie ergeben. In den schriftlichen Quellen sind entsprechende Hinweise spärlich, aber durchaus vorhanden. Landesausbau ist sicher keine Kolonisation von unbesiedelter Wildnis, zumal wir seit dem Neolithikum eine massive Umgestaltung der gesamten Kulturlandschaften haben. Rodungen und andere Waldnutzungen sind schon vor der klassischen Phase des Landesausbaus ab dem 10. Jahrhundert fassbar. Unklar bleibt, inwiefern diese Pioniere herrschaftlich gelenkt waren. Wahrscheinlich wird man hier vor allem die lokalen Gesellschaften als die wesentlichen Akteure sehen müssen, während eine herrschaftliche Organisation und die Anlage von Plansiedlungen und Rodungsburgen häufig eher sekundär zu sein scheint. Die Reduzierung der Waldfläche im Früh- und Hochmittelalter erscheint so eher als ein langfristiger Prozess vieler Akteure, denn als politisches Programm kleiner Eliten.

Jagdausübung im Mittelalter und in der frühen Neuzeit bis in die Zeit des 30-jährigen Krieges

CHRISTOPH SCHURR

Freiherr Rudolf von Wagner–Frommenhausen, Reichstagsabgeordneter des Wahlkreises Reutlingen-Tübingen-Rottenburg und vormaliger Königlich Württembergischer Kriegsminister, beginnt 1876 sein Werk über *Das Jagdwesen in Württemberg unter den Herzogen* mit folgenden Worten:

> *Die heutige Jagd ist nach ihrem Wesen und Character ein Product der modernen Anschauungen; sie ist dadurch zu etwas ganz anderem geworden, als sie vordem war. ... sie ist von ihrer einstigen Bedeutung herabgesunken zu einer Sache des Vergnügens, zu einer Art des Sports, und selbst diese bescheidene Existenz trifft nur noch für die begünstigteren Gegenden zu. Die lebende Generation ... ist an diesen ... Zustand gewöhnt, ... und verbindet damit unwillkürlich die Vorstellung: ... ein ähnliches Verhältnis [habe] immer bestanden, der wesentliche Unterschied zwischen einst und jetzt reducire sich auf das seltener gewordene Wild und auf den einfacheren, prunkloseren Jagdbetrieb. Diese Anschauungen sind nicht zutreffend. Die Jagd der früheren Zeit diente wohl auch dem Vergnügen, ihre Bedeutung reichte aber weiter: sie war ein nach allen Richtungen und bis ins Detail wohlorganisirtes und entwickeltes Institut der Gesellschaft, und übte als solches einen Einfluß aus, der vielfach in das rechtliche volkswirthschaftliche und sociale Gebiet eingriff und in hohem Grad bestimmend wurde für das Wohl und Wehe der Bevölkerung.*[1]

Wie dieses *Wohl* und *Wehe* aussah, ob alle gleichermaßen daran teilhatten oder *Wohl* und *Wehe* ungleich verteilt waren, soll im folgenden Beitrag für das späte Mittelalter und die frühe Neuzeit bis zum 17. Jahrhundert erkundet werden, insbesondere für den Bereich des Neckarlandes und der Alb.

Nach einem Vergleich der jagdlichen Verhältnisse heute und vor 500 Jahren werden einzelne Themen detaillierter beleuchtet: Wer jagt? Und wer nicht? Wo wird gejagt? Wozu wird gejagt? Was wird gejagt? Wie und mit welchen Hilfsmitteln wird gejagt? Mit welchen Methoden? Schließlich wird die Frage gestellt, wer den Nutzen der Jagd hatte und wer deren Kosten trug.

1 Rudolf FREIHERR VON WAGNER-FROMMENHAUSEN: Das Jagdwesen in Württemberg unter den Herzogen, Tübingen 1876.

Jagd in Deutschland – Heute

Jeder unbescholtene, mindestens sechzehnjährige Einwohner kann die Jagd ausüben. Dafür sind zwei Voraussetzungen nötig: eine staatliche Lizenz (Jagdschein), die auf einer staatlichen Prüfung (Jägerprüfung) beruht, und die Berechtigung, in einem bestimmten Gebiet die Jagd ausüben zu dürfen (Jagdausübungsrecht).

Einen Jagdschein besitzt in Deutschland ungefähr jeder 200. Einwohner, insgesamt rund 385.000 Menschen. In Baden-Württemberg ist es nur jeder 260. Einwohner (40.000 Jagdscheininhaber).[2]

Jäger kommen aus allen Milieus der Bevölkerung. Überproportional sind Menschen in selbstständiger Tätigkeit, freiberuflich Tätige und Ruheständler vertreten, unterproportional prekäre und stark von einem urbanen Lebensstil geprägte Milieus der Gesellschaft. Überwiegend sind es Jäger. Jägerinnen stellen nur 7 % der Jagdscheininhaber; ihre Zahl steigt nur langsam.[3]

Die Berechtigung zur Jagd und zur Aneignung von Wild hängt seit der Revolution von 1848 untrennbar am Grundeigentum. Wer Eigentümer einer zusammenhängenden Fläche von mindestens 75 ha ist, darf die Jagd selbst ausüben oder selbst bestimmen, wer dies an seiner Stelle tun darf. Der Gesetzgeber zwingt Eigentümer kleinerer Grundstücke, ihr Jagdrecht in einer Jagdgenossenschaft zu bündeln.[4] Nur als Gemeinschaft dürfen sie entscheiden, ob die Jagd verpachtet wird oder die Genossenschaft sie selbst ausübt.

90 % der Jagdfläche in Baden-Württemberg liegen in privaten oder kommunalen Jagdbezirken. Land und Bund halten die Jagdausübung auf 10 % der Landesfläche in der Hand.[5]

15 % der Landesfläche sind bebaut oder zubetoniert. 300 Einwohner leben im Mittel auf jedem km^2.[6] Besonders intensiv ist die Besiedlung und Zerschneidung im Zentrum des Landes im Neckarland und dem Albvorland. Natürliche Wanderwege des Wildes sind dadurch unterbrochen.

Die Jagd findet insbesondere auf den 38 % der Landesfläche statt, die Wald sind. Landwirtschaftliche Flächen werden v. a. noch aus Gründen der Wildschadensbekämpfung bei Schwarzwild bejagt.

Rehe und Schwarzwild sind die häufigsten Wildarten und stellen den größten Teil der Jagdbeute (vergleiche Tabelle 1).

---

2 DEUTSCHER JAGDSCHUTZVERBAND: Daten zur Jagd 2017.

3 Ebd.

4 § 8 Absatz 1 Bundesjagdgesetz.

5 WILDFORSCHUNGSSTELLE DES LANDES BADEN-WÜRTTEMBERG: Jagdbericht Baden-Württemberg 2016/2017, Aulendorf 2017.

6 STATISTISCHES LANDESAMT BADEN-WÜRTTEMBERG 2017.

Tabelle 1: Jagdstrecken[7] ausgewählter Wildarten in Baden-Württemberg im Jagdjahr 2016/17[8]

Wildart	Strecke 2016/17	Wildart	Strecke 2016/17
Rehwild	164.600	Füchse	51.000
Schwarzwild	46.000	Hasen	7.200
Rotwild	1.800	Wildenten	12.700

Die größte Wildart ist das Rotwild. Es kommt in Baden-Württemberg im Unterschied zu vielen anderen Bundesländern nur in fünf Rotwildgebieten vor. Sie umfassen 4% der Landesfläche.[9] Zwei Rotwildgebiete liegen im Gebiet des alten Herzogtums Württemberg: der Nordschwarzwald und der vollständig eingegatterte Schönbuch.

Andere Tierarten, die noch bejagt werden dürfen, spielen eine untergeordnete Rolle. Insbesondere die Jagd auf Vögel ist als Ausdruck der heutigen ökologischen Grundeinstellungen stark eingeschränkt. Großraubtiere waren viele Jahrzehnte nicht vorhanden. Wolf und Luchs etablieren sich langsam wieder. Sie sind streng geschützt und werden nicht bejagt.

Gejagt wird mit Schusswaffen. Moderne Büchsen erlauben sichere Schüsse auf Entfernungen von mehr als 100 m. Der Fang von Wild hat einen sehr geringen Anteil an der Jagdbeute. Fallen, die töten, sind grundsätzlich verboten.

Die Jagd wird ausgeübt zur Freizeitgestaltung, aus Repräsentations- und Statusgründen oder zur Verhinderung von Wildschäden in Wald und Feld. Der menschliche Nahrungserwerb spielt eine nachrangige Rolle. Die Jäger konkurrieren bei der Nutzung der dicht besiedelten Landschaft und ihrer Ressourcen mit vielen anderen Anspruchsgruppen: Land- und Forstwirte, Erholungssuchende, Sportler oder Wasserwirtschaft. Aus dieser Anspruchskonkurrenz entstehen viele, oft langwierige Konflikte.

... und im Jahr 1518

Nun folgt ein Zeitsprung über 500 Jahre an den Beginn des 16. Jahrhunderts. Was würde dem jagdlich interessierten Zeitreisenden mit den Augen des 21. Jahrhunderts in der Landschaft am Mittleren und Oberen Neckar damals auffallen?

Die Territorialherrschaften waren zersplittert. Das Herzogtum Württemberg war umgeben von vielen noch kleineren Herrschaften wie der habsburgischen Grafschaft Hohenberg, der Grafschaft Zollern, kleinen weltlichen und geistlichen Herrschaften und Reichsstädten.

7 Unter Jagdstrecke versteht man die Zahl jagdlich erlegter Tiere.

8 WILDFORSCHUNGSSTELLE DES LANDES BADEN-WÜRTTEMBERG (wie Anm. 5).

9 Ebd.

Die meisten heute existierenden Siedlungen gab es bereits damals. Diese waren jedoch deutlich kleiner. Württemberg hatte im 16. Jahrhundert eine Bevölkerung von rund 450.000 Einwohnern.[10] Das sind ca. 50 Einwohner pro Quadratkilometer.[11] In Tübingen lebten um 1500 zwischen 4.000 und 5.000 Menschen, in Rottenburg rund 3.000 Menschen.

Trotz geringerer Bevölkerung wurde das Land intensiv genutzt. Rund um die Siedlungen gab es eine kleinparzellierte landwirtschaftliche Nutzungsstruktur. Äcker und Gartenland – Krautstriche – herrschten vor. Die Feldflur war eingeteilt in drei Zelgen, abwechselnd bestellt mit Winterfrucht (v.a. Dinkel, Roggen) und Sommerfrucht (Gerste, Hafer, in Schwaben oft auch Linsen). Danach folgte ein Jahr als Brachfeld. Die deutlich kleinere Bevölkerung brauchte allerdings deutlich mehr Fläche zu ihrer Versorgung. Denn die Erntemengen je Hektar lagen bei 10–15 % heutiger Erträge.[12]

Das Vieh wurde auf dem Brachfeld, den abgeernteten Feldern und in den Wäldern geweidet. Die Dörfer hatten mehrere Herden – Rinder, Schafe, Geißen, Schweine, Federvieh. Alle Herden wurden ständig von Hirten bewacht, auch nachts auf den *Auchtweiden* zum Schutz gegen Wolf, Bär oder Luchs.

Der Waldanteil der Landschaft war geringer als heute. Laubbäume herrschten vor. Die Wälder hatten geringere Holzvorräte und waren sehr viel lichter. Im Umfeld der Siedlungen wurden sie vor allem als Ausschlagwald zur Brennholzerzeugung bewirtschaftet.

Die Landschaft war durch Verkehrswege wenig zergliedert. Diese waren schmal und bildeten keine Barrieren für die natürlichen Wanderungsbewegungen wildlebender Tiere.

Es gab viele Wildarten, die bejagt wurden: Das Rotwild war im ganzen Land verbreitet, ebenso Schwarz- und Rehwild. Herzog Christoph führte im 16. Jahrhundert rund um Stuttgart das Damwild als jagdbare Wildart ein.[13] Raubwild wie Wolf, Luchs und Fuchs, vereinzelt noch der Bär, kamen vor und wurden bejagt. Bejagt wurden auch kleine Säuger wie Hasen und Eichhörnchen. Federwild wie Rebhühner und Wachteln, Enten, Gänse und Singvögel waren auf der ganzen Landesfläche vorhanden und wurden allesamt bejagt. Der Fasan war im 14. Jahrhundert zu Jagdzwecken eingeführt worden.

10 Günther FRANZ: Der Dreißigjährige Krieg und das Deutsche Volk, Stuttgart/New York 1979.

11 Das Herzogtum hatte im 16. Jahrhundert eine Fläche von ca. 8.325 km^2 (Dorothea HAUFF: Zur Geschichte der Forstgesetzgebung und Forstorganisation des Herzogtums Württemberg, Stuttgart 1977, S. 8).

12 Michael KOPSIDIS: Landwirtschaft, Bonn 2015.

13 WAGNER: Jagdwesen (wie Anm. 1), S. 177.

Wer darf jagen? Und wer nicht?

Die herrschaftlichen Forste

Do got beschuff den menschê
do gabe er ym gewalt
über fisch über vogel und über alle wilde tier[14]

So teilt es uns der Schwabenspiegel mit, ein im 13. Jahrhundert niedergeschriebenes Gesetzeswerk. Doch mit dieser vermeintlich von Gott gestifteten Ordnung eines freien Tierfangs war es zur Zeit der Niederschrift schon lange vorbei. Nicht mehr jeder Mensch hatte die Macht über die wilden Tiere, durfte sie deshalb jagen, sie sich aneignen, ungeachtet des Besitzes an Grund Boden.[15] Der Schwabenspiegel fährt fort:

> *... hånt die herren panforste. Swer då inne iht tuot, då hånt si buoze üf gesezet, als wir ernach wol gesagen.*[16]

Übersetzt in modernes Deutsch: Die Landesherren haben Bannforste errichtet. Für die, die es [das Jagen] in diesen tun, haben sie Strafen ausgesetzt, von denen wir im Folgenden berichten wollen.

Die neuentstandenen Landesherrschaften hatten sich das Recht zur Jagd bis zum Ende des Mittelalters weitgehend gesichert. Sie erlangten es auf dem Wege der Verleihung durch Kaiser und König, durch Usurpation oder durch Verdrängung früherer Berechtigter.

Das Jagd- und das Jagdausübungsrecht bildeten eine wichtige Grundlage landesherrlicher Macht. Gerade für die Grafen von Württemberg war die Hoheit über die Jagd und die Nutzungen des Waldes ein zentrales Element des Aufbaus ihrer Landesherrschaft.[17] Bei der Erhebung des Grafen Eberhard im Bart zum Herzog im Jahr 1495 bestätigte König (später Kaiser) Maximilian I. ausdrücklich die Übertragung aller Regalien auf das württembergische Herzogtum einschließlich der Wildbänne bzw. Forste.[18]

Das Herzogtum Württemberg war in 15 Forste eingeteilt. Ein Beispiel ist der Tübinger Forst. Forste waren keine Waldgebiete. Die Gebiete der Forste umfassten neben den Waldflächen auch landwirtschaftliche Flächen, Wasserflächen sowie Siedlungsbereiche.

14 Der Schwabenspiegel, Kapitel 197. Reproduktion der Ausgabe aus dem 14. Jahrhundert verfügbar unter Bayerische Staatsbibliothek Münchner Bibliothek – Digitalisierungszentrum https://mdz-nbn-resolving.de/details:bsb11316474..

15 Kurt Lindner: Die Jagd im frühen Mittelalter, Berlin 1939.

16 Der Schwabenspiegel (wie Anm. 14), Kapitel 197.

17 Werner Rösener: Die Geschichte der Jagd. Kultur, Gesellschaft und Jagdwesen im Wandel der Zeiten, Düsseldorf/Zürich 2004, S. 216.

18 Hans-Wilhelm Eckart: Herrschaftliche Jagd, bäuerliche Not und bürgerliche Kritik, Göttingen 1976, S. 39.

Der Forst war vielmehr ein Hoheitsgebiet. Die Forsthoheit berechtigte unabhängig vom Grundeigentum zur Ausübung der Jagd und der Aneignung des Wildes. Im Forst standen das Jagdrecht und das Recht zu dessen Ausübung allein dem Inhaber des Forstes zu.

Der Herr des Forstes, der Forstherr, bestimmte, wer mit ihm oder in seinem Auftrag jagen durfte. Das war zunächst sein eigenes Forst- und Jagdpersonal. Als Landesherr entschied er, ob er treue Gefolgsleute mit dem Jagdrecht oder Teilen davon belehnte oder Gäste einlud.

Aus dem Jagdrecht leitete der Forstherr weitere Rechte an den Nutzungen des Waldes her, z. B. das Recht zur Rodung von Wald bzw. die Kontrolle darüber, das Recht auf den Ertrag der fruchttragenden Bäume Eiche und Buche (Äckerich), Grasnutzungs- und Weiderechte, das Sammeln von wildem Obst, Beeren, Pilzen, Wacholderbeeren oder Obstbaumwildlingen für die Veredelung,[19] deren Bedeutung für eine gesunde Ernährung und die Volksmedizin nicht zu unterschätzen war. Alle diese Rechte hingen mit der Gestaltung des Lebensraumes des Wildes sowie der Ausübung der herrschaftlichen Jagd eng zusammen.

Ein Nutzungsrecht ist nur wertvoll, wenn es die Macht beinhaltet, andere wirksam davon ausschließen zu können. So konnte der Forstherr nicht nur Rodungen verbieten oder gestatten, sondern erließ auch viele Waldverbote: In Württemberg durfte der Wald nur auf Wegen betreten werden, während der Brunft- und Setzzeiten des Rotwildes war selbst deren Betreten so wie auch die Waldweide wochenlang verboten.[20] Außerdem nahm der Forstherr die Gerichtsbarkeit bei Verstößen gegen seine Rechte für sich in Anspruch.

Forste und ihre Grenzen waren nicht identisch mit den territorialen Grenzen der Herrschaften. Der Forst und die mit ihm verbundene Jagdhoheit reichte z. T. weit über das eigentliche Landesterritorium hinaus. So gehörten der Herrschaftsbereich der Reichsstadt Reutlingen zum württembergischen Tübinger Forst und das Zwiefaltener Klosterterritorium zum Uracher Forst, dessen Forstherr ebenfalls der Herzog war.

Auch andere Herrschaften erlangten im Neckarland Forste und die damit verbundenen Vorrechte. Die habsburgische Grafschaft Hohenberg war mit dem im Bereich der Südwestalb gelegenen Hohenberger Forst verbunden, der aus einem mittelalterlichen kaiserlichen Forst auf der Schwäbischen Alb hervorging. Hohenzollern als kleine Herrschaft verschaffte sich erst spät im 17. Jahrhundert und mit viel Mühe und Streit einen eigenen Forst.[21] Auch Reichsstädte wie Ulm sicherten sich mit dem Ausbau ihrer Territorialherrschaft eigene Forste.

Im Vordergrund stand für die Fürsten die hohe Jagd auf Rot- und Schwarzwild, Wolf und Bär. Das Forst- und Jagdrecht schloss auch das niedere Wild mit ein; dessen Bejagung, die niedere Jagd, wurde allerdings meistens treuen Gefolgsleuten überlassen.[22]

19 Rainer SCHÖLLER: Wildes Obst, Freiburg 2010, S. 320.

20 Karl ROTH: Geschichte des Forst- und Jagdwesens in Deutschland, Berlin 1879, S. 282.

21 Hans-Karl SCHULER: Die Einforstung und der Kampf um die „freie Pürsch" im Fürstentum Hohenzollern-Hechingen, in: Zeitschrift für Jagdwissenschaft 42/4 (1996), S. 293–307.

22 RÖSENER: Geschichte der Jagd (wie Anm. 17), S. 259.

Auf dem größten Teil des Landes hatten sich an der Wende zur Neuzeit die Landesherrschaften das Jagdrecht gesichert. Das gemeine Volk war von der Jagdausübung weitgehend ausgeschlossen. Es wurde höchstens mit geringen Nutzungsrechten abgefunden. So wurde den württembergischen Untertanen im Tübinger Vertrag von 1514 gerade einmal zugestanden, ganzjährig schadenverursachende Singvögel zu jagen.[23]

Die bäuerliche Jagd war auch aus den Allmendeflächen der Gemeinden verdrängt worden. Wenn überhaupt, dann blieb den Bauern ein gnadenhalber gewährtes oder geduldetes Recht der Jagd auf Niederwild[24] – oder die Wilderei.

Herrschaftliche Forst- und Jagdstrukturen gab es nicht flächendeckend. Dazwischen gab es die freien Pirschbezirke.

Die freien Pirschbezirke

Die freien Pirschbezirke waren nicht der landesherrlichen Forst- und Jagdhoheit unterworfen. Hier durften die Einwohner benachbarter Städte und Dörfer jagen. Jedenfalls dann, wenn sie Grundbesitzer waren.[25]

Den Landesherren waren diese Bezirke ein Dorn im Auge. Hier herrschten aus ihrer Sicht völlig ungeordnete Jagdverhältnisse. Deshalb bemühten sie sich um deren Beschränkung und Aufhebung.

Viele süddeutsche Reichsstädte hatten in ihrem Umfeld freie Pirschbezirke, z. B. Heilbronn, Gmünd, Weil der Stadt oder Esslingen. Von diesen sollen die Freie Pirsch der Reichsstadt Rottweil und die Freipirsch am Oberen Neckar näher betrachtet werden.[26]

Die Freie Pirsch der Reichsstadt Rottweil

Die Rottweiler Freie Pirsch lag westlich der Stadt auf ihrer Schwarzwaldseite. Die Stadt erlangte sie durch kaiserliche Belehnung im frühen Mittelalter.[27]

---

23 Wagner: Jagdwesen (wie Anm. 1), S. 17f.

24 Rösener: Geschichte der Jagd (wie Anm. 17), S. 91 u. S. 229f.

25 Ebd., S. 231.

26 Ebd., S. 260; Heinrich Pesch: Die Jagd an Donau, Schmiech und Blau vom Ende des Mittelalters bis zum Jahr 1849 (Schriftenreihe der Landesforstverwaltung Baden-Württemberg, Bd. 47), Stuttgart 1977; Wagner: Jagdwesen (wie Anm. 1), S. 49f.

27 Kaiser Konrad III., der erste Stauferkaiser, soll der Stadt dieses Jagdgebiet im frühen 12. Jahrhundert verliehen haben. Lehensbriefe von 1348, 1354 und 1437 sollen die Freipirsch implizit bestätigt haben. 1474 wurde sie vom Kaiser ausdrücklich der Stadt verliehen. Kaiser Karl VI. habe die Freipirsch nochmals bestätigt: Wagner: Jagdwesen (wie Anm. 1), S. 95f.

In vielen Freipirschen wurde die Jagd nach zeitgenössischer Ansicht ziemlich regellos ausgeübt.[28] Näher betrachtet lässt sich allerdings ein regelbestimmter Jagdbetrieb erkennen. Die Rottweiler *Freye Bürst-Ordnung*, zuletzt 1718 neu gefasst, gab z. B. Jagd- und Schonzeiten vor, die an Lostage des landwirtschaftlichen Jahreslaufs gebunden waren, schloss bestimmte Jagdarten aus oder schränkte sie ein.[29]

Hochwild und Rehe hatten Schonzeit von Matthias bis Kreuzerhöhung (24.2.-14.9.), Jagdzeit also vom 15.9.-23.2. Im gleichen Zeitraum durfte auf den Hasen mit Schusswaffen gejagt werden. Vögel durften ab Ulrich (4.7.) bejagt werden, Wachteln, Reb- und Haselhühner von Jacobi (25.7.) bis Matthias (24.2.). Die Jagd war nur an Wochentagen erlaubt. An Sonn- und Feiertagen bestand Jagdverbot mit der Büchse. Schlingen und weitere Fallen waren verboten. Der Verkauf von Wildbret über die Stadtgrenzen hinaus war verboten.

Die Freie Pirsch am Oberen Neckar

Dieses Gebiet war einer der größten Freipirschbezirke im deutschen Reich. Der Jagdbezirk umfasste württembergische, habsburgische, zollernsche und weitere adelige und geistliche Gebiete.[30]

Die Grenzen der Freipirsch lassen sich durch den Albtrauf von Balingen bis Mössingen im Süden, im Osten die Steinlach, im Norden die Ammer und die Linie Bondorf – Loßburg, im Westen schließlich die Rottweiler Freie Pirsch grob umreißen.[31] Der Ursprung dieser Freipirsch geht vermutlich auf kaiserliche Schenkungen des Jagdausübungsrechtes zurück.[32] Tatsächlich handelte es sich um ein Konglomerat vieler kleinerer Bezirke, in denen jeweils die begüterten Bürger der benachbarten Dörfer und Städte jagen durften.

Für die Jagdausübung in der Freipirsch am Oberen Neckar spricht Wagner rückblickend von einer *große[n] Unordnung in allen Theilen ... Der Einzelne und wer Lust dazu hatte, jagte und betrieb das ohne Schonung der Creatur zu jeder Jahreszeit und dagegen oder gegen anderweitige Ungehörigkeiten einzuschreiten, wurde gar nie versucht.*[33]

Erst 1736 habe Württemberg – so Wagner – in seinem territorialen Herrschaftsanteil an der Freien Pirsch etwas Ordnung durchgesetzt, indem es die *Pürschberechtigung* seiner Unter-

28 Vgl. z. B. PESCH: Die Jagd (wie Anm. 26), S. 170; WAGNER: Jagdwesen (wie Anm. 1), S. 115.

29 Freie Reichsstadt ROTTWEIL: Erneuerte Freye Bürst-Ordnung wie es fürohin in des Heiligen Römischen Reiches Statt Rottweil Freyen Gebürsts gehalten werden solle. Vom 20. April 1718.

30 Otto WETZEL: Die Freipirsch am Rottenberg, in: Der Sülchgau (1968), S. 65–75.

31 WAGNER: Jagdwesen (wie Anm. 1), S. 49.

32 Ebd., S. 95.

33 Ebd., S. 70.

tanen einzog. Um deren Ansprüche zu wahren, wurde ihnen im Gegenzug gegen Entgelt ein widerrufliches Gnadenjagdrecht verliehen.[34]

Das Herzogtum Württemberg lag als wichtigster jagdlicher Nachbar der Freipirsch und teilweise auch als Landesherrschaft im Pirschgebiet häufig und lange im Streit mit den Pirsch-Genossen. Dabei ging es um Grenzen und um den landesherrlichen Machtanspruch, der maßgeblich auf dem Jagdrecht aufbaute. Ohne die landesherrliche Macht fehlte es – so Wagner – an der Kontrolle über die Waldrodung. Misstrauisch waren die Württemberger wegen vermeintlicher Grenzjägerei. Argwöhnisch wurde auf die niedrigen Wildstände in der Freipirsch geschaut. Offenbar wanderte Rotwild deshalb aus den angrenzenden württembergischen Forsten in die Freie Pirsch ab und kehrte nicht zurück, jedenfalls nicht lebend. Schließlich standen die Bewohner der Freipirschgebiete der Herrschaft für jagdliche Dienste nicht zur Verfügung.[35]

Allerdings gab es, selbst für die kritische württembergische Jagdverwaltung, durchaus positive Aspekte der Freien Pirsch. Denn dort, namentlich am Rottenberg (heute das Waldgebiet des Rammert) zwischen Steinlach, Neckar und Starzel, gingen auch die Tübinger Beamten und Studenten eifrig zur Jagd, was sie laut Wagner vom Wildern in den herzoglichen Jagdrevieren im Schönbuch abhielt.[36] Der Rammert war also bereits im 16. Jahrhundert ein studentisches Lehrjagdrevier. Schließlich war es ein weiterer positiver Aspekt für den Wald und die Landwirtschaft, dass in den Freipirschgebieten offenbar die Wildschäden durch die straffe Jagdausübung begrenzt blieben.

Das Ende der Freien Pirschen kam mit der staatlichen Neugliederung durch Napoleon 1803/1806: das Jagdrecht ging auch hier an die Landesherrschaft über.

Wie wurde gejagt? Welche Hilfsmittel standen dem Jäger zur Verfügung?

Im Mittelalter gab es kaum Distanzwaffen. Der Jäger und seine Helfer mussten beim Töten nahe an die Beute herangehen. Die bekannten, allerdings aus dem 17. Jahrhundert stammenden Stiche von Johann Elias Riedinger stellen das auf eindrückliche Weise dar.

Die Alternative zum Nahkampf war der Fang mittels Fallen oder mit anderen Hilfsmitteln. Zuerst zu den Waffen:

Die Quellen besagen, dass Pfeil und Bogen wie auch die Schleuder als Distanzwaffen in Deutschland relativ wenig bei der Jagd eingesetzt wurden.[37] Der Speer als Wurfwaffe, die

34 Ebd., S. 77 u. S. 113f.; Eckart, Herrschaftliche Jagd (wie Anm. 18), S. 44; Wolfgang Sannwald: Der Kampf um die freie Pirsch an Neckar und Steinlach während des 18. Jahrhunderts, in: Gerhard Fritz/Daniel Kirn (Hgg.): Florilegium Suevicum. Beiträge zur Südwestdeutschen Landesgeschichte (Stuttgarter historische Studien zur Landes- und Wirtschaftsgeschichte, Bd. 12), Ostfildern 2008, S. 207–224.

35 Wagner: Jagdwesen (wie Anm. 1), S. 99 u. S. 115.

36 Ebd. S. 76.

37 Lindner: Jagd im Mittelalter (wie Anm. 15), S. 59 u. S. 365.

Lanze als Stechwaffe (Eberspieß) und verschiedene Messer wie der Hirschfänger waren die wichtigsten Jagdwaffen. Den Eberspieß kennen wir heute noch als Saufeder.[38] Als grazilere Ausführung für die Damen, die sich ab dem 17. Jahrhundert stärker an der Jagd beteiligten, gab es die Hirschlanze.[39]

Die erste jagdlich verwendete Schusswaffe war die Armbrust. Sie wurde ab dem 13. Jahrhundert eingesetzt. Allerdings galt ihre Handhabung als umständlich und die Schussleistung als sehr witterungsabhängig. Deshalb blieb ihre jagdliche Verwendung begrenzt.[40]

Ab dem 16. Jahrhundert wurden Gewehre verwendet.[41] Die ersten Gewehre waren Vorder- und Einzellader. Sie waren technisch weit von der praktischen Handhabung moderner Jagdgewehre entfernt. Sie erlaubten keine präzisen Schüsse auf große Distanz. Deshalb behielten die „kalten Waffen“ wie Speer und Spieß noch lange ihre Bedeutung.

Mit den damals verfügbaren Techniken hätte eine Ansitzjagd, wie sie heute überwiegend ausgeübt wird, nur geringe Erfolgsaussichten geboten. Sie galt deshalb als langweilig.[42] Um jagdlichen Erfolg zu haben, musste der Jäger nahe an das Wild herankommen oder das Wild musste in seine Nähe gelenkt werden. Dafür gab es mehrere Möglichkeiten.

Eine Möglichkeit ist, dass sich der Jäger an das Wild anschleicht. Zu diesem Zweck gab es eine dichte jagdliche Infrastruktur in Form von Pirschwegen und –stegen, Pirschbrücken und –häuschen.[43] Das Anpirschen geschah nicht nur oberirdisch. An wildhöffigen Plätzen gab es Jagdstollensysteme,[44] die man mancherorts, z. B. im Böblinger Wald, heute noch sehen kann[45].

Eine weitere Möglichkeit ist, dass das Wild vom reitenden Jäger gehetzt und ermüdet wird. Schließlich kann das Wild zum Jäger gelenkt oder getrieben werden. Ab dem 16. Jahrhundert sind Jagden der Fürstenhöfe bekannt, bei denen Hunderte von Bauern tage- und wochenlang das Wild zu den Abschussplätzen treiben mussten, wo die fürstliche Jägerschar gierig wartete.[46]

Lange vorher schon wurden die landesherrlichen Forste mit zahllosen, wilddichten Hecken ausgestattet. Diese *Hage* verliefen kreuz und quer durch den Wald und die Land-

38 ROTH: Forst- und Jagdwesen (wie Anm. 20), S. 257.

39 Es gab immer wieder jagdlich versierte adlige Damen. Mechthild von der Pfalz soll dazu gehört haben. Ebenso Gräfin Anna von Württemberg, verehelichte Gräfin von Katzenelnbogen (RÖSENER Geschichte der Jagd [wie Anm. 17] S. 193) und Margarete von Habsburg, die Tochter von Kaiser Maximilian I. (RÖSENER: Geschichte der Jagd [wie Anm. 17], S. 196); ROTH: Forst- und Jagdwesen [wie Anm. 20], S. 257).

40 ROTH: Forst- und Jagdwesen (wie Anm. 20), S. 298; LINDNER: Jagd im Mittelalter (wie Anm. 15), S. 366.

41 Ebd., S. 366.

42 ROTH: Forst- und Jagdwesen (wie Anm. 20), S. 301.

43 WAGNER: Jagdwesen (wie Anm. 1), S. 44.

44 ROTH: Forst- und Jagdwesen (wie Anm. 20), S. 260.

45 Reinhard WOLF: Drama im Wald. Ein Kulturdenkmal zerfällt, in: Mitteilungen des Schwäbischen Albvereins 2 (2016), S. 20–21.

46 Ausführlich dargestellt z. B. bei Wilfried OTT: Die Jagdfronen in Württemberg, in: Zeitschrift für Württembergische Landesgeschichte 72 (2013), Stuttgart S. 226–290.

schaft oder am Waldrand entlang. Ein *Hag* war bis zu zwei Meter hoch. Die Äste der Bäume und Sträucher wurden ineinander geflochten. Oft verwendete man Dornsträucher. Jedes Jahr musste der *Hag* beschnitten, nachgepflanzt und verflochten werden.[47] Nur an bestimmten Zwangspässen war er für das Wild durchlässig. An diesen Lücken standen an Jagdtagen die Jäger. Eine andere Möglichkeit war, die Lücken mit Netzen zu verschließen, in denen sich das Wild verfing.[48]

Eine ähnliche Lenkung des Wildes konnte mit Netzen, Stricken, Lappen oder Tüchern (auch Zeug genannt) geschehen, denen das Wild auswich. Im Gegensatz zum ortsfesten *Hag* konnte das Zeug an verschiedenen Orten verwendet werden. Dafür war dann aber eine Menge Arbeit für Transport, Auf- und Abbau sowie Lagerung notwendig.[49]

Konold hat eindrücklich dargestellt, wie die Kulturlandschaften Mitteleuropas durch diese Jagdanlagen umgestaltet wurden. Bis heute werden die Landschaften durch aus jagdlichen Gründen angelegte Strukturelemente wie Hecken oder Wege geprägt, ohne dass wir das auf den ersten Blick erkennen.[50]

Bei allen genannten Jagdarten waren Hunde wichtige Helfer des Jägers. Die verschiedenen Jagdmethoden lassen sich als wesentlicher Impuls für die Herausbildung der unterschiedlichen Jagdhunderassen heute ansehen.

Über viele Jahrhunderte herrschte allerdings der Fang als wichtigste Jagdart vor. Zum Fang gehört auch die Jagd mit Greifvögeln.[51] Verbreiteter war der Fang mit Gruben, Fallen oder Ködern. Das späte Mittelalter kannte eine Vielzahl von Fallen. Lindner nennt u.a. Schlag-, Klemm- und Käfigfallen, Schlingen, Reusenfallen, Waffenfallen, Netze und Leimfallen.[52] In Verbindung mit den Fallen wurden gerne Hilfsmittel zur Lenkung, z.B. Locktiere, Netze und Lappen, Lockrufe oder Giftköder verwendet.

Heute kommen Großraubtiere wie Wolf und Luchs nach Baden-Württemberg zurück. Auch offizielle Vertreter des Landes sprechen vom „Wolfserwartungsland".[53] Angesichts dessen soll im Folgenden noch auf das historische Spannungsverhältnis zwischen Mensch und Raubtier, vor allem Mensch und Wolf, und auf die Wolfsjagd eingegangen werden.

Wölfe, Bären und Luchse sind Nahrungskonkurrenten des Menschen. Die großen Raubtiere nutzen die gleichen Nahrungsquellen wie die Menschen, die früher noch vom Ertrag ihres eigenen Landes leben mussten. Die Nahrungskonkurrenz besteht bei Haus- und Nutz-

47 Roth: Forst- und Jagdwesen (wie Anm. 20), S. 258; Theodor Knapp: Neue Beiträge zur Rechts- und Wirtschaftsgeschichte des württembergischen Bauernstandes, Bd. 2, Tübingen 1919, S. 80.

48 Wilhelm Koch: Die Jagd in Vergangenheit und Gegenwart, Stuttgart 1961, S. 8.

49 Roth: Forst- und Jagdwesen (wie Anm. 20), S. 261.

50 Werner Konold: Die Prägung mitteleuropäischer Kulturlandschaften durch jagdliche Nutzung, in: Siedlungsforschung: Archäologie – Geschichte – Geographie 32 (2015) S. 39–95.

51 Diese Jagdart ist allerdings nur für kleines Wild geeignet (Roth: Forst- und Jagdwesen [wie Anm. 20], S. 299).

52 Lindner: Jagd im Mittelalter (wie Anm. 15), S. 305f.

53 Ministerium für Ländlichen Raum und Verbraucherschutz Baden-Württemberg (Hg.): Die Rückkehr des Wolfes nach Baden-Württemberg. Handlungsleitfaden, Stuttgart 2013, S. 3.

tieren ebenso wie beim Wildbret. Die Bejagung und Ausrottung des Wolfs diente deshalb nach der Auffassung der frühen Neuzeit dem „allgemeinen Wohl“[54].

Der Braunbär kam auf der Alb und im Schwarzwald im 15. Jahrhundert noch regelmäßig vor.[55] Der letzte seiner Art in Württemberg wurde am Ende des 16. Jahrhunderts im Nagolder Forst von Herzog Ludwig zur Strecke gebracht.[56] Wölfe und Luchse waren noch länger präsent. Vor dem Dreißigjährigen Krieg wurden in den fünfzehn herzoglichen Forsten jährlich zwischen 20 und 40 Wölfe zur Strecke gebracht. Das württembergische Neckarland war schon weitgehend wolfsfrei.

Insbesondere während und nach dem Dreißigjährigen Krieg vermehrten sich die Wolfsrudel und wurden zur Landplage. Abb. 1 zeigt die Wolfsstrecke durch die herzoglichen Jäger und Förster von 1639 bis 1663. Die Meldungen sind jedoch unvollständig überliefert. Außerdem fehlen die durch die Bevölkerung oder in den Freipirschen zur Strecke gebrachten Wölfe. Die tatsächliche Strecke ist deshalb deutlich höher anzusetzen als die in den Statistiken nachgewiesenen 1.720 Wölfe in 23 Jahren.[57]

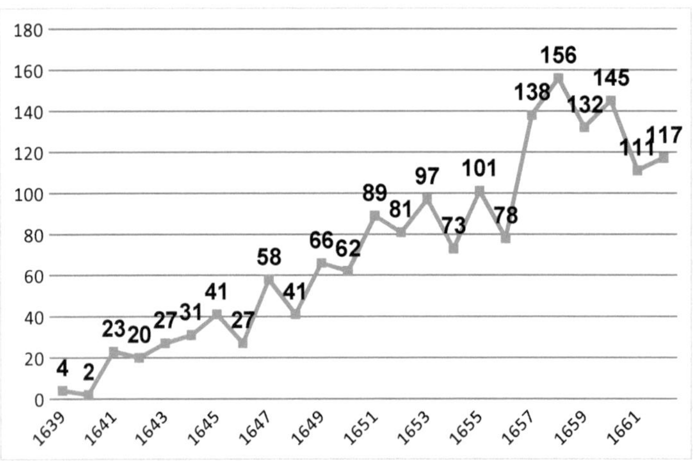

Abb. 1: Wolfsstrecke in Württemberg im 17. Jahrhundert (eigene Darstellung. Zahlen aus WAGNER 1876).[58]

54 WAGNER:, Jagdwesen (wie Anm. 1), S. 201.

55 Ebd., S. 199.

56 Ebd., S. 349 u. 498.

57 Ebd., S. 202f.

58 Ebd., S. 202f.

Bis 1700 wurde der Wolfsbestand in Württemberg stark reduziert: 1784 wurde der letzte Wolf im Heidenheimer Forst zur Strecke gebracht, 1847 im Stromberg, 1865 schließlich im Kreis Heilbronn.[59]

Der Wolf wurde v. a. durch Fang bejagt. Die häufigste Methode waren Wolfsgruben. Das waren tiefe, ausgemauerte Gruben, die mit Reisig zugedeckt und von einem niederen Zaun umgeben waren. Auf das Reisig wurde Luder (Fleisch zum Anlocken) gelegt. Um an das Fleisch zu gelangen, musste der Wolf über den Zaun springen und stürzte in die Grube.[60] Eine andere, brutale Methode war die Wolfsangel. Sie ähnelte einem doppelten Angelhaken, der mit einem Köder verblendet war. Dieser war so hoch an einem Baum aufgehängt, dass der Wolf danach springen musste. Schnappte der Wolf zu, erhängte er sich selbst.[61] Schließlich wurden auch Giftköder eingesetzt. Gefangene Wölfe wurden totgeschlagen oder zu Tode gehetzt.[62] Der Abschuss des Wolfs galt als Aufgabe für Spezialisten. In der Zeit der Wolfsplage im 17. Jahrhundert wurden besondere Wolfsschützen bestellt.[63]

Wilderei

Wer unter Verstoß gegen fremdes Jagdrecht unbefugt die Jagd auf Tierarten ausübt, die dem Jagdrecht unterliegen, ist ein Wilderer.[64] 1.052 Verurteilungen wegen Wilderei gab es in Deutschland 2016. Wilderei wird mit Geld- oder Freiheitsstrafe bis zu drei Jahren geahndet.[65]

Im Spätmittelalter und in der frühen Neuzeit galt nur die unerlaubte Jagdausübung auf Hochwild als Wilderei. Die unerlaubte Verfolgung anderen kleineren Wildes wurde als Jagdfrevel nicht so streng verfolgt und bestraft. Allerdings setzte der Vorwurf der unerlaubten Jagdausübung vor dem tatsächlichen Schuss auf das Wild ein. In Württemberg und Baden galt bereits das offene Tragen von Büchsen oder Armbrüsten als Wilderei.[66]

Wilderei spielte lange Zeit eine große Rolle. In den fünfzehn Jahren von 1550 bis 1565 wurden in Württemberg über 1.000 Wilderer gefasst und bestraft.[67] Die Dunkelziffer war

59 Im Verlauf ähnlich wie beim Wolf entwickelte sich die Strecke beim Luchs, allerdings auf einem deutlich niedrigeren Niveau; Wagner: Jagdwesen (wie Anm. 1), S. 200; Rösler, Die wichtigsten Fragen und Antworten zum Wolf in Baden-Württemberg 2018. Der 1847 bei Sachsenheim (LK Ludwigsburg) geschossene Wolf steht heute – ausgestopft – im Rosensteinmuseum in Stuttgart.

60 Ebd., S. 350.

61 Lindner: Jagd im Mittelalter (wie Anm. 15), S. 314.

62 Wagner: Jagdwesen (wie Anm. 1), S. 354.

63 Ebd., S. 353. Ebd., S. 353.

64 § 292 Strafgesetzbuch.

65 In 25 % der Fälle wurde mit Schusswaffen gewildert (Bundeskriminalamt: Polizeiliche Kriminalstatistik. Bundesrepublik Deutschland, Jahrbuch 2016, Bd. 1, Wiesbaden. 2016).

66 Eckart: Herrschaftliche Jagd (wie Anm. 18), S. 128.

67 Wagner: Jagdwesen (wie Anm. 1), S. 477.

sicher deutlich höher. Bezogen auf die Wohnbevölkerung des Herzogtums von ca. 400.000 Menschen war das ein beachtlicher Anteil. Allerdings waren unter den Bestraften viele Ausländer; als Ausländer galten z. B. auch die Einwohner der Grafschaft Hohenberg oder der Reichsstädte.

Wilderer hatten unterschiedliche Motive: Not, Armut, Ernährung, Zusatzverdienst, Abwehr von Wildschäden, Rache am Forstpersonal oder an der Herrschaft.

Die Verfolgung der Wilderer war Aufgabe des herrschaftlichen Forstpersonals. Dabei gab es viele Schwierigkeiten. Wilderer setzten früher als das Forstpersonal Schusswaffen ein.[68] Das verschaffte den Wilderern Vorteile.

Der Wilderer galt vielen einfachen Menschen als ein „edler Verbrecher"; das ist z. B. Thema des Wildschützenmuseums in Königsbronn (Landkreis Heidenheim).[69] Wilderer aus den eigenen Reihen wurden deshalb von der Landbevölkerung oft gedeckt.

Die kleinen Herrschaften und die freien Pirschgebiete boten den Wilderern gute Versteck- und Fluchtmöglichkeiten, denn Jagd- und Landesgrenzen waren für den flüchtenden Wilderer meistens nicht weit weg.[70]

Diese Ungleichheit der Waffen mag zur Androhung drakonischer Strafen für den Wilderer geführt haben. Um die Strafandrohungen bekannt zu machen, wurden sie in den Dörfern jährlich mindestens einmal am 24. September, dem Rupertstag, verlesen.[71] Die Strafdrohungen sollten allerdings auch disziplinierend in Richtung des Jagdpersonals wirken,[72] denn immer wieder wurden herrschaftliche Jäger und Förster oder Adlige als Wilderer ertappt.[73]

Die Bestrafung durch Ausstechen von Augen war noch zur Zeit von Herzog Ulrich üblich.[74] Die württembergische Wilderer-Ordnung von 1718 drohte das Abschlagen der Schusshand an. Der Wilderer sollte dadurch in der Öffentlichkeit auch nach Verbüßung der Strafe erkennbar sein.[75] Zu diesem Zweck musste er auch eine Wildererkappe tragen, ein Hirschgeweih, das auf einem Eisenring montiert war.[76]

Ab 1716 durften ertappte Wilderer an die Republik Venedig zur sogenannten *Galeerenstrafe* verkauft werden; 1761 wurden württembergische Untertanen davon ausgenommen

68 Ebd., S. 478.

69 Dennoch: Volkshelden wie den Hiasl in Bayern oder den Stülpner Karl im Erzgebirge gibt es in Württemberg nicht, wahrscheinlich auch wegen des milderen Umgangs der Obrigkeit mit den Wilddieben.

70 ECKART: Herrschaftliche Jagd (wie Anm. 18), S. 140f.; WAGNER: Jagdwesen (wie Anm. 1), S. 456f.

71 WAGNER: Jagdwesen (wie Anm. 1), S. 474.

72 ECKART: Herrschaftliche Jagd (wie Anm. 18), S. 133.

73 WAGNER: Jagdwesen (wie Anm. 1), S. 476.

74 RÖSENER: Geschichte der Jagd (wie Anm. 17), S. 327f.

75 ECKART: Herrschaftliche Jagd (wie Anm. 18), S. 128f.

76 Ebd., S. 130.

und diese drakonische Strafe nur noch auf Ausländer angewendet.[77] Die in anderen Ländern übliche Todesstrafe wurde im Südwesten nicht angewandt.[78]

Allerdings scheinen in Württemberg seit der Regierung von Herzog Christoph im 16. Jahrhundert die tatsächlichen Strafen milder als die Strafdrohungen der Gesetze gewesen zu sein. Verhängt wurden z. B. vier Wochen Turm, Waffenverbote, Geld- oder Naturalstrafen.[79] Das Forstpersonal durfte auf Wilderer nicht schießen – anders als in vielen anderen Herrschaftsbereichen.[80]

Eine Episode aus der Regierungszeit des Herzogs Eberhard III. um das Jahr 1600 mag diese Milde des Jagd- und Landesherren belegen. Elf Wilderer wurden zu Arbeitsleistungen an einem seiner Jagdhäuser im Schwarzwald verurteilt. Während der Erntezeit erhielten sie dann drei Wochen Urlaub, um zuhause die Frucht einfahren zu können.[81] Nach dem Urlaub scheinen die Wilderer auch tatsächlich zurückgekommen zu sein.

Auch bei den Jagdfreveln, geringere Verstöße gegen das herrschaftliche Jagdrecht als die Wilderei, scheint es in Württemberg gnädiger zugegangen zu sein. Unter Tübinger Studenten galt im 17. und 18. Jahrhundert das Schießen auf kleines Wild, Tauben und allerlei andere Vögel als ein beliebtes Freizeitvergnügen. Und zwar nicht nur in der Freipirsch, sondern auch in der herzoglichen Jagd im Ammertal und am Schönbuchrand. Dabei wurden sie vom Forstpersonal immer wieder ertappt. Mehr als eine Ermahnung durch die Universität ist dabei nach Wagner allerdings nie herausgekommen.[82] Alles in allem scheint Wilderei im Herzogtum Württemberg und seinen Nachbarländern in der Frühen Neuzeit ein verbreitetes Phänomen gewesen zu sein.

Die Jagd aus Sicht des Landesherrn – Jagdlust[83]

Zum Abschluss soll die Frage nach Nutzen und Kosten der Jagd von zwei Seiten betrachtet werden: von der Seite des Landesherrn und von der Seite der bäuerlichen Untertanen.

77 Ebd., S. 132; WAGNER: Jagdwesen (wie Anm. 1), S. 472.

78 RÖSENER: Geschichte der Jagd (wie Anm. 17), S. 333.

79 Ebd., S. 464.

80 WAGNER: Jagdwesen (wie Anm. 1), S. 474.

81 Ebd., S. 477.

82 Ebd., S. 487.

83 Den kirchlichen Fürsten und Geistlichen war die Jagdausübung durch wiederholte Beschlüsse von Konzilen seit dem frühen Mittelalter (Konzil von Agde 506 nach Christus) verboten (Harald WOLTER-VON DEM KNESEBECK: Aspekte der höfischen Jagd und ihrer Kritik in Bildzeugnissen, in: Werner RÖSENER (Hg.): Jagd und höfische Kultur im Mittelalter, Göttingen 1997, S. 522f.). Doch nicht nur von Kirchenfürsten, die aufgrund ihrer Herkunft aus adligen Familien der Jagd oft nahestanden, sondern selbst von Päpsten ist belegt, dass sie der Jagdleidenschaft frönten (RÖSENER: Geschichte der Jagd [wie Anm. 17], S. 117). Die Jagdlust war in der Geistlichkeit so weit verbreitet, dass im Jahr 819 sogar den Äbtissinnen die Jagd verboten wurde (WOLTER-VON DEM KNESEBECK ebd.).

Fast alle deutschen Könige und Kaiser waren begeisterte Jäger. Von Karl dem Großen oder Kaiser Maximilian, auch als Erzjägermeister des Reiches bezeichnet, sind viele Geschichten überliefert, die das jagdliche Heldentum dieser Herrscher belegen sollten.[84] Unter den württembergischen Herzögen soll Herzog Ulrich ein besonders wilder Jäger gewesen sein.[85]

Die Herzöge müssen sehr viel Zeit auf der Jagd verbracht haben. Herzog Friedrich regierte Württemberg von 1573 bis 1603. In dieser Zeit erlegte er persönlich mit dem Gewehr 5.197 Stück Rotwild, darunter 2.325 Hirsche; 58 Stück Damwild, darunter 44 Hirsche; 226 Stück Rehwild, darunter 166 Böcke; 48 Stück Schwarzwild und 1 Wolf.[86] Hinzu kommen noch große Zahlen gefangenen Wildes, v. a. Schwarzwild.

Der Jagdschriftsteller Wolf von Hohberg beschreibt 1682 in seinem Buch ‚*Georgica curiosa*' die Jagd *als Gemütserquickung, [...] Schwermutsvertreibung, [...] Feindin des Müßiggangs [...], eine Ernährerin der Gesundheit, Übung des Leibs, Vorspiel und Spiegel des Krieges, [...] gute und reiche Küchenmeisterin.*[87]

Jagen galt den Landesfürsten seit dem späten Mittelalter als Übung der Tapferkeit und Ritterlichkeit, als Beweis ihres sozialen Status, es diente der Repräsentation, demonstrierte Machtwillen und Gewaltbereitschaft gegenüber anderen Fürsten und Untertanen.[88]

Für Machiavelli war es eine militärische Pflicht jedes Fürsten, *stets der Jagd zu obliegen und so seinen Körper an Beschwerden zu gewöhnen und dabei auch das Gelände zu erforschen.*[89]

Andere Autoren meinten dagegen, dass für viele Fürsten die Jagd nur Zeitvertreib war, um der Langeweile zu entgehen.[90] Ein Kronzeuge dieser Einschätzung zu einer späteren Zeit ist Friedrich der Große, einer der wenigen nicht von der Jagd begeisterten Fürsten. Im ‚*Antimachiavell*' vermutet der ‚Alte Fritz', dass bei seinen Standesgenossen *ihre grausame Gewöhnung, kalten Blutes das Leiden der Kreatur anzusehen, ihr Mitgefühl mit dem Leide von ihresgleichen abstumpfte.*[91]

Die adlige Jagd galt vor allem dem Adelswild gleich Edelwild gleich Hochwild: Rotwild, Schwarzwild und Bären. Rehe wurden dagegen nur für die Küche gejagt, die Trophäen allenfalls zu Knöpfen verarbeitet.[92]

84 Vgl. dazu z. B. Karl-Heinz SPIESS: Herrschaftliche Jagd und bäuerliche Bevölkerung im Mittelalter, in: Werner RÖSENER: Geschichte der Jagd (wie Anm. 17); LINDNER: Jagd im Mittelalter (wie Anm. 15); Adam SCHWAPPACH: Handbuch der Forst- und Jagdgeschichte Deutschlands, Berlin 1886.

85 WAGNER: Jagdwesen (wie Anm. 1), S. 490.

86 Ebd., S. 315.

87 RÖSENER: Geschichte der Jagd (wie Anm. 17), S. 262.

88 Lutz FENSKE: Jagd und Jäger im frühen Mittelalter. Aspekte ihres Verhältnisses, in: Werner RÖSENER (Hg.): Jagd und höfische Kultur im Mittelalter, Göttingen 1997, S. 40.

89 RÖSENER: Geschichte der Jagd (wie Anm. 17), S. 263.

90 ECKART: Herrschaftliche Jagd (wie Anm. 18), S. 271.

91 Ebd., S. 143.

92 WAGNER: Jagdwesen (wie Anm. 1), S. 178.

In diesen adeligen Kreisen entstand vor dem Dreißigjährigen Krieg auch der Gedanke der Weidgerechtigkeit, gekennzeichnet durch Aspekte wie eine jagdliche Ausbildung, zunftmäßige Kleidung und Ausrüstung sowie die Hege als eine gewisse Rücksichtnahme auf die Tierwelt.[93]

Das landesherrliche Jagdregime führte in Württemberg wie auch im gesamten Reich zu einem enormen Anstieg der Wildbestände. Der Tübinger Forst galt als *Mutter allen Wildprets.*[94] Das heutige Schönbuchgatter hat eine Fläche von 4.800 ha. Der Tübinger Forst umfasste im 17. und 18. Jahrhundert 22.000 bis 23.000 ha Wald. Hinzu kommt die Fläche der offenen Landschaft.

Eckart ermittelte 1976 aus den Wildberichten der Forstämter im Rückblick die Wilddichten (vergleiche Tabelle 2). Diese Daten basieren auf Zählungen, die nach heutigem Wissen Wildbestände grundsätzlich unterschätzen.

Tabelle 2: Rotwildbestände im Tübinger Forst (eigene Berechnung. Ausgangszahlen aus Eckart 1976).[95]

Jahr	Rotwild		Jahr	Schwarzwild	
	Stück gesamt	Stück/ 100 ha Wald		Stück gesamt	Stück/ 100 ha Wald
1569	344	1,7	1586	95	0,5
1620	1.076	5,4	1618	358	1,8
1714	2.511	12,5	1714	460	2,3
1764	1.735	8,7	1764	336	1,7

Die Rotwildbestände stiegen seit dem 16. Jahrhundert dramatisch an, die Schwarzwildbestände etwas moderater. Nimmt man das Rehwild noch dazu, lagen die Schalenwildbestände um 1700 bei ca. 30 Stück/100 ha Wald. Zusammen mit der bäuerlichen Waldweide muss der Beweidungs- und Äsungsdruck auf die Waldflächen so groß gewesen sein, dass die natürliche Verjüngung des Waldes stark beeinträchtigt war und die Waldbestände nur noch locker bestockt waren. Aus Sicht des jagenden Fürsten zeigte dies exzellente Zustände an.

Die Jagd aus Sicht eines Bauern – Jagdlast

Jagdlust oder Repräsentation waren den Bauern fremd. Solange und soweit die Bauern noch die Jagd ausüben durften, war die Jagd ein Handwerkszeug zur Förderung ihrer landwirtschaftlichen Ertragsgrundlagen. Der Bauer hatte vor allem im Sinn: die Abwehr von Nah-

93 Rösener: Geschichte der Jagd (wie Anm. 17), S. 263f.

94 Wagner: Jagdwesen (wie Anm. 1), S. 152.

95 Eckart: Herrschaftliche Jagd (wie Anm. 18), S. 78.

rungskonkurrenten (Wildschäden), den Schutz seiner Nutztiere vor Raubtieren, den Erwerb von Fleischnahrung. Am Übergang vom Mittelalter zur Neuzeit stiegen die Fleischpreise deutlich an. Der zuvor reichliche Fleischkonsum ging zurück – auch ein Anlass für vermehrte Wilderei.[96]

Mit der Verdrängung der Bauern aus der Jagd und der Beschränkung ihrer Jagdmöglichkeiten allenfalls auf das niedere Wild oder kleine Vögel sowie der Dominanz des landesherrlichen Jagdregals stiegen die Wildschäden durch Rot-, Schwarz- und Rehwild an.[97] Nicht nur die tatsächliche Jagdausübung, sondern auch die Abwehrrechte der Bauern gegen Wildschäden wurden durch die Fürsten zunehmend beschnitten: Das Vertreiben des Wildes von den Äckern wurde verboten oder beschränkt, Haus- und Wachhunde mussten Bengel um den Hals tragen. Das waren Hölzer, die sie beim Laufen behinderten. Das Errichten von Schutzzäunen wurde verboten. Verstöße wurden bei den regelmäßigen *Forstruggerichten* geahndet.[98] Oft blieb die einzige praktische Möglichkeit für die Bauern zur Schadensabwehr – neben der Wilderei – die nächtliche Bewachung der Felder. Für das 18. Jahrhundert ist für Württemberg die Zahl von bis zu 3.000 Feldwächtern belegt, die sich jeweils nachts auf den Äckern aufhielten, um das Wild fernzuhalten.[99]

Die Jagdherren muteten den Bauern noch mehr Beeinträchtigungen ihrer wirtschaftlichen Existenz zu:[100] Wildzäune wurden mitten durch die Nutzflächen gebaut, nicht zur Schadensabwehr, sondern zur Lenkung des Wildes. Durch die Jagdausübung – Reiten, Treiben – entstanden Jagdschäden an den Feldfrüchten. Es gab keinen Wildschadensersatz; dennoch mussten auch aus beschädigten Kulturen Abgaben an die Herrschaft entrichtet werden.

Schließlich wurde die bäuerliche Bevölkerung von den Fürsten zunehmend aus den althergebrachten Rechten bei der Nutzung der örtlichen Gemeinschaftsgüter (Allmenden) verdrängt. Dabei ging es um Selbstbestimmung, aber auch um handfeste ökonomische Interessen. Waldsperrungen während der herbstlichen Schweinemast im Wald wegen der Jagd konnten sich zu einem wirtschaftlichen Desaster für die Landbevölkerung auswachsen.[101] Wildschäden verminderten die Ertragsleistung der Wälder genauso wie der Anspruch der

96 Ebd., S. 137; KNAPP, Beiträge zur Rechts- und Wirtschaftsgeschichte Bd. 1, Tübingen 1919, S. 76.

97 WAGNER, Jagdwesen (wie Anm. 1), S. 89.

98 Anton BÜHLER: Wald und Jagd zu Anfang des 16. Jahrhunderts und die Entstehung des Bauernkrieges. Rede gehalten am Geburtsfest seiner Majestät des Königs Wilhelm II. von Württemberg am 25. Februar 1911, Tübingen. S. 25; WAGNER, Jagdwesen (wie Anm. 1), S. 231; ECKART: Herrschaftliche Jagd (wie Anm. 18), S. 80f.

99 Das ist nicht ungewöhnlich. Im Kurfürstentum Sachsen sind 1799 jede Nacht ca. 4.000 Personen als Wildschadenswächter auf den Äckern unterwegs gewesen (ECKART: Herrschaftliche Jagd [wie Anm. 18], S. 103f.); ECKART: Herrschaftliche Jagd [wie Anm. 18], S. 103f.)

100 BÜHLER: Wald und Jagd (wie Anm. 98).

101 SCHÖLLER: Wildes Obst (wie Anm. 19).

Herrschaft auf das dort wachsende Holz. Beides schmälerte für die Bauern die lukrative Möglichkeit des Verkaufs von Holz in die aufstrebenden Städte.[102]

Schließlich mussten die Bauern eine Vielzahl von Leistungen für die Jagdherren übernehmen, die Arbeitszeit im landwirtschaftlichen Betrieb wegnahmen: Aufzucht und Haltung herrschaftlicher Jagdhunde (Hundelege),[103] Unterbringung und Verköstigung der Teilnehmer fürstlicher Jagdgesellschaften (Atzung),[104] Jagdfronen wie die Anlage der Wildhecken, Pirschwege, Treiberdienste, Transport von Hilfsmitteln und des Wildes, Auf- und Abbau von Wildzäunen.[105] Jagdfrondienste waren – im Gegensatz zu anderen Fronen – meist unbemessen. Der Verpflichtete konnte jederzeit und für eine unbestimmte Dauer zum Dienst herangezogen werden. Für seine Verpflegung und die seiner mitgebrachten Zugtiere hatte er selbst aufzukommen.[106] 1769 waren in Württemberg 40.269 Männer mit 7.339 Pferden und 12.065 Ochsengespannen jagdfronpflichtig.[107] Jagdfronen waren zudem unfallträchtig.[108] Ab 1656 mussten Bauern jährlich entweder zwei Tauben als Futter für Jagdfalken oder die entsprechende Summe Geldes als Taubenschlaggeld abführen.[109]

Für die Bauern bedeuteten die Verdrängung aus dem Jagdrecht, die Zunahme von Wild- und Jagdschäden in der Landwirtschaft sowie die Dienste für die herrschaftliche Jagd eine massive Schmälerung ihrer wirtschaftlichen Existenzgrundlagen und eine weitreichende Fremdbestimmung der Lebensführung.

Deshalb verwundert es nicht, dass die Wild-Jagd-Problematik einer der Hauptauslöser für die sozialen Unruhen unter der bäuerlichen Bevölkerung ab dem späten 15. Jahrhundert war: Beim Bundschuh zu Beginn des 16. Jahrhunderts, beim Armen Konrad 1514 und in den Bauernkriegen 1525 spielten die Forderungen der Bauern nach einer Rückkehr zum *guten alten Recht* (Wiedererlangung früher vermeintlich besserer Rechte), der Freigabe der Jagd auf den eigenen Flächen, die Rückgabe der Gemeindewälder, die Nutzung des Waldes für das bäuerliche Vieh und die Zurückdrängung der Wildschäden eine beherrschende Rolle. Acht von zwölf Forderungen der oberschwäbischen Bauern befassten sich mit Wald und Jagd.[110] Herzog Ulrich, ein oft maßloser Jäger, nahm bei der Jagd keine Rücksicht auf die bäuerliche

102 Bühler: Wald und Jagd (wie Anm. 98), S. 16f.

103 Ein herzoglicher Jagdhund hatte Anspruch auf 2 Pfund Brot/Tag (Rösener: Jagdwesen (wie Anm. 17), S. 272).

104 Rösener: Jagdwesen (wie Anm. 17), S. 271.

105 Bühler: Wald und Jagd (wie Anm. 98), S. 25; Eckart: Herrschaftliche Jagd (wie Anm. 18), S. 113f.

106 Wilfried Ott: Die Jagdfronen in Württemberg, in: Zeitschrift für Württembergische Landesgeschichte 72 (2013), Stuttgart. S. 226–290; Eckart: Herrschaftliche Jagd (wie Anm. 18), S. 117.

107 Eckart: Herrschaftliche Jagd (wie Anm. 18), S. 118.

108 Ebd., S. 123.

109 Knapp: Beiträge zur Rechts- und Wirtschaftsgeschichte (wie Anm. 96), S. 76.

110 Eckart: Herrschaftliche Jagd (wie Anm. 18), S. 32; Rösener: Jagdwesen (wie Anm. 17), S. 254.

Bevölkerung. Zwar ging er beim Tübinger Abschied 1514 zunächst auf deren Forderungen ein, beachtete sie dann aber wenig.[111]

Wald- und Jagdthemen hatten damals eine gesellschaftspolitische Bedeutung, von der sie heute weit entfernt sind. Die Niederlagen der Bauern in den sozialen Aufständen des 16. Jahrhunderts sorgten allerdings dafür, dass ihre Anliegen ebenfalls unterdrückt wurden. Die fürstliche Jagd erlebte in den folgenden drei Jahrhunderten neue Blütezeiten. Die Belastungen der Bauern stiegen weiter an. Die württembergischen Landtage vom 16. bis 19. Jahrhundert beanstandeten zwar regelmäßig die Wildschäden, genauso regelmäßig wurde aber keine dauerhafte Abhilfe geschaffen.[112] Eine Erhebung der herzoglichen Regierung für die Jahre 1673 bis 1675 ergab Verluste von 300.000 Hektoliter Frucht, 14.000 Hektoliter Wein und 2.250 Tonnen Heu durch übermäßige Wildschäden.[113]

Allerdings lässt sich positiv anmerken, dass es auch mehrfach drastische Reduktionsabschüsse gab, weil die Wildschäden auch aus Sicht der Regierung eine für das Land und seine Bevölkerung nicht mehr tragbare Höhe erreicht hatten.[114] So gab es 1581 einen außerordentlichen Abschuss von 5.000 Stück Rot- und Schwarzwild in Ergänzung zu einem ordentlichen Abschuss von 1.232 Stück Rotwild und 751 Stück Schwarzwild. 1737/38 wurden 11.470 Stück Rotwild und 8.097 Stück Schwarzwild zusätzlich abgeschossen, 1789/90 folgte erneut ein außerordentlicher Abschuss von 8.923 Stück Rotwild und 2.191 Stück Schwarzwild. Doch die Wildstände stiegen immer schnell wieder an.

Heute werden jährlich in ganz Baden-Württemberg ca. 1.700 bis 1.800 Stück Rotwild zur Strecke gebracht sowie 50.000 bis 70.000 Stück Schwarzwild.[115]

Immerhin gab die Landesherrschaft den Bauern nach 1719 in Württemberg und Vorderösterreich großzügigerweise das Recht (und die Pflicht), zur Vermeidung landwirtschaftlicher Schäden jährlich zwei Dutzend Spatzen pro Person zu fangen und sie abzuliefern. Wenn eine geringere Zahl abgeliefert wurde, war ein Strafgeld fällig, das *Spatzengeld*.[116]

Die enormen Belastungen der bäuerlichen Bevölkerung durch die landesfürstliche Jagd erklären auch, warum die herrschaftlichen Jagdbeamten, Forstmeister und Forsthüter bei der Landbevölkerung schlecht angesehen und oft verhasst waren. Dabei waren noch die geringsten Missstände, dass die Forstbeamten die Bauern unter dem Vorwand der Wildfütterung

111 Wilhelm Hauff schildert diesen raubeinigen Herzog in seinem Roman *Lichtenstein* in einem romantisierenden, viel zu wohlwollenden Licht; Bühler: Wald und Jagd (wie Anm. 98), S. 23.

112 Eckart: Herrschaftliche Jagd (wie Anm. 18), S. 83.

113 Ebd., S. 103.

114 Wagner: Jagdwesen (wie Anm. 1), S. 145.

115 Wildforschungsstelle, Jagdbericht Baden-Württemberg 2016/2017 (wie Anm. 5)

116 Auch bäuerliche Klagen gegen Wildschäden bis hin zum Reichskammergericht hatten nur ausnahmsweise Erfolg, z. B. im Fürstentum Hohenzollern – Hechingen (Eckardt: Herrschaftliche Jagd [wie Anm. 18], S. 86); Schuler [wie Anm. 21]); Knapp: Band I (wie Anm. 96), S. 78.

Fallobst einsammeln ließen, um dann daraus für sich selbst Most zu machen, oder dass der Umgangston recht rüde war.[117]

Es blieb der Revolution 1848 vorbehalten, dem Bauernstand das Jagdrecht zu seinem wirtschaftlichen Eigentum an Grund und Boden dazuzugeben und ihn auch sozial gegenüber der Herrschaft und ihren Vertretern aufzuwerten.

Schlussfolgerungen

Hatte Rudolf von Wagner Recht? War die Jagd in hohem Grad bestimmend für das *Wohl* und *Wehe* der Bevölkerung? War sie ein *bis ins Detail wohlorganisirtes und entwickeltes Institut der Gesellschaft*?[118]

Die Jagd zwischen 1500 und 1700 war aufwändig organisiert. Aber sie war im modernen Sinn keine gesellschaftliche Institution, sondern Machtinstrument, privilegierte wenige, schloss viele aus und kriminalisierte sie, wenn sie ihre Existenzgrundlage sichern wollten.

Wohl und *Wehe* einer bäuerlich-agrarischen Bevölkerung war durchaus in hohem Maße durch die Jagd bestimmt. *Wohl* und *Wehe* der Jagd waren allerdings ungleich zugeteilt: das *Wohl* den Fürsten, das *Wehe* oft genug den Bauern.

Heute gibt es mehr Jäger, die Durchdringung der Gesellschaft ist stärker. Bemerkenswert ist allerdings, dass viele heutige Jäger die Motive der fürstlichen Jagd – Repräsentation, Freizeitvergnügen, Machtanspruch – und ihre Rechtfertigungen – Hege, Ausbildung, Weidgerechtigkeit, Tradition – übernommen haben. Die bäuerlichen Motive für Jagdausübung, wie Existenzsicherung, Schadensabwehr, Nahrungserwerb, treten dagegen zurück.

Noch immer ist die Jagd ein männliches Vergnügen. Gesellschaftliche Gruppen wie Frauen oder junge Bürger nehmen daran wenig teil.

Stärker als wir es wahrhaben, wird das heutige Landschaftsbild von der Jagd früherer Zeiten geprägt. Allerdings lassen sich mangels Kenntnis der vormaligen Praktiken viele der darauf zurückzuführenden Gestaltungselemente nicht mehr ohne weiteres erkennen.

Grundlegend verändert hat sich das Verhältnis zum Wildtier als Mitgeschöpf: Der Tierschutzgedanke ist im Grundgesetz verankert. Das führt z. B. zu einer grundsätzlich anderen Bewertung der Jagd mit Fallen. Der Fang ist für das Tier oft mit Verletzungen, Verstümmelungen und Schmerzen verbunden. Die Fangjagd widerspricht dadurch in vielen Aspekten dem modernen Tierschutzgedanken. Die meisten der früher üblichen Fangeinrichtungen sind deshalb heute verboten. Die spätmittelalterliche Gesellschaft, die auch gegenüber Straftätern oder bei der Kriegsführung grausamste Methoden des Tötens oder Folterns einsetzte, kannte solche hehren Gedanken nicht.

117 Eckart: Herrschaftliche Jagd (wie Anm. 18), S. 121f.

118 Wagner: Jagdwesen (wie Anm. 1) S. V.

Wildschäden als Folge der herrschenden jagdlichen Verhältnisse waren für große Teile der Bevölkerung von existentieller Bedeutung. Die Problematik und Wichtigkeit der Wildschäden in der Landwirtschaft und der Schäden durch das Raubwild waren den Menschen bestens bekannt. Sie wussten um deren Schädlichkeit, konnten sich aber angesichts der Machtverhältnisse kaum dagegen wehren.

Heute sind diese alten Konflikte zurückgetreten. Wildschäden beeinträchtigen nicht die Volksernährung. Einkommensverluste in der Landwirtschaft werden trotz Ärgers überwiegend ausgeglichen. Das Bewusstsein der Bevölkerung für die Wirkung von Wildschäden ist kaum mehr vorhanden. Heute geht die größte nachteilige ökologische Wirkung von Wildschäden im Wald aus. Sie sind für die meisten Menschen kaum erkennbar und verborgen, weshalb dieses Thema politisch kein großes Gewicht erlangt. Raubwild ist heute ein für viele Menschen positiv besetztes Artenschutzthema.

Während die Tatsache der Bejagung und Tötung von Wild vom späten Mittelalter bis in das 20. Jahrhundert nicht hinterfragt wurde, stellt sich die moderne Gesellschaft die Frage, ob Jagd überhaupt noch gerechtfertigt ist. Dabei ist sie gerade im Hinblick auf die Klimaveränderung ein zentrales Handwerkszeug für eine naturnahe, risikogeminderte und kostengünstige Anpassung der Wälder an diese gravierende Umweltveränderung.

Die Jagd hat heutzutage nicht mehr den dominierenden Einfluss früherer Zeiten auf *Wohl* und *Wehe* der gesamten Gesellschaft. Für eine nachhaltige Landnutzung, die eine wichtige Grundlage ökonomischer, ökologischer und sozialer Stabilität und Anpassungsfähigkeit moderner Gesellschaften ist, nimmt sie allerdings weiterhin eine Schlüsselrolle ein.

Wald und Herrschaft im späteren Mittelalter

PETER RÜCKERT

1. Einführung[1]

Das Thema „Wald und Herrschaft" wurde von historischer Seite erst in den letzten Jahrzehnten wieder verstärkt angegangen, offensichtlich mitbegründet durch das wachsende Interesse an der „Umweltgeschichte", die ja gerade Konjunktur hat[2]. Stand hierbei zunächst vor allem die Beziehung zwischen Wald und Stadt, gerade unter wirtschaftsgeschichtlichen Prämissen, im Vordergrund,[3] so wird inzwischen etwa im deutschen Südwesten die Verbindung von Waldnutzung und Landschaftsentwicklung auch umwelthistorisch untersucht.[4] Eine grundlegende Überblicksdarstellung zur historischen Waldnutzung existiert allerdings bislang nicht; auch das aktuelle Handbuch „Grundzüge der Agrargeschichte" bietet hierfür kein einschlägiges Kapitel.[5]

Immerhin hat sich die landeskundliche Forschung vor allem in siedlungsgeschichtlichen Untersuchungen für einzelne Regionen mit unserem Thema auseinandergesetzt, wobei überregionale Vergleiche bislang aber noch die Ausnahme sind.[6] Freilich, einzelne Aspekte wie

1 Dem Beitrag liegt der Vortrag zugrunde, der am 27.5.2018 auf der Tagung „Mensch und Wald seit dem Mittelalter. Lebensgrundlage zwischen Furcht und Faszination" in Rottenburg gehalten wurde. Der Vortragsstil wurde weitgehend beibehalten, der Text um den Anmerkungsapparat ergänzt.

2 Vgl. zum Folgenden Siegfried EPPERLEIN: Waldnutzung, Waldstreitigkeiten und Waldschutz in Deutschland im hohen Mittelalter. 2. Hälfte 11. Jahrhundert bis ausgehendes 14. Jahrhundert (Vierteljahrsschrift für Sozial- und Wirtschaftsgeschichte, Beihefte 109), Stuttgart 1993; Peter RÜCKERT: Wald und Siedlung im späteren Mittelalter aus der Perspektive der Herrschaft, in: Siedlungsforschung. Archäologie – Geschichte – Geographie 19 (2001), S. 121–143 (erschienen 2003) und zuletzt ausführlicher zum Forschungsstand: Peter RÜCKERT: Umweltgeschichte und Landesgeschichte im deutschen Südwesten, in: Dieter R. BAUER/Dieter MERTENS/Wilfried SETZLER (Hgg.): Netzwerk Landesgeschichte. Gedenkschrift für Sönke Lorenz (Tübinger Bausteine zur Landesgeschichte, Bd. 21), Ostfildern 2013, S. 233–252.

3 Etwa bei Ernst SCHUBERT: Der Wald. Wirtschaftliche Grundlage der spätmittelalterlichen Stadt, in: Bernd HERRMANN (Hg.): Mensch und Umwelt im Mittelalter, Stuttgart 1986, S. 257–274.

4 Dazu der einschlägige Sammelband Peter RÜCKERT/Sönke LORENZ (Hgg.): Landnutzung und Landschaftsentwicklung im deutschen Südwesten. Zur Umweltgeschichte im späten Mittelalter und in der frühen Neuzeit (Veröffentlichungen der Kommission für geschichtliche Landeskunde in Baden-Württemberg, Bd. 173), Stuttgart 2009.

5 Rolf KIESSLING/Frank KONERSMANN/Werner TROSSBACH (Hgg.): Grundzüge der Agrargeschichte, Bd. 1: Vom Spätmittelalter bis zum Dreißigjährigen Krieg (1350–1600), Köln u. a. 2016.

6 Etwa die Beiträge bei Josef SEMMLER (Hg.): Der Wald in Mittelalter und Renaissance (Studia humaniora, Bd. 17), Düsseldorf 1991.

Forst und Jagd[7] bis hin zum Waldschutz[8] sind vor allem aus Sicht der Forstgeschichte immer wieder ausführlich bearbeitet worden. Eine umfassende Erörterung der Problematik um Wald und Herrschaft aus umweltgeschichtlicher Sicht steht allerdings noch aus und soll im Folgenden zumindest Anregungen erhalten.

Der herrschaftliche Umgang mit dem Wald, genauer: die Perspektive der Herrschaft auf den Wald und dessen Nutzung, wird hier im Mittelpunkt stehen. Dabei fokussieren wir auf die Vorgänge im späteren Mittelalter und besonders den deutschen Südwesten. Ansetzend an Erkenntnisse der aktuellen archäologischen Forschung[9] sollen dabei die Rodung und Besiedlung der Waldflächen im hohen Mittelalter kurz verfolgt werden, bevor der Wald und seine differenzierte Nutzung im späten Mittelalter „herrschaftlich" profiliert werden. Aus der Perspektive unterschiedlicher geistlicher und weltlicher Herrschaften soll deren Umgang mit dem Wald vorgestellt werden, um damit nicht zuletzt einen vielgestaltigen Eindruck von dieser traditionsreichen Symbiose von „Wald und Herrschaft" zu gewinnen.

Hier sollen Zisterziensermönche ebenso wie die Bischöfe von Würzburg oder die Grafen von Württemberg zu Wort kommen, also einfache Grundherren wie mächtige Territorialherren, die aber jeweils eines verbindet: die Verfügungsgewalt über den Wald, über Grund und Boden, den sie in ihrem Sinne gestalten und nutzen konnten. Daran anschließend sollen auch die Stimmen einiger „armer Leute" gehört werden, bäuerlicher Untertanen, die von der Herrschaft über den Wald auch eine andere, bedrückende Seite kannten.

2. Rodung und Besiedlung im hohen Mittelalter

Einige grundsätzliche Überlegungen vorweg:[10] Das Verhältnis von Wald und Herrschaft hat sich über das Mittelalter hinweg dynamisch entwickelt. Es ist dort gut zu fassen, wo der anthropogene Einsatz der herrschaftlichen Kräfte bei der spätmittelalterlichen Umweltgestaltung beispielhaft verfolgt werden kann. Der bewusste Umgang mit dem Wald wird bekanntlich bereits mit dem gehäuften Einsetzen der Schriftzeugnisse ab dem 7. Jahrhundert dokumentiert, die den Waldbesitz und die Waldnutzung zumindest im fränkischen Bereich als königliches Regal begreifen lassen.[11] Die grundsätzliche Beanspruchung der „ungenutzten" Waldflächen als Teil der Landesherrschaft – die vom Königtum auf die Fürsten und von

7 Beispielhaft dazu Werner RÖSENER (Hg.): Jagd und höfische Kultur im Mittelalter, Göttingen 1997.

8 EPPERLEIN: Waldnutzung (wie Anm. 2).

9 Vgl. den Beitrag von Rainer SCHREG in diesem Band.

10 Die folgenden Ausführungen schließen sich an meinen Beitrag über Wald und Siedlung (wie Anm. 2) an.

11 Vgl. Rudolf HIESTAND: Waldluft macht frei, in: Der Wald in Mittelalter und Renaissance (wie Anm. 6), S. 45–68.

diesen wiederum entsprechend nach unten weitergegeben werden konnte – bildet die Grundlage für das Verständnis der besitzrechtlichen Problematik um den mittelalterlichen Wald: Eine anspruchsfreie Zone konnte auch der ausgedehnteste „Urwald" in Mitteleuropa nicht mehr bieten; die Waldlandschaften waren herrschaftlich besetzt, wobei allerdings die Intensität und Bedeutung dieser Herrschaftsrechte sehr unterschiedlich sein konnte. Sie hing zunächst ab von der Erschließung der Räume und ihrer Nutzung.

Die Erschließung der Wälder durch die Anlage von Verkehrswegen, vor allem aber durch Rodung und Siedlungsausbau, besitzt damit gleichzeitig auch eine rechts- und sozialgeschichtliche Komponente: „Rodung macht frei" lautet ein bekanntes Paradigma,[12] oder noch etwas weiter und populärer gefasst: „Waldluft macht frei".[13] Dahinter steht, etwas pauschal formuliert, eigentlich nicht mehr als die Möglichkeit, durch eigene Rodungs- und Siedlungstätigkeit in zuvor „unberührtem Gelände" die persönlichen Besitz- und Rechtsverhältnisse zu verbessern. Die Forschung hat bereits gezeigt, wie durch den Eintritt des neuen Siedlers in die Abhängigkeit eines Waldherrn die Verbesserung seiner persönlichen Freiheits- und Besitzrechte erfolgen konnte. Nicht also eine pauschale Freiheit im modernen Sinne, sondern nur eine günstigere Abhängigkeit ist damit angezeigt.

Wir wissen, dass Landesausbau und Rodung zumal im hohen Mittelalter für alle Bevölkerungsschichten attraktiv waren, für die herrschaftlichen Initiatoren genauso wie für die Träger der Rodungsleistungen, Bauern und Mönche.[14] Es verband sich damit soziale und lokale Mobilität, schließlich fundierte der herrschaftliche „Wettlauf" um die Besetzung und Inwertnahme der Waldflächen maßgeblich die zeitgenössische Territorienbildung. Kurz gesagt: Durch Rodung und Besiedlung wurde bis zum Ende des Hochmittelalters die Inwertnahme des Waldes – jedenfalls aus der Perspektive der Herrschaft – optimiert.

3. Der Wald und seine Nutzung im späteren Mittelalter

Mit dem Ausklingen der großflächigen Rodungsprogramme im 13. und 14. Jahrhundert veränderte sich auch die herrschaftliche Perspektive auf den Wald, oder vielleicht genauer: sie verengte sich neben der Jagd auf den Aspekt der wirtschaftlichen Nutzung. Jetzt treten gehäuft auch Wald- und Forstordnungen auf, herrschaftliche Maßnahmen, um die Nutzung

12 Hans K. SCHULZE: Rodungsfreiheit und Königsfreiheit. Zu Genesis und Kritik neuerer verfassungsgeschichtlicher Theorien, in: Historische Zeitschrift 219 (1974), S. 529–550.

13 HIESTAND: Waldluft (wie Anm. 11).

14 Vgl. Peter RÜCKERT: Initiatoren und Träger des hochmittelalterlichen Landesausbaus. Mainfranken und das Oberrheingebiet im Vergleich, in: Dieter RÖDEL/Joachim SCHNEIDER (Hgg.): Strukturen der Gesellschaft im Mittelalter, Wiesbaden 1996, S. 260–280.

der Wälder zu kontrollieren und teilweise auch schon, um den Waldbestand zu sichern.[15] Dadurch dass die weltlichen und geistlichen Grundherren verstärkt die Nutzungsrechte an der Allmende ihrer Dörfer beanspruchten, kam es vielfach zu Streitigkeiten, die entsprechend Niederschlag in den Schriftzeugnissen fanden.[16]

Die Rodungen hatten mittlerweile vielfach die Kapazitätsgrenzen gesprengt, wie manche Bemühungen zur Wiederaufforstung vor allem im Umfeld expandierender Städte zeigen. Holz als Brenn- und Baumaterial stieg hier im Wert, und auch die Weideflächen und Nahrungsgrundlagen, die der Wald bot, werden in den Schriftzeugnissen nun konkret als wirtschaftliche Ressourcen angesprochen, deren Verteilung genau zu regeln war.[17] Neben die verstärkte Vermarktung des Holzes tritt im Spätmittelalter die Ausdehnung der Waldgewerbe mit der Spezialisierung von Waldwirtschaftszweigen, die zunehmend an Bedeutung gewinnen.[18]

Tatsächlich löst sich aus wirtschaftsgeschichtlicher Sicht nun die Einbindung der Waldnutzung in die rezente Agrarwirtschaft zugunsten der Entwicklung eigener Waldwirtschaftszweige auf. Die wirtschaftlichen Möglichkeiten zur Inwertnahme des Waldes dehnen sich aus und steigern dadurch seinen Wert, zunächst ohne seinen Bestand weiterhin massiv zu gefährden.

Andererseits besaß die Jagd als <u>das</u> Kontinuum im Rahmen der historischen Waldnutzung neben ihrer wirtschaftlichen Bedeutung noch eine besondere Funktion, nämlich als herausragende Form herrschaftlicher Repräsentation, wie sie die Forschung zunehmend herausgearbeitet hat.[19] Mit der Einrichtung königlicher Bannforste und ihrer Ausweitung auf umfangreiche Areale unter Einbeziehung von Offenland waren die Jagdmöglichkeiten im Früh- und Hochmittelalter immer mehr zum Exklusivrecht des sich formierenden Adels geworden.[20] Die Forst- und Wildbänne, die vom 11. bis 13. Jahrhundert weitgehend in die Hände der geistlichen und weltlichen Landesherren gerieten, wurden dann als Hoheitsbezirke zum Territorialausbau und zur Festigung des herrschaftlichen Jagdrechts benutzt. Das Jagdrecht der Bauern wurde damit mehr und mehr beseitigt oder auf das Niederwild

15 Dazu Peter BLICKLE: Wem gehörte der Wald? Konflikte zwischen Bauern und Obrigkeiten um Nutzungs- und Eigentumsansprüche, in: Zeitschrift für Württembergische Landesgeschichte 45 (1986), S. 167–178.

16 Vgl. dazu ausführlicher wiederum RÜCKERT: Wald und Siedlung (wie Anm. 2).

17 Jetzt ausführlicher dazu: Peter RÜCKERT: Landnutzung und Landschaftsentwicklung im deutschen Südwesten, in: Sigrid HIRBODIAN/Rolf KIESSLING/Edwin Ernst WEBER (Hgg.): Herrschaft, Markt und Umwelt. Wirtschaft in Oberschwaben 1300–1600 (Oberschwaben – Forschungen zu Landschaft, Geschichte und Kultur, Bd. 3), Stuttgart 2019, S. 37–52.

18 Dazu etwa Armin GERSTENHAUER: Die Stellung des Waldes in der deutschen Kulturlandschaft des Mittelalters, in: Der Wald in Mittelalter und Renaissance (wie Anm. 6), S. 16–27.

19 Werner RÖSENER: Jagd und höfische Kultur als Gegenstand der Forschung, in: Jagd und höfische Kultur im Mittelalter (wie Anm. 7), S. 11–28.

20 Zum Folgenden wiederum ausführlicher RÜCKERT: Wald und Siedlung (wie Anm. 2).

beschränkt.[21] Jagdfrondienste einschließlich Herbergspflicht, Wildtransport, Hundeaufzucht, dazu Treiberdienste und Verpflegung der Jagdgesellschaften wurden von den Herren der Wälder zunehmend gefordert. Noch belastender allerdings empfand die bäuerliche Gesellschaft im ausgehenden Mittelalter die Wildschäden auf den Feldern, welche die Bauern zugunsten eines großen Wildbestandes ohnmächtig hinnehmen mussten.[22] Wir kommen darauf zurück.

Wichtig ist, dass die Jagd als „raumbezogene Praxis"[23] offenbar vielfach erst durch die Herrschaftspräsenz vor Ort auch die räumliche Erfassung und herrschaftliche Aneignung des Jagdgebiets bzw. Wildbanns gewährleistete. Unabhängig von der Qualität herrschaftlicher Rechte über das Land erscheint die Jagd so als wesentliches Mittel der Raumbeherrschung. Neben ihrer repräsentativen Funktion als standesgemäßes Vergnügen des Adels kommt ihr also auch konstitutive Bedeutung für die Herrschaftsbildung zu, was für unsere anschließende Argumentation entsprechend zu beachten ist.

4. Der herrschaftliche Umgang mit dem Wald

a) Die Zisterzienser in Herrenalb und Maulbronn

Wenden wir uns damit unterschiedlichen Herrschaften zu, um die konkreten Verhältnisse von Wald und Herrschaft im räumlichen Kontext zu veranschaulichen. Wir setzen zunächst in den hochmittelalterlichen Jahrhunderten ein und verfolgen diese Phase des Landesausbaus aus der Perspektive der prominenten „Rodungsunternehmer": der Zisterzienser, die sich ab dem 12. Jahrhundert mit ihrem Programm zur weltabgeschiedenen Autarkie auch in den Wäldern des deutschen Südwestens verbreiteten – so jedenfalls die ältere Forschungsmeinung[24]. Dass es hier aber gar nicht mehr so viele dichte und unbesetzte Wälder gab, sondern sich auch die Zisterzienser mit den örtlichen Gegebenheiten und vor allem herrschaftlichen Rechten auseinandersetzen mussten, kurz: die Realität anders aussehen konnte als das Ideal, haben einige neuere Studien gezeigt, die ich kurz beispielhaft vorstellen darf. Immerhin sprechen wir mittlerweile von der „Sakralisierung der Landschaft", welche durch die Rodungs-

21 Vgl. dazu auch Karl-Heinz Spiess: Herrschaftliche Jagd und bäuerliche Bevölkerung im Mittelalter, in: Jagd und höfische Kultur im Mittelalter (wie Anm. 7), S. 231–254, hier: S. 237ff.

22 Vgl. dazu etwa die bekannte Stelle aus den 12 Artikeln der Schwäbischen Bauern bei Spiess: Herrschaftliche Jagd (wie Anm. 21), S. 243 oder die Ausführungen von Blickle: Wem gehört der Wald? (wie Anm. 15).

23 Joseph Morsel: Jagd und Raum. Überlegungen über den sozialen Sinn der Jagdpraxis am Beispiel des spätmittelalterlichen Franken, in: Jagd und höfische Kultur im Mittelalter (wie Anm. 7), S. 255–288, hier: S. 285.

24 Vgl. den Forschungsüberblick bei Peter Rückert: Zisterzienser und Landesausbau: Ordensideal und Realität im deutschen Südwesten, in: Franz J. Felten/Werner Rösener (Hgg.): Norm und Realität. Kontinuität und Wandel der Zisterzienser im Mittelalter (Vita Regularis, Bd. 42), Berlin 2009, S. 97–116.

und Kultivierungsarbeiten der Zisterzienser auch im deutschen Südwesten vielfach einen neuen Zuschnitt erhielt.[25]

Unser Blick konzentriert sich im Folgenden auf die beiden prominenten Zisterzen Herrenalb und Maulbronn, im nördlichen Schwarzwald bzw. an dessen Rand gelegen[26]. Die Gründung von Herrenalb erfolgte in einer Situation des herrschaftsgeschichtlichen „Aufbruchs" am nördlichen Schwarzwald, des von Territorienbildung und Landesausbau geprägten frühen 12. Jahrhunderts.[27] Die früheren Siedlungsgrenzen des unwegsamen und siedlungsfeindlichen Mittelgebirges werden nun überschritten und auch ungünstige Höhenlagen mit neuen Siedlungen besetzt. Als maßgebliche Initiatoren und Träger erscheint hierfür zunächst eine Reihe hochadeliger Familien, deren Bedeutung im Burgenbau und mit Städtegründungen gleichzeitig repräsentativen Ausdruck fand; darunter die Herren und späteren Grafen von Eberstein. Ihr gesellschaftlicher Aufstieg hängt unmittelbar mit ihrer Herrschaftsausdehnung durch Rodung und Siedlung zusammen und findet seinen frühen nachhaltigen Ausdruck in den beiden Klostergründungen Herrenalb und Frauenalb. Die Klostergründungen setzen hier die offensive Politik der Landeserschließung und Kolonisation im noch unbesiedelten Teil des oberen Albtals fort.

Um die Mitte des 12. Jahrhunderts ist das flächenhafte Fortschreiten der Besiedlung zu greifen. Gleichzeitig werden in den Burgen der angesprochenen Grafen und Herren Ausgangspunkte bzw. Zentralorte der Erschließung deutlich:[28] Von den Burgherrschaften aus wurde der Landesausbau in ihrer Nachbarschaft initiiert und organisiert. Wir erkennen aber auch gerade im Umfeld der Burgen Straubenhardt, Michelbach und Falkenstein noch markante Siedlungslücken, die erst in der Folgezeit aufgesiedelt werden sollten.

Im Falle von Falkenstein liegt nun eine besondere, herrschafts- wie umweltgeschichtlich brisante Situation vor:[29] Um die Mitte des 12. Jahrhunderts, zum Zeitpunkt der Gründung des Klosters Herrenalb, war das obere Albtal ansonsten offenbar noch vollständig unbesie-

25 Dazu jetzt ausführlicher Peter RÜCKERT: Zur Sakralisierung der Landschaft. Zisterzienser im deutschen Südwesten, in: Marco KRÄTSCHMER/Katja THODE/Christina VOSSLER-WOLF (Hgg.): Klöster und ihre Ressourcen. Räume und Reformen monastischer Gemeinschaften im Mittelalter (RessourcenKulturen, Bd. 7), Tübingen 2019, S. 59–74.

26 Für das Folgende vgl. zu Herrenalb: Peter RÜCKERT: Das Albtal im 12. Jahrhundert. Eine zisterziensische Einöde?, in: Peter RÜCKERT/Hansmartin SCHWARZMAIER (Hgg.): 850 Jahre Kloster Herrenalb. Auf Spurensuche nach den Zisterziensern (Oberrheinische Studien, Bd. 19), Stuttgart 2001, S. 27–44; zu Maulbronn: DERS.: Die Bedeutung Maulbronns für die Siedlungsgenese zwischen Stromberg und Schwarzwald im Mittelalter, in: Maulbronn. Zur 850jährigen Geschichte des Zisterzienserklosters, hg. vom Landesdenkmalamt Baden-Württemberg, Stuttgart 1997, S. 15–30; zu Salem: DERS.: Von Salmansweiler zu Salem: Gestaltung zisterziensischer Kulturlandschaft als heilsgeschichtliches Programm, in: Werner RÖSENER/Peter RÜCKERT (Hgg.): Das Zisterzienserkloster Salem im Mittelalter und seine Blüte unter Abt Ulrich II. von Seelfingen (1282–1311) (Oberrheinische Studien, Bd. 31), Ostfildern 2014, S. 19–38.

27 Zusammenfassend dazu Peter RÜCKERT: Zisterzienser in ihrer Umwelt am Oberrhein: Zwischen Anpassung und Gestaltung, in: Jürgen DENDORFER/Steffen KRIEB (Hgg.): Zisterzienser und Zisterzienserinnen am Oberrhein (12.–14. Jahrhundert) (Oberrheinische Studien, Bd. 45), Ostfildern 2023, S. 221–240.

28 Vgl. die kartographischen Darstellungen bei RÜCKERT: Das Albtal (wie Anm. 26), S. 33ff.

29 Ausführlicher ebd.

delt. Anhand archäologischer Befunde wissen wir, dass die einstige Burganlage, die sich heute nur mehr als Wall- und Grabensystem im Gelände abzeichnet, wohl ins frühe 12. Jahrhundert zu datieren ist, den Zeitraum, als die Herren von Eberstein die Erschließung des Albtals vorantrieben. Mit der Gründung von Herrenalb durch die Ebersteiner wurde diese Burg zumal als Herrschaftszentrum überflüssig; die Zisterzienser bestanden ja bekanntlich für ihre Klostergründungen auf eine einsame, abgeschiedene Lage, welche es den Mönchen erlaubte, ihren frommen Werken ungestört nachzukommen.

Und schon bald wurde die Burg Falkenstein auch wieder aufgelassen. Offenbar wurden sogar Mauersteine aus der Burganlage abgebrochen, um sie für den neuen Klosterbau wiederzuverwenden. Die Zisterziensermönche von Herrenalb sollten mithin neben ihren geistlichen Aufgaben, die sie vor allem zum frommen Gedenken für ihre Stifter übernommen hatten, auch deren Kolonisationswerk fortführen: Die Rodung und Bewirtschaftung ihrer unwirtlichen Umgebung stand von vornherein mit auf dem Programm von Herrenalb, dessen Umsetzung nun in der Folgezeit anstehen sollte. Hier wurde die Repräsentanz weltlicher Herrschaft – manifestiert in der beherrschenden Burganlage – gleichsam sakralisiert; vertauscht in ein Zisterzienserkloster, das genauso raumgreifend für seine Stifter wirken sollte.[30]

Den Erfolg der Herrenalber Mönche bei der Gestaltung ihrer Umgebung können wir für das späte 13. Jahrhundert rekonstruieren:[31] Die Klostergrangie Moosbronn und weitere Grangien wurden neu errichtet, auch die Rodung und Ansiedlung des Ortes Bernbach auf dem Klosterterritorium ist nur auf ihre Initiative hin denkbar. Ebenso ist die Hilfestellung der Zisterzienser für ihre Stifterfamilie bei der Errichtung des Nonnenklosters Frauenalb bereits im späten 12. Jahrhundert zu erwarten.[32] Damit können wir festhalten: Das obere Albtal war im 12. und 13. Jahrhundert zu einer sakralen Landschaft geworden. Die Zisterzienser in Herrenalb und die Benediktinerinnen in Frauenalb dominierten ihre Umgebung bald sowohl in herrschaftlich-wirtschaftlicher Hinsicht, wie ihre Klosteranlagen für ihre sakrale Präsenz stehen.[33]

Blicken wir über die rauen Höhen des Nordschwarzwaldes weiter nach Nordosten, in das Tal der Enz. Dort beobachten wir im Jahr 1138 den missglückten Versuch des edelfreien Herrn Walter von Lomersheim, in seinem Gut Eckenweiher ein Zisterzienserkloster zu gründen.[34] Da es dem Ort jedoch an vielem, was für eine klösterliche Anlage notwendig war, fehlte, wurden die Mönche nach Maulbronn versetzt, wie einer Urkunde von 1148 entnehmen ist. Jener Ort war damals allerdings völlig unbebaut (*penitus incultum*) und galt wegen räuberischer Hinterhalte für Durchreisende als sehr gefährlich.

30 Dazu wieder Rückert: Zur Sakralisierung (wie Anm. 25).

31 Dazu wiederum die entsprechenden Karten bei Rückert: Das Albtal (wie Anm. 26), S. 35ff.

32 Ausführlicher dazu demnächst wiederum Rückert: Zisterzienser in ihrer Umwelt (wie Anm. 27).

33 Siehe Rückert: Zur Sakralisierung (wie Anm. 25).

34 Das Folgende nach Rückert: Die Bedeutung Maulbronns (wie Anm. 26).

Die von Eckenweiher nach Maulbronn übergesiedelten Zisterzienser fanden hier also eine ehemalige Siedlungsstelle vor, die nicht allzu lange Zeit zuvor noch bewohnt und bewirtschaftet worden war und recht beträchtliche Ausmaße besaß. Mittlerweile lag das gesamte Gelände allerdings wüst, und die Nachricht von Räubern, die dort ihr Unwesen trieben, lässt die Verwilderung, Bewaldung und Abgeschiedenheit der Gegend nur umso plastischer erscheinen.[35]

Die Rekonstruktion der Siedlungslandschaft zwischen Nordschwarzwald und Stromberg zur Zeit der Klostergründung um 1150 verdeutlicht auch hier die Ausgangssituation für die Zisterzienser.[36] Fassbar werden zwei noch weitgehend geschlossene Waldgebiete, der Stromberg mit seinem Vorland und der nördliche Ausläufer des Schwarzwalds. Sie werden nur von einigen Rodungsinseln durchbrochen, die entlang der Wasserläufe um die Siedlungen herum angelegt worden waren. Der wüste Ort Maulbronn selbst musste wieder urbar gemacht werden, wie auch weitere Siedlungsstellen in der Umgebung wüst gefallen und wieder verwaldet waren.[37]

Machen wir auch hier den Schnitt wieder 150 Jahre später und fragen nach dem Erfolg dieses Programms: Die Rekonstruktion der Siedlungslandschaft um 1300 zeigt die Verdichtung der Besiedlungsstruktur durch die zwischenzeitlich erfolgten Neugründungen und die Dominanz der Zisterzienser von Maulbronn an:[38] Neben fünf neugegründeten Orten stehen vier Wiedergründungen und fünf Siedlungen, die durch Maulbronn ausgebaut worden waren. Diese Neu- bzw. Wiedergründungen wurden fast alle als Grangien eingerichtet, ebenso wie die benachbarten älteren Orte mittels Grangien ausgebaut wurden – eine vergleichsweise hervorragende Bilanz, welche Maulbronn sowohl gegenüber den übrigen Zisterzen in Südwestdeutschland, vergleichbar nur mit Eberbach, wie auch im Vergleich mit anderen zeitgenössischen Herrschaften und Institutionen eine exponierte Stellung verleiht. Im näheren Umkreis des Klosters wurde damals die Kulturlandschaft fast ausschließlich von Maulbronn aus geprägt. Wir fassen eine zisterziensische Landschaft, deren Gestaltung mit Wassersystemen, Seen und Kanälen, Weinbergen, Ackerfluren und Wäldern dem Lebens- und Wirtschaftsideal der Mönche in seiner Autarkie beeindruckend entspricht.[39]

Diese zisterziensischen Ideale des autarken Konvents, der eigenen Arbeit, der Abgeschiedenheit, werden noch auf den berühmten Maulbronner Stiftungstafeln aus der Mitte des

35 Ausführlicher RÜCKERT: Zur Sakralisierung (wie Anm. 25).

36 Vgl. dazu die entsprechende Karte bei RÜCKERT: Die Bedeutung Maulbronns (wie Anm. 26), S. 19, wo unter Einbeziehung der heutigen Waldflächen die zeitgenössische Waldbedeckung in Abhängigkeit von der zeitgleichen Siedlungsverteilung schematisiert dargestellt ist.

37 Einer durchgehenden Besiedlung des Ortes Maulbronn, wie aktuelle bauhistorische Befunde in der Klosteranlage implizieren, wird jedenfalls von den schriftlichen Quellen deutlich widersprochen. Vgl. dazu Matthias UNTERMANN: Planen – Bauen – Aufgeben? Mittelalterliche Klosterbaukonzepte als Quelle für den Umgang mit Ressourcen, in: Klöster und ihre Ressourcen (wie Anm. 25), S. 19–38.

38 Vgl. wiederum die entsprechende Karte bei RÜCKERT: Die Bedeutung Maulbronns (wie Anm. 26), S. 27.

39 Vgl. dazu ausführlicher den Beitrag von Antje GILLICH: Wasser als Ressource. Zur Erforschung des Wassersystems von Kloster Maulbronn, in: Klöster und ihre Ressourcen (wie Anm. 25), S. 117–126.

Abb. 1: Die Klostergemarkung Maulbronn von Süden. Karte von Johann Michael Spaeth, 1761 (Ausschnitt).

15. Jahrhunderts vorgeführt, als man sich an die bedeutenden Anfänge des Klosters zurückerinnern wollte: Der wüste Ort, wo das Kloster gegründet werden sollte, wird als Räubernest dargestellt, wo wehrlose Reisende und Pilger überfallen wurden; daneben der Bau der Klosterkirche durch die Mönche, die alle Arbeiten selbst verrichten. Mit dem Einzug der Zisterzienser werden die Räuber vertrieben, es wird gerodet, Kirche und Kloster werden gebaut und aus der einstigen Räuberhöhle wird ein gottgefälliger sakraler Ort – ein großartiger

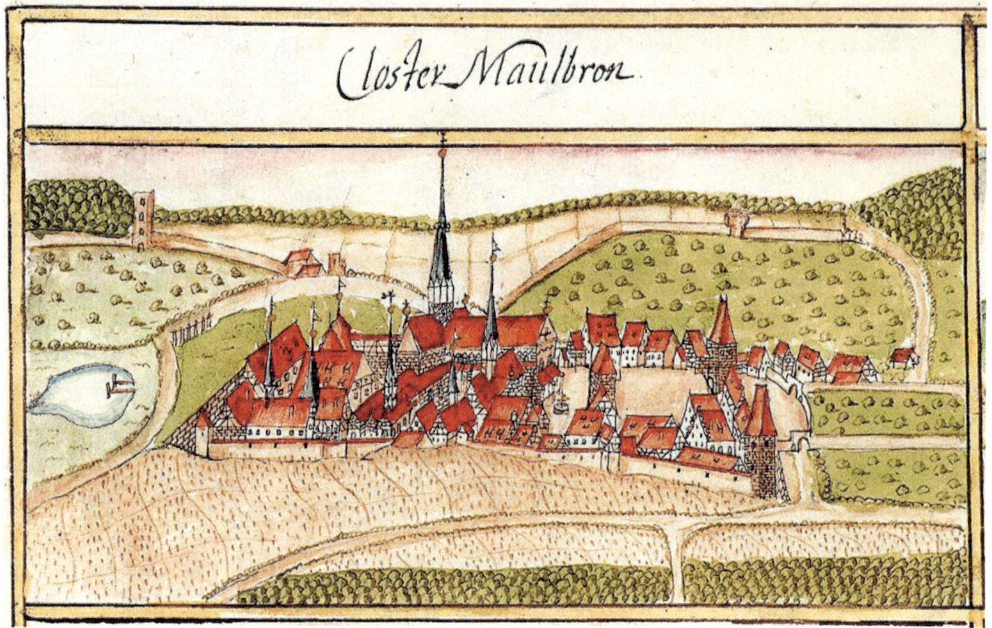

Abb. 2: Kloster Maulbronn von Norden. Ansicht aus dem Forstlagerbuch von Andreas Kieser, 1684.

Gründungsmythos, der als Topos für das zeitgenössische Idealprogramm der Zisterzienser steht, das geistige wie wirtschaftliche Dimensionen vereint und aktiver Umweltgestaltung nachdrücklich eine weniger herrschaftliche als sakrale Aura verleiht![40]

b) Die Bischöfe von Würzburg

Verlassen wir die Gründungsideale zisterziensischer Umweltgestaltung und begegnen wirtschaftlichen Prämissen im herrschaftlichen Umgang mit dem Wald. Gut erforscht ist das Gebiet westlich von Würzburg, der heutige Guttenberger Forst:[41] Zunächst ist auffällig, dass während des 15. Jahrhunderts in fast allen Orten ein starker Bevölkerungsrückgang zu bemerken ist und viele Dörfer verlassen wurden und wüst fielen.[42] Auch die überdauernden

40 Zusammenfassend wiederum RÜCKERT: Zur Sakralisierung (wie Anm. 25).

41 Einschlägig hierzu: Helmut JÄGER/Walter SCHERZER: Territorienbildung, Forsthoheit und Wüstungsbewegung im Waldgebiet westlich von Würzburg (Mainfränkische Studien, Bd. 29), Würzburg 1984.

42 Zum Folgenden wiederum ausführlicher RÜCKERT: Wald und Siedlung (wie Anm. 2).

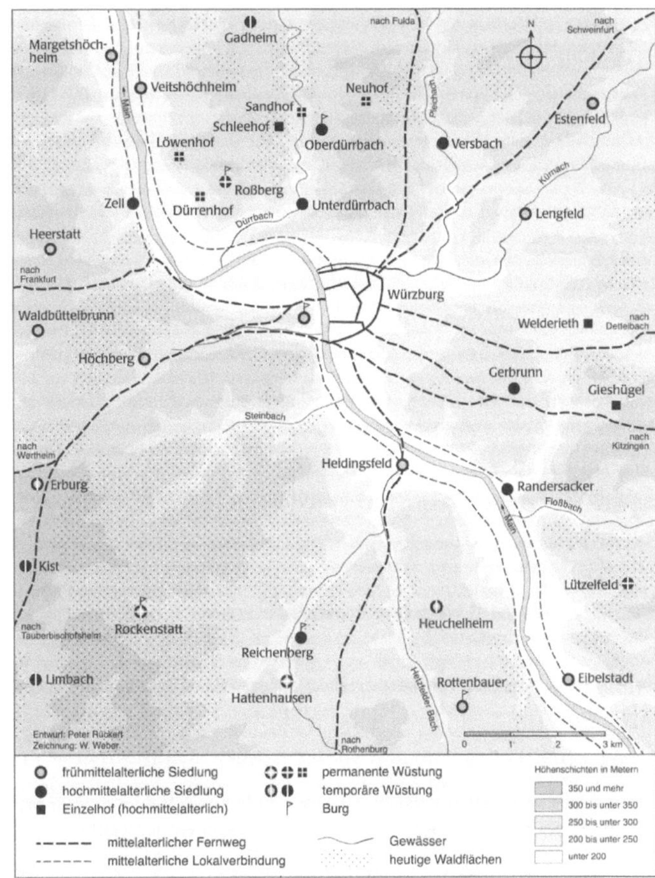

Abb. 3: Die Siedlungslandschaft um Würzburg im späten Mittelalter.

Siedlungen waren von Hof- und Flurwüstungen betroffen. Der Wald dehnte sich damals wieder deutlich über zuvor bebautes Gelände aus.[43]

Im Anschluss an diese zunehmende Verwaldung versuchen die Würzburger Bischöfe als Landesherren nun, die gegebene Situation positiv auszunutzen.[44] Sie machen sich ab dem frühen 16. Jahrhundert planmäßig daran, sich vor den Toren ihrer Stadt einen neuen Forst zu schaffen. Der Ausverkauf der örtlichen Bauernstellen, der von verschiedenen Grundherren mitbetrieben wird, ist bald die Folge der Verwüstung und Verwaldung der Felder. Und das bischöfliche Vorbild zeigt Wirkung: Auch die Äbte von Oberzell und die Pröpste des Ritterstifts St. Burkard nutzen die benachbarten verwaldeten Markungen zur Arrondierung ihres Waldes. Begründet waren diese herrschaftlichen Inforestierungsmaßnahmen aus der Sicht der Landesherrschaft vor allem in der Festigung und Ausdehnung der territorialstaatlichen

43 Mit vergleichbaren Befunden demnächst Rückert: Landnutzung und Landschaftsentwicklung (wie Anm. 17).

44 Dazu wiederum Jäger/Scherzer: Territorienbildung (wie Anm. 41).

Verhältnisse sowie in dem Ausbau von Jagdgebieten. Dabei erscheint es aus heutiger Sicht fast makaber, dass der Würzburger Bischof, um etwa die Wiederbesiedlung der dortigen Wüstung Limbach zu verhindern, den zugehörigen Gemeindewald zwischenzeitlich abholzen ließ, damit die Bauern kein Holz für Wiederaufbau und Lebensunterhalt mehr zur Verfügung hatten.[45]

Der heutige Guttenberger Forst ist also durch die planmäßige Erwerbspolitik und Inforestierungsmaßnahmen der Würzburger Bischöfe am Ausgang des Mittelalters erst geschaffen worden. Hier ist die Motivation des bischöflichen Landesherrn zur Schaffung eines stadtnahen Waldgebietes neben dem Ausbau der Territorialherrschaft mit den Stichworten „Holznutzung" und „Jagdvergnügen" pauschal zu fassen.[46]

Wiederum entsteht der Eindruck einer im späteren Mittelalter zunehmend verstärkten herrschaftlichen Aneignung des Waldes, da auch auf der grundherrlichen Ebene der Wald als Wertobjekt beansprucht und gehandelt wurde. Herrschaftlicher Schutz des Waldes war – wenn überhaupt – dann nur von der landesherrlichen Obrigkeit zu erwarten.[47]

c) Die Grafen und Herzöge von Württemberg

Stellen wir den Würzburger Bischöfen die Grafen und späteren Herzöge von Württemberg zur Seite. Ihr Verhältnis zum Wald lässt sich jedenfalls sehr vielgestaltig beschreiben und führt noch einmal in den tiefen Schwarzwald zurück, nun allerdings zur Erholung und Gesundung, die damals bereits von den hohen Herrschaften in der Waldeinsamkeit gesucht wurden. Seit dem hohen Mittelalter waren hier nämlich verschiedene „Wildbäder" bekannt, Orte mit heißen Quellen, deren Infrastruktur bald auch längere herrschaftliche Aufenthalte erlaubte.[48] Auch die Grafen von Württemberg hatten seit der Mitte des 14. Jahrhunderts ein „Wildbad" in ihrem Besitz, das sie zu ihrer herrschaftlichen Erholung gerne aufsuchten und damit auf diesen besonderen Aspekt im Verhältnis von Herrschaft und Wald hinweisen lassen.

Das benannte Wildbad sollte bald Schauplatz einer dramatischen Gewalttat werden, modern formuliert: eines politischen Attentats, dessen Tragweite uns einen beispielhaften Einblick in die herrschaftliche und politische Situation im deutschen Südwesten erlaubt.

45 Ebd., S. 107.

46 Vgl. RÜCKERT: Wald und Siedlung (wie Anm. 2).

47 Vgl. dazu den entsprechenden Befund betreffend die Grafen von Württemberg bei Rudolf KIESS: Die Geschichte des Waiblinger Waldes, in: Waiblingen in Vergangenheit und Gegenwart 14 (2000), S. 60–112.

48 Vgl. Peter RÜCKERT: Die Grafen von Württemberg im Wildbad. Erholung und Politik im spätmittelalterlichen Schwarzwald, in: Das Wildbad im Schwarzwald, hg. vom Kreisgeschichtsverein Calw, Bad Wildbad 2017, S. 25–34; dazu ausführlicher DERS.: Die Grafen von Württemberg im Wildbad. Erholung und Politik im spätmittelalterlichen Schwarzwald, in: Siedlungsforschung. Archäologie – Geschichte – Geographie 35 (2018), S. 73–90.

Während eines Aufenthalts im Wildbad, den Graf Eberhard II. von Württemberg und sein Sohn Ulrich mit ihren Frauen, Kindern und Dienern im Frühjahr 1367 unternahmen – so die Chronisten –, wurde ein Überfall ausgeübt, dem diese nur mit knapper Not entkamen.[49] Obschon der genaue Ablauf dieses „Überfalls im Wildbad" nicht mehr im Einzelnen rekonstruierbar ist: die Täter und ihre prominenten Hintermänner sind mittlerweile gut bekannt. Angeführt von Graf Wolf von Eberstein, einem Lehensmann der Pfalzgrafen bei Rhein und der Markgrafen von Baden, sowie dem „Gleißenden Wolf" von Wunnenstein, einem fehdeerprobten Ritter aus dem Neckarland, versuchte eine ansehnliche Truppe von jedenfalls etwa 20 namentlich bekannten Rittern – allesamt Vasallen der Pfalzgrafen bzw. der Markgrafen von Baden – sich der Württemberger zu bemächtigen.

Mittlerweile liegen auch die politischen Motive für die Tat deutlich vor Augen: Die territorialpolitischen Auseinandersetzungen zwischen dem mächtigen Pfälzer Kurfürsten Ruprecht I. und dem Markgrafen Rudolf VI. auf der einen Seite, dem ambitionierten Württemberger, der von Kaiser Karl IV. gerade wohlwollend unterstützt wurde, auf der anderen, lösten diese Gewalttat aus. Hätte der Überfall Erfolg gehabt, wären dem Haus Württemberg jedenfalls harte Konsequenzen erwachsen; hohe Lösegeldforderungen allemal, aber auch der versuchte Mord an Eberhard II. wurde von den Zeitgenossen kolportiert. Wie weit auch immer die Absichten des Überfallkommandos gesteckt waren: der Angriff auf einen mächtigen Fürsten und seine Familie in dieser wehrlosen Situation war ein ungeheuerlicher Affront und widersprach auch allen Konfliktregeln der Zeit.[50]

Entsprechend drastisch erfolgte die Reaktion der Württemberger und die Strafe des Kaisers: Gegen die bekannten Täter wurde die Reichsacht verhängt, ihre Burgen wurden zum Teil zerstört. Mit den mutmaßlichen mächtigen Drahtziehern im Hintergrund, dem Pfalzgrafen und dem Markgrafen, sollten vom Kaiser herbeigeführte Schlichtungen den Ausgleich schaffen. Sie durften jedenfalls ihre Handlanger nicht weiter beschützen und diesen auch keinen Unterschlupf gewähren, *weder hausen noch heimen*, wie es in einem feierlichen Entschied Kaiser Karls von 1370 heißt.[51]

Die wenige Jahre später gestifteten Glasfenster in der Kirche von Tiefenbronn bei Pforzheim zeugen noch von dem gemeinsamen Ausgleich ihrer gegenseitigen Gewalttaten. Sie zeigen Graf Eberhard II. von Württemberg und Markgraf Rudolf VI. von Baden in ihrer Gemeinschaftsstiftung vereint. Diese Sühnestiftung wurde auch von den im Wildbad beteiligten Herren von Stein als Ortsherren von Tiefenbronn unterstützt. Die Herren von Stein

49 Vgl. zum Folgenden auch Peter RÜCKERT: Karl IV. und die Grafen von Württemberg, in: Erwin FRAUENKNECHT/Peter RÜCKERT (Hgg.): Kaiser Karl IV. und die Goldene Bulle. Begleitbuch und Katalog zur Ausstellung des Landesarchivs Baden-Württemberg, Hauptstaatsarchiv Stuttgart, Stuttgart 2016, S. 55–65.

50 Ausführlicher dazu jetzt Peter Rückert: Die Grafen von Württemberg, die schwäbischen Reichsstädte und Kaiser Karl IV. in Konflikt und Kooperation, in: Roland DEIGENDESCH/Christian JÖRG (Hgg.): Städtebünde und städtische Außenpolitik. Träger, Instrumentarien und Konflikte während des hohen und späten Mittelalters (Stadt in der Geschichte, Bd. 44), Ostfildern 2019, S. 103–124.

51 Dazu RÜCKERT: Die Grafen von Württemberg im Wildbad (wie Anm. 48).

Abb. 4a–b: Graf Eberhard II. von Württemberg und Markgraf Rudolf VI. von Baden auf Glasscheiben in der Pfarrkirche Tiefenbronn, um 1370.

und auch die übrigen Attentäter von Wildbad sollten noch lange als sogenannte „Wildbader" gesellschaftlich diskreditiert sein.

Wir halten fest: Das Wildbad im tiefen Schwarzwald wird hier als ein Ort sichtbar, der offenbar eine herrschaftliche Gästeschar aufnehmen und gediegen unterbringen konnte: Mit Eberhard II., seiner Frau Elisabeth, seinem Sohn Ulrich und dessen Frau Elisabeth, immerhin Tochter Kaiser Ludwigs des Bayern, und auch ihrem kleinen, vielleicht fünfjährigen Sohn Eberhard III., war offenbar die komplette fürstliche Familie ins Bad gezogen, und ihre persönliche Dienerschaft mit ihnen.[52] Gleichzeitig war das kaum gesicherte Wildbad ein geschickter Ort für ihre Feinde, sich der Württemberger zu bemächtigen. So sollte es meh-

52 Ausführlicher wiederum ebd.

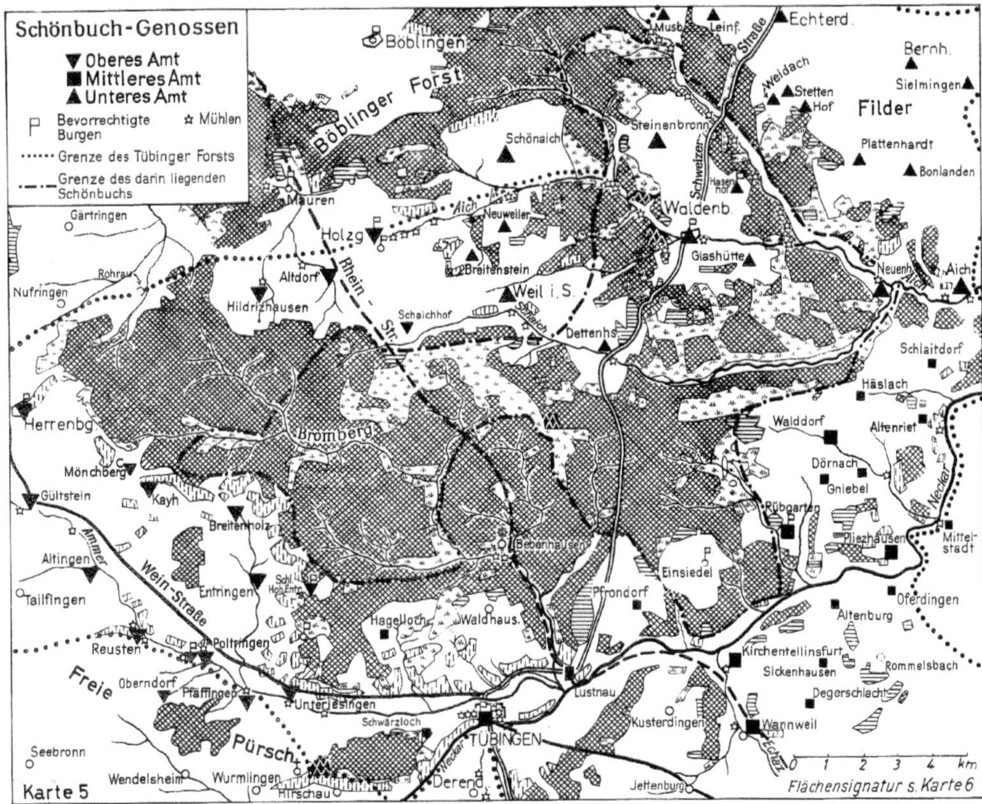

Abb. 5: Schönbuch-Genossen (nach Huttenlocher 1969).

rere Jahrzehnte dauern, bis dieser „Ort des Schreckens" wieder einmal von der Herrschaft besucht wurde. Die „heißen Quellen" des Wildbads waren den Württembergern im wörtlichen Sinne zu heiß geworden.

Blicken wir hinüber in den nahen Schönbuch, dessen herrschaftliche Gestaltung mit dem Übergang an das Haus Württemberg damals gerade konkret greifbar wird:[53] Nachdem die Grafen von Württemberg die ehemalige Tübinger Herrschaft aufgekauft hatten, ließen sie im Jahr 1383 ein herrschaftliches Einnahmeverzeichnis, das sogenannte „Schönbuch-Urbar", über ihre Rechte und Einkünfte anlegen, das die örtlichen Verhältnisse genau beschreibt:[54] Der Schönbuch war zu dieser Zeit bereits in drei Ämter untergliedert. Die Nutzungsrechte mit Ausnahme der Jagd waren gegen Entgelt an Berechtigte aus den umliegenden Orten ausgetan, auch für die Schweinemast wurde eine Abgabe erhoben. Die Jagd hingegen hatte herrschaftlichen Charakter und war den Grafen als Inhabern des Schönbuchs vorbehalten. Die

53 Ausführlicher zum Folgenden RÜCKERT: Wald und Siedlung (wie Anm. 2).

54 Karl-Otto MÜLLER (Bearb.): Altwürttembergische Urbare aus der Zeit Eberhards des Greiners (1344–1392) (Württembergische Geschichtsquellen, Bd. 23), Stuttgart/Berlin 1934.

Aufsicht über die Waldnutzung lag bei einem Waldvogt und sechs Förstern, die auch das Gericht stellten, das in Altenburg, Weil und Tübingen tagte. Deutlich sichtbar wird damit eine differenzierte Verwaltungsorganisation, welche diese sog. „Waldvogtei Schönbuch" als wesentlichen Baustein des im Entstehen begriffenen Württembergischen Territoriums gestalten sollte.

Gehen wir weiter ins Detail: Grundlage für die Brennholznutzung der am Schönbuch berechtigten Gemeinden war der sog. „rechte Hau". Ausgenommen waren Eichen und Buchen sowie fruchttragende Bäume, soweit sie nicht dürr oder windbrüchig waren.[55] Für Brennholz- und Bauholznutzung sowie die Waldweide waren die festgelegten Gebühren („Miete") zu entrichten. Daneben standen die Gastungsrechte der württembergischen Herrschaft für ihr Aufsichtspersonal, die in 13 Dörfern sowie fünf Höfen des Klosters Bebenhausen anhängig waren.

Eine besonders reichhaltige Gastung hatte der Hof in Schlaitdorf zu bieten: *Darin hat man das reht, das des jares einest ein vogt und sin knecht dahin komen sol und sehs förster und sehs ir knecht. Und sullen die kneht ieglicher einen rüden füren. Und sol man in ein gut mal geben* [...] *und sol in ane ein win des besten wins gnug geben, der zu Rütlingen oder ze Gretzingen veil ist. Und sol iren pferden futers genug geben* [...] *Und so si danan ritent, so sol man in mit in geben ze füren ein haselbrun gans gebraten und 16 brot in einen sak und 4 sümri habern* [...].[56] Dieses Mahl wurde offenbar dann eingenommen, wenn es um den Einzug des Schweinezehnts (Dehem), d. h. die Nutzungsgebühr für die Eichel- und Buchelmast ging.

Wenn wir einen Blick auf die große Anzahl der damals am Schönbuch berechtigten über 100 Städte, Dörfer, Höfe, Mühlen usw. werfen, dann sind die Abgabenverhältnisse jeweils in etwa vergleichbar.[57] Besonders aufschlussreich sind die herrschaftlichen Bestimmungen von 1383 auch bezüglich des Waldschutzes und der Pflege. Dabei werden genaue Strafgebühren für die einzelnen Vergehen aufgestellt: *Wer auch in Schainbuoch frävelt, ez were mit roub, krieg oder mit pfenden oder ieman stäl sin holtzkol oder pfäl oder ander sach, der were der fräveli verfallen 3 lb Tübinger,* und weiter: *Ez sol auch keiner Schainbuch howen noch bruchen, der nit gemiet hät, denn mit dez waltvogtz willen oder der forster willen; alz dik daz geschehe, so were verfallen 3 lb Tübinger.*[58]

In der Folgezeit sollten sich die Vorgaben zum Schutz des Waldes und der Nutzungskontrolle auch über den Schönbuch hinaus mehren,[59] bis 1495 in der ersten württembergischen Landesordnung eine allgemeingültige gesetzliche Regelung des Landesherren getroffen

55 Rudolf KIESS: Der Wald als Lebensgrundlage. Waldbesitz und Waldnutzung vom 14. bis 18. Jahrhundert, in: Ingrid GAMER-WALLERT/Sönke LORENZ (Hg.): Der Schönbuch. Mensch und Wald in Geschichte und Gegenwart, Tübingen 1999, S. 105–121, hier: S. 109ff.

56 Textabdruck nach ebd., S. 111

57 Wiederum ausführlicher RÜCKERT: Wald und Siedlung (wie Anm. 2).

58 MÜLLER: Altwürttembergische Urbare (wie Anm. 54), S. 319.

59 Vgl. dazu die einschlägigen Kopialbücher von Bebenhausen, welche die urkundlichen Dokumente über den Schönbuch zusammenstellen (Hauptstaatsarchiv Stuttgart H 14 Bde. 22, 23).

wird.[60] Hier wird im Abschnitt *Prenn- und Bawholtz* zunächst festgestellt, dass im Fürstentum großer Mangel an Brenn- und Bauholz herrsche; die abgeholzten Flächen sollen deshalb eingezäunt werden, *damit das holtz gleich mag erwachsen*. Die Waldberechtigten anderer Herrschaften werden damals aufgefordert, entsprechend zu verfahren. Diese Form zentralistischer Forstpolitik zielte also auch auf Wälder, die zwar unter württembergischer Forsthoheit standen, aber nicht Eigentum des Landesherrn waren.[61]

Die Optimierung der Waldnutzung, die bis gegen Ende des Hochmittelalters eindeutig in der Rodung und Besiedlung bestand, kehrt sich nun also teilweise um: Die Vergrößerung und Neuschaffung von Waldgebieten zur Sicherung des Holzbedarfs, zur Schaffung von Jagdgebieten und zum Ausbau des Territoriums steht für die Landesherrschaft in Württemberg – ebenso wie in Mainfranken – an erster Stelle. Eine funktional strukturierte Verwaltung lässt hier die landesherrliche Forstpolitik zu einem herausragenden Mittel des zentralistisch organisierten Flächenstaates werden. Dabei wird deutlich, dass die landesherrlichen Forste als Hoheitsbezirke mit ihrer linearen Grenzziehung die Bildung des Territorialstaates wesentlich fundierten.

Die Jagd wurde auch in den württembergischen Forsten als Hoheitsrecht beansprucht und betrieben. Tatsächlich finden sich auch einzelne explizite Nachweise dafür, dass der Jagd als „raumbezogener Praxis“ konstitutive Bedeutung für die spätmittelalterliche Herrschaftsbildung zukam: Als sich die beiden württembergischen Grafen Eberhard d. Ä. und Eberhard d. J. 1485 auf die Aufteilung ihrer Herrschaftsrechte einigen, verpflichtet dieser sogenannte „Stuttgarter Vertrag“ Eberhard d. J. zur regelmäßigen Jagd in seinem Hoheitsbezirk, *damit die wiltpen nit gemyndert* werden.[62] – Ohne die Ausübung der Jagd und die damit demonstrierte repräsentative Markierung des Territoriums waren die Hoheitsrechte des Württembergers also in der Tat nicht gesichert!

Um wieviel repräsentativer dürfte es aber noch gewirkt haben, wenn sich auch die Damen des Hauses Württemberg auf Jagd begaben, wie dies etwa für Margarethe von Savoyen, Gemahlin Graf Ulrichs V., bekannt ist, die das „Waidwerk“ wie auch die Besuche in den Wildbädern sehr schätzte.[63] Der bekannteste und wohl auch bedeutendste Jäger aus dem Haus Württemberg war Herzog Ulrich, der 1507 nicht nur das legendäre Wildschwein von

60 Vgl. die Edition bei Stephan MOLITOR (Bearb.): 1495: Württemberg wird Herzogtum. Dokumente aus dem Hauptstaatsarchiv Stuttgart zu einem epochalen Ereignis, Stuttgart 1995, S. 111.

61 KIESS: Der Wald als Lebensgrundlage (wie Anm. 55), S. 113.

62 Rudolf KIESS: Die Rolle der Forsten im Aufbau des württembergischen Territoriums bis ins 16. Jahrhundert, (Veröffentlichungen der Kommission für geschichtliche Landeskunde in Baden-Württemberg, Reihe B, Bd. 2), Stuttgart 1955, S. 125.

63 Dazu wiederum ausführlicher RÜCKERT: Die Grafen von Württemberg im Wildbad (wie Anm. 48).

Abb. 6: Das Wildschwein von Urach, 1507.

Abb. 7: Wappenscheibe Herzog Ulrichs von Württemberg mit Jagdszene, 1520.

Urach im benachbarten Rossfeld erlegte und dieses kapitale Tier voller Stolz genau in Holz nachschnitzen ließ.[64] Ulrich war auch ein meisterhafter Jagdhornbläser und komponierte selbst Jägerstücke, darunter das noch immer bekannte „Ich schell mein horn in Jammerston". Die Jagd – auf Tier und Mensch – war ihm ein großes Vergnügen, und er sorgte mit seinen herrschaftlichen Maßnahmen dafür, dieses Vergnügen möglichst auszukosten.[65]

Blicken wir abschließend noch kurz auf die andere Seite: Jetzt, an der Schwelle zur Neuzeit, mehren sich die Stellungnahmen und Widerstände der bäuerlichen und städtischen Waldnutzer auch hier in Württemberg gegen die herrschaftliche Waldpolitik. Gerade im Amt Urach hören wir die Stimmen der bedrückten Untertanen, die sich im Aufstand des „Armen Konrad" dann 1514 erstmals auf gemeinsame Anklagepunkte verständigen und gegen die Herrschaft wenden.[66] So betonen etwa die Bauern aus Metzingen:

> *Nemlich des ersten, des willden gewillds, das vnns ain verderplichen, onlidennlichen großen schaden thuot tag vnd nacht an vnnsern früchten, win vnd korn, och waz der armmann nießen vnd leben sol, vnd geet vnns mit der nachthut großen costen daruff.*

64 Vgl. Peter RÜCKERT (Bearb.): Der ‚Arme Konrad' vor Gericht. Verhöre, Sprüche und Lieder in Württemberg 1514. Begleitbuch und Katalog zur Ausstellung des Landesarchivs Baden-Württemberg, Hauptstaatsarchiv Stuttgart, Stuttgart 2014, hier: S. 181f. (Alma-Mara Brandenburg).

65 Alma-Mara BRANDENBURG: Herzog Ulrich und das Wildschwein von Urach. Zur Jagd als herrschaftliches Machtinstrument, in: Der ‚Arme Konrad' vor Gericht (vgl. Anm. 64), S. 76–87.

66 Andreas SCHMAUDER: Der ‚Arme Konrad' im Amt Urach. Die Aufständischen, deren Gefangennahme und Bestrafung, in: Der ‚Arme Konrad' vor Gericht (vgl. Anm. 64), S. 106–112.

Zum anndern haben wir die beschwerd, des äckers halb, daz wir armen vnnsere aigne weld Selle vnd müsse vmb den vorstmayster beston, daz doch ettlich vnnsere nachpuren nit thund, Namllich tettingen, Eningen, pfullingen vnnd ettlich mer.

Zum dritten So wir armen v[wer]*f*[ürstlichen]*g*[naden] *hund ziechen, die vnns von* [!] *vorstmayster geben werden, wo dan ain arman ain hund verliret oder Im gestolen, wurt der arman vom vorstmayster vmbtriben vnd von ettlichen daz gebott genomen worden.* [...]

Zum Sybennden vnd letzten So ist allwegen von alter gewest, daz ain armman hat terffen ain wilden vogel schießen, och Jung vogel von dem nest niemen, daz unns och vom vorstmayster an ain guldin, wer das thůt, verbotten worden. [...][67]

Die Metzinger beklagen also zunächst den großen Wildschaden, der die Ernte an Korn und Wein verdarb. Auch sollte das Äckerich, die Waldweide für die Schweine, wieder frei sein, wie in den Nachbargemeinden, und nicht vom Forstmeister gepachtet werden müssen. Und wenn von den Hunden, die man für die Herrschaft halten müsse, einer verloren gehe, würde man auch vom Forstmeister dafür belangt. Schließlich hätte man früher auch Vögel schießen oder junge Vögel aus den Nestern holen können, was jetzt vom Forstmeister bei einer Geldstrafe verboten sei. Die Metzinger kritisieren also, wie viele andere Gemeinden 1514 auch, die verschärfte Kontrolle über den Wald und seine Nutzung vehement. Sie drohen teilweise sogar mit Auswanderung und erinnern an ihre persönliche Abhängigkeit vom Wald: *dann der Wald ist unser Schatz*, wie die Böblinger 1533 betonen.[68]

5. Fazit

Die Perspektive der Herrschaft auf den Wald im späteren Mittelalter ist eine ebenso besondere wie vielgestaltige. Dominierte für das hohe Mittelalter bis um 1300 zunächst der Eindruck einer forcierten Rodung und Besiedlung zur möglichst effizienten Nutzung der Waldflächen im herrschaftlichen wie im wirtschaftlichen Sinne, so werden im Spätmittelalter die Probleme um den Wald auf allen gesellschaftlichen Ebenen sichtbar: Die Verdichtung der grund- und landesherrlichen Rechte führt in zunehmendem Maße zur Nutzungsprivilegierung im Sinne der Herrschaft: Die bäuerliche Waldnutzung wird allenthalben zurückgedrängt und kontrolliert, mit der flexibleren Inwertsetzung des Waldes werden dessen Ressourcen wirtschaftlich optimiert und profitorientiert eingesetzt.

Für die kleineren Grundherren, Adelige oder Geistliche, ging es bei der Nutzung ihres Waldes neben der eigenen Holzversorgung und Waldweide vor allem um den wirtschaftlichen Profit, der durch Rodung, Anlegung von Wiesen, Holzverkauf oder Verpachtung genauso gestaltet werden konnte wie durch Aufforstung. Die Bauern schließlich hatten mit

67 Textabdruck nach RÜCKERT: Der ‚Arme Konrad' vor Gericht (vgl. Anm. 64), S. 188–190.

68 Nach KIESS: Der Wald als Lebensgrundlage (wie Anm. 55), S. 113.

ihrem Überleben zu kämpfen, wofür der Wald und seine Nutzung von elementarer Bedeutung waren. Gleichzeitig mussten sie sich verstärkt gegen die herrschaftlichen Übergriffe wehren und unter den hoheitlichen Jagdvergnügen leiden. Die Nutzungsrechte am Wald stellten bis weit in die Neuzeit einen elementaren Wert der bäuerlichen Welt dar, deren Existenz unmittelbar vom Wald abhing.

Aber schließlich war der Wald im Mittelalter in erster Linie herrschaftliches Terrain: Hier wurde mit dem Vergnügen bei der Jagd oder im Wildbad auch stets Macht demonstriert. Die Herrschaft über den Wald, die Hoheit über den Forst als herrschaftliches Terrain, spielte im Territorialisierungsprozess des ausgehenden Mittelalters und der Frühen Neuzeit gerade auch im deutschen Südwesten eine zentrale Rolle und ging entsprechend appellativ mit herrschaftlicher Repräsentation einher.

Energie – Werkstoffe – Nahrung. Wald als zentrale Rohstoffquelle der Frühen Neuzeit anhand südwestdeutscher Quellen

R. Johanna Regnath

Einführung

In der Epoche der Frühen Neuzeit war der Wald die wichtigste Rohstoffressource der Menschen in Mitteleuropa. Aus dem Wald versorgte man sich mit Energie in Form von Feuerenergie, mit Werkstoffen für die unterschiedlichsten Gewerke und mit landwirtschaftlichen Grundstoffen wie Tierfutter und Dünger. Auch Jagd und Sammeltätigkeit spielten nach wie vor eine Rolle, die aber bei Weitem nicht mehr so bedeutsam war wie vor Beginn der Sesshaftwerdung der Menschen. Diese zentrale Stellung verloren die Ressourcen aus dem Wald erst ab dem 18. Jahrhundert: Der hohe Energiebedarf durch die Industrialisierung konnte nur mit Hilfe der Steinkohle gedeckt werden. Sie ermöglichte neue Formen der Stahlproduktion und trieb die Dampfmaschinen an.

Auch die Landwirtschaft änderte sich grundlegend. Die Einführung neuer Nutzpflanzen und die Stallhaltung lösten die beiden Wirtschaftsbereiche Wald und Feldflur aus ihrer früheren engen Verklammerung. Aber erst die Möglichkeiten der technischen Verarbeitung von Erdöl zu Kunststoffen im 20. Jahrhundert lösten eine regelrechte Revolution bei der Konsumgüterproduktion aus. Das führte dazu, dass heute die Lage eine gänzlich andere ist. Verarbeitetes Vollholz, das Material, aus dem früher fast alle Dinge, die die Menschen täglich in die Hand nahmen, gefertigt waren, ist zu einem Luxusgut geworden. Dieser Bereich ist nun weitgehend von Plastikprodukten dominiert. Einzig bei den Möbeln hat das Holz seine wichtige Rolle behaupten können, nicht zuletzt durch den Erfolg eines skandinavischen Möbelhauses ab den 80er Jahren des 20. Jahrhunderts. Aber auch hier gilt: Wenn heute in einem großen Möbelhaus bei einem Produkt „Holz“ als Material deklariert ist, sind oft nur verklebte Holzspäne unter einer Plastikbeschichtung.

Eine ähnliche Entwicklung gab es auch in der Technik. Alle vorindustriellen Technologien, die ihre Energie aus Wind- und Wasserkraft oder menschlicher oder tierischer Körperkraft bezogen, basierten auf Maschinen aus Holz: Wind- und Wassermühlen genauso wie zum Beispiel Webstühle. Metall, Keramik und bearbeitete Steine ergänzten das Holz. Mit der industriellen Revolution übernahmen Metalle die zentrale Stellung bei der technischen Entwicklung im Maschinenbau. Und auch das ist durch die Digitalisierung inzwischen überholt. Jetzt sind nicht mehr nur Konsumgüter und Verpackungen, sondern auch unsere technischen Geräte weitgehend aus Plastik. Kunststoffe haben die traditionelle Rolle des Holzes völlig übernommen. Eine Ausnahme davon bildet neben dem Möbelbau derzeit wieder verstärkt der Hausbau mit einer Rückbesinnung auf Holz als Baustoff, mit der Einschränkung, dass auch hier, wie im Möbelbau, Verbundwerkstoffe wie Grobspanplatten oder Holz-Kunststoff-Verbindungen eine immer größere Rolle spielen.

1. Drei zentrale Ressourcenfelder

Von der Antike bis zum Dreißigjährigen Krieg hat sich in Bezug auf die Nutzungsformen im Wald nur wenig geändert. Es gab grundsätzlich die drei oben bereits genannten Ressourcenfelder, für die die Menschen auf den Wald angewiesen waren: Feuerenergie, Gewinnung von Werkstoffen und landwirtschaftliche Nutzungen. Die Bedarfsmengen schwankten vom Neolithikum bis zum Dreißigjährigen Krieg immer wieder beträchtlich, und zwar in erster Linie in Relation zur demographischen Entwicklung.

Eine weitere Nutzungsform des Waldes ist die Jagd, die in fast allen Gebieten stark reglementiert und den Herrschenden und ihren Beauftragten vorbehalten war, auf die hier aber nicht weiter eingegangen werden soll, weil sie für die breite Bevölkerung als Nahrungsquelle keine größere Bedeutung hatte.

1.1 Energieversorgung

1.1.1 Brennholz

Eine ausreichende Versorgung mit Brennholz war für alle Haushalte existentiell. Es wurde zum Heizen, aber mehr noch zum Zubereiten von Lebensmitteln benötigt. Brot und Getreidebreie stellten den größten Teil der Ernährung der einfachen Leute dar. Da es so aufwendig war, Feuer neu zu entzünden, war man bestrebt, es als Glut über Nacht zu erhalten und das Herdfeuer am Morgen daraus wieder zu entfachen. In jedem Wohnhaus gab es eine Feuerstelle bzw. einen Herd. Im Verlauf des Mittelalters kamen auch Öfen zum Heizen auf.

In den Dörfern und Städten gab es klare Regelungen über den Holzbezug: Wer in welchen Wäldern Holz einschlagen durfte, war traditionell festgelegt. Mit dem Übergang zum 16. Jahrhundert wurden diese Regelungen vielerorts genauer gefasst und schriftlich dokumentiert. Durch die Einführung einer stringenteren Verwaltung verloren die Gemeinden frühere Entscheidungsspielräume. Oft versuchten die Herrschenden dabei auch, bislang in der Menge unbegrenzte Einschlagrechte der einfachen Leute zu beschränken und/oder mit Gebühren zu belasten.[1] Ein zentraler Konfliktpunkt bei den Bauernaufständen zu Beginn

1 Wie differenziert die Waldnutzungsregelungen zum Beispiel für den Wald Schönbuch waren, ist am Beispiel einiger Orte des heutigen Filderstadt hier dargestellt: R. Johanna REGNATH: Von Karchhühnern, Trogschwei-

des 16. Jahrhunderts drehte sich um diese Eingriffe. Beim Aufstand des Armen Konrad im Jahr 1514 in Württemberg waren die Einschränkungen in der Wald- und Weidenutzung ein dominierendes Thema bei den Beschwerden der Bauern. Die neu etablierten Nutzungseinschränkungen und -kontrollen bezogen sich dort sowohl auf die herzoglichen Eigenwälder als auch auf Gemeindewälder und bedeuteten für viele Gemeinden spürbare wirtschaftliche Verluste.[2]

Auch im Bauernkrieg von 1525 war die Holznutzung ein zentrales Thema. In der Memminger Ausgabe der sogenannten Zwölf Artikel findet sich folgende Klage der aufständischen Bauern darüber, dass sich die Herrschaft das Verfügungsrecht über die Wälder angeeignet habe:

> *Zum fünfften seyen wir auch beschwert der beholtzung halb. Dann vnsere herschafften habend jnenn die ho(e)ltzer alle allain geaignet, vnd wann der arm man was bedarff, mu(o)ß ers vmb zway geldt kauffen. Ist vnnser maynung: Was für ho(e)ltzer seyen, es habens geistlich oder weltlich, jnnen, die es nit erkaufft haben, sollen ayner gantzen gemain wider anhaim fallen, vnd ainer gemayn zimlicher weiß frey sein, aim yetlichen sein noturfft jnß hauß zu(o) brenen vmb sunst lassen nehmen, auch wann von no(e)ten sein wurde zu(o) zymmern auch vmb sunst nemen, doch mit wissen der, so von der gemain darzu(o) erwelt werden. ...*[3]

In Gebieten mit einem hohen Nutzungsdruck wurden auch Regelungen erlassen, welche Holzsorten für welchen Bedarf entnommen werden durften. Damit sollte sichergestellt werden, dass bestimmte Holzsorten und -qualitäten als Werkholz in ausreichender Menge verfügbar blieben. Grundsätzlich gehörte das Brennholz aber zum Grundbedarf, zur sogenannten „Notdurft", und durfte niemandem willkürlich vorenthalten werden.

Daneben gab es zahlreiche Handwerksbetriebe, die Feuerenergie aus Brennholz verwendeten: Bäcker, Metzger und Gastwirte benötigten Holz zum Kochen und Backen; Bader und Färber mussten in großen Mengen Wasser erhitzen. Töpfer und Glasmacher beheizten mit Holz ihre Brennöfen. Letztere stellten auch Buchenholz- oder Pottasche her, die sie als Flussmittel verwendeten (s. u.). Ohne Holz konnten sie ihre Arbeit nicht leisten. Und auch zum Salzsieden benötigte man Brennholz.

---

nen und anderem Getier. Holzversorgung, Schweinemast und weitere Waldnutzungen im Mittelalter und in der frühen Neuzeit hg. v. STADT FILDERST: Filderstadt und sein Wald (Filderstädter Schriftenreihe zur Geschichte und Landeskunde, Bd. 18), Filderstadt 2005, S. 13–30, insbesondere S. 19–21.

2 Andreas SCHMAUDER: Württemberg im Aufstand, Leinfelden-Echterdingen 1998, S. 154–158. Zum Armen Konrad und insbesondere zum Tübinger Vertrag vgl. neuerdings: Andreas SCHMAUDER: Macht, Gewalt, Freiheit: Der Vertrag zu Tübingen 1514, in: Sigrid HIRBODIAN/Robert KRETSCHMAR/Anton SCHINDLING (Hgg.): „Armer Konrad" und Tübinger Vertrag im interregionalen Vergleich. Fürst, Funktionseliten und „Gemeiner Mann" am Beginn der Neuzeit, Stuttgart 2016, S. 239–252.

3 https://stadtarchiv.memmingen.de/quellen/vor-1552/zwoelf-artikel-und-bundesordnung-1525.html [zuletzt aufgerufen am 08.3.2024], aus: Zwölf Artikel und Bundesordnung der Bauern, Flugschrift „An die versamlung gemayner pawerschafft". Traktate aus dem Bauernkrieg von 1525. Übertragen von Christoph Engelhard, mit einer Einführung von Peter Blickle über Memmingens Rang in der Geschichte der Reformation (Materialien zur Memminger Stadtgeschichte, Reihe A Heft 2) hg. v. STADTARCHIV MEMMINGEN, Memmingen 2000;

Diese Handwerksbetriebe hatten oft ihre Werkstätten in den Vorstädten, denn man fürchtete die Brandgefahr, die von ihnen in den eng bebauten Städten ausging.[4] Andere arbeiteten direkt im Wald wie die Glasmacher,[5] die Orte mit gutem Brennholzangebot wählten und gegebenenfalls nach einigen Jahren den Standort wechselten, wenn die Rohstoffe aufgebraucht waren. Die Konkurrenz mit anderen Holznutzungsarten führte dazu, dass Glashütten eher in siedlungsfernen Gebieten errichtet wurden.[6] Ihre Produkte waren um ein Vielfaches leichter zu transportieren als das dafür aufgewendete Brennholz. Das galt auch für die Holzkohle.

1.1.2. Holzkohle

Für manche handwerkliche Tätigkeiten reichten die Temperaturen, die sich mit dem Verbrennen von Holz erzielen lassen, nicht aus. Dazu zählen in erster Linie die metallverarbeitenden Arbeiten wie die der Schmiede und Bergleute. Aber auch die Ziegler verwendeten Holzkohle. Sie alle stellten selbst Holzkohle her oder bezogen sie von professionellen Köhlern. Zur Herstellung von Holzkohle wurden große Mengen an Holz benötigt. Zum Verkohlen können grundsätzlich alle Baumarten verwendet werden, doch die Untersuchungen von historischen Kohlefunden legen nahe, dass Laubhartholz, vor allem Eiche und Buche, verkohlt wurde, wenn diese zur Verfügung standen.[7] Da durch die Verkohlung je nach Holzart ein bis zwei Drittel des Ursprungsgewichts des Holzes verloren gehen, legten die Köhler ihre Meiler direkt im Wald an und transportierten dann das fertige Produkt zu den Handwer-

4 Das galt auch für die Bader, wie zum Beispiel in der württembergischen Kleinstadt Leonberg, wo die Badestube und die Ziegelei in der Vorstadt angesiedelt waren: R. Johanna Regnath: Die Stadt auf dem Lande – spätmittelalterliches Wirtschaftsleben in Leonberg zwischen Landwirtschaft und Handwerk betrachtet anhand der altwürttembergischen Lagerbücher, in: Streifzüge durch 750 Jahre Leonberger Stadtgeschichte, (Beiträge zur Stadtgeschichte; Bd. 7) hg. v. Stadtarchiv Leonberg, Leonberg 2000, S. 23–53, hier S. 48.

5 Solche Glashütten im Wald waren häufig und haben sich zum Teil in Flurnamen wie „Glashau" oder „Glaswasen" erhalten, die in der Nähe des Klosters Bebenhausen überliefert sind. Dort konnte in den 90er Jahren des 20. Jahrhunderts in archäologischen Grabungen unter der Leitung von Barbara Scholkmann eine mittelalterliche Glashütte nachgewiesen werden: Sveva Gai/Barbara Scholkmann: Eine Glashütte des Klosters Bebenhausen im Schönbuch, in: Archäologische Ausgrabungen in Baden-Württemberg 1992, Stuttgart 1993, S. 387–393 und Barbara Scholkmann: Kloster und Wald: Archäologische Forschungen zum Schönbuch im Mittelalter, in: Ingrid Gamer-Wallert/Sönke Lorenz (Hgg.): Der Schönbuch. Mensch und Wald in Geschichte und Gegenwart (Veröffentlichung des Alemannischen Instituts, Bd. 66), Tübingen 1999, S. 71–90, hier S. 82–85.

6 Hansjosef Maus/Bertram Jenisch: Schwarzwälder Waldglas. Glashütten, Rohmaterial und Produkte der Glasmacherei vom 12.–19. Jahrhundert, in: Alemannisches Jahrbuch (1999), S. 327–524, hier S. 329–337. Den in der älteren Literatur als außergewöhnlich hoch bezifferten Holzbedarf der Glasmacher bezweifelt Hans-Josef Maus: ebd. S. 368–369; Rolf Kneissler: Auf den Spuren alter Waldgewerbe, in: Sönke Lorenz (Hg.): Der Nordschwarzwald. Von der Wildnis zur Wachstumsregion, Filderstadt 2001, S. 104–108, hier S. 105.

7 Thomas Ludemann: Natürliches Holzangebot und historische Nutzung. Heutige Vegetation und historischen Holzkohle als wertvolle Quellen, in: Das Mittelalter 13 (2008), S. 39–62, hier S. 50–57.

kern. Vor allem für die Verhüttung von Erzen wurden große Mengen an Holzkohle benötigt, da für das Schmelzen eine Temperatur von 1.100–1.200 Grad Celsius benötigt wurde.[8]

1.2. Werkstoffe

1.2.1. Holz zur Herstellung von Möbeln und Gebrauchsgegenständen

Bis heute sind die Schreiner und Zimmerleute die Berufsstände, die am engsten mit dem Material Holz in Verbindung stehen. Neben ihnen gab es aber auch noch Spezialisten in der Holzbearbeitung: Küfer und Wagenmacher verfügten über fachspezifische Kenntnisse zum Biegen von Holz. Beide waren von zentraler Bedeutung für den Warentransport, denn nicht nur stabile Räder waren dafür unabdingbar, sondern auch Fässer. Sie waren ein wichtiges Transportgefäß für alles, was flüssig war. Dabei ist nicht nur an Wein und Bier zu denken, sondern zum Beispiel auch an eingesalzenen Hering[9].

In Städten gab es für einzelne Handwerker auch die Möglichkeit, sich auf bestimmte Produkte zu spezialisieren, wie zum Beispiel als Löffelschnitzer oder Holzschuhmacher. In den Dörfern mussten die ansässigen Handwerker vielerlei Bereiche abdecken und zum Beispiel auch Werkzeuge herstellen und landwirtschaftliche Geräte reparieren können. Rechen, Gabeln, Besen, Dreschflegel, Leitern und Ähnliches waren in großer Zahl notwendig. Dazu gehörten auch die Känel und Teucheln zur Wasserführung. Das waren offene Rinnen bzw. geschlossene Wasserleitungen aus durchbohrten Stämmen, für die normalerweise Nadelhölzer verwendet wurden.[10]

Die richtige Holzart auszuwählen war bei allen Arbeiten von entscheidender Bedeutung, um zweckdienliche und langlebige Produkte herzustellen. Zum Schnitzen von Löffeln und zum Drechseln von Bechern, Tellern, Büchsen oder Schüsseln verwendete man zum Beispiel gerne Ahorn, Buchsbaum oder Obstbaumhölzer, aber auch Esche und Buche. Die archäologischen Funde zeigen, dass für einen Produkttyp unterschiedlichste Ausgangshölzer benutzt

8 Hans-Gert Bachmann: Das Silber aus dem Stein bekommen: Archäometallurgische Überlegungen zum Nordschwarzwälder Hüttenwesen, in: Gregor Markl/Sönke Lorenz (Hgg.): Silber, Kupfer, Kobalt. Bergbau im Schwarzwald (Schriftenreihe des Mineralienmuseums Oberwolfach, Bd. 1; zgl. Veröffentlichung des Alemannischen Instituts, Nr. 72), Filderstadt 2004, S. 81–98, hier S. 88–90; als Beispiel kann die Eisenverhüttung in Hausen im Wiesental dienen, vgl. dazu Michael J. Kaiser: Bohnerz und Bohnerzgewinnung im Markgräfler Hügelland, in: Werner Konold/R. Johanna Regnath/Wolfgang Werner: Bohnerze. Zur Geschichte ihrer Entstehung, Gewinnung und Nutzung in Süddeutschland und der Schweiz (Veröffentlichung des Alemannischen Instituts, Bd. 86), Ostfildern 2019, S. 119–146.

9 Auf den Heringshandel kann hier nicht weiter eingegangen werden. Siehe dazu z. B. Ernst Schubert: Essen und Trinken im Mittelalter, Darmstadt 2006, S. 131–149.

10 Die Teuchel oder Deichel genannten Röhrenleitungen wurden zumeist im Boden verlegt: Ernst Ochs: Teuchel, in: Badisches Wörterbuch, Bd. 1, Lahr 1925–1940, S. 467; im Eintrag zu ‚Teuchelbohrer' (ebd.) wird als Material Tanne genannt. Georg Leppin: Von Heidereitern, Waldfrauen und Zapfenpflückern. Historische Wald- und Holzberufe im Wandel der Zeit, Potsdam 2014, S. 55–57; Gerhard Endriss: Die künstliche Bewässerung des Schwarzwaldes und der angrenzenden Gebiete, in: Berichte der Naturforschenden Gesellschaft zu Freiburg im Breisgau 42/1 (1952), S. 77–113, hier S. 102.

wurden.[11] Insbesondere bei wenig wertvollen Objekten wie Essgeräten wurde an Material verwendet, was verfügbar und einigermaßen gut zu bearbeiten war. Für anderes wurde gezielt nach passenden Holzstücken gesucht. Für die Zähne von Heurechen zum Beispiel ist das Holz der Berberitze besonders gut geeignet.[12] Radnaben mussten besonders stabil sein und wurden aus Eichenholz gefertigt. Je sorgfältiger hier das Holz nach Wuchsform und Maserung ausgewählt wurde, desto länger war die Lebensdauer des Werkstücks. Für die übrigen Bestandteile eines Rades eignete sich zum Beispiel Eschenholz, das zäh und elastisch ist,[13] aber auch Birkenholz, wie folgende württembergische Verordnung belegt: Die Schönbuchordnung von 1569 enthält eine gesonderte Bestimmung zum Birkenholz, die erlassen wurde, weil in der ersten Hälfte des 16. Jahrhunderts im württembergischen Schönbuch offensichtlich Mangel an Birkenholz herrschte und die Wagner und andere Handwerker nicht mehr genug Material zur Verfügung hatten. Deshalb sollten die Birken bis auf Weiteres aus dem sogenannten „Rechten Hau" ausgenommen werden, also aus dem Bestand, der als Brennholz verwendet werden durfte.[14]

1.2.2. Bauholz

Häuser bestanden bevorzugt aus Holz bzw. aus Holzfachwerk. Steinhäuser waren Prestigeobjekte für die besseren Stände, da Steinbauten sowohl teurer in der Erstellung als auch im Beheizen waren. Ein weiterer Nachteil ist, dass Steinbauten immobil sind – im Gegensatz zu Holzhäusern, die man als bewegliches Gut betrachtete, weil man sie abschlagen und an anderer Stelle wieder errichten konnte. Grundsätzlich stand jedem Haushalt zu, je nach örtlichen Gegebenheiten und unter bestimmten Bedingungen Bauholz aus den herrschaftlichen Wäldern oder aus Gemeindewald zu beziehen.

Auch hier versuchten die Landesherren ab dem 16. Jahrhundert zunehmend regulierend einzugreifen, indem sie Bezugsrechte begrenzten und Abgaben verlangten. So hatten zum Beispiel die Einwohner Tübingens im 16. Jahrhundert das Recht, Eichen- und Buchenholz aus dem Schönbuch für ihre Bauvorhaben zu schlagen: *Sie haben auch gerechtigkeit im Schonbuch usserhalb der Banwälden Zimerholz zehowen, zu ir notturfft ungevarlich, doch allwee-*

11 Ulrich Müller: Holzfunde aus Freiburg/Augustinereremitenkloster und Konstanz. Herstellung und Funktion einer Materialgruppe aus dem späten Mittelalter (Forschungen und Berichte der Archäologie des Mittelalters in Baden-Württemberg, Bd. 21), Stuttgart, 1996, S. 92–96; eine aktuelle Publikation weist z. B. Schälchen aus Erle und Ahorn nach: Beate Schmid/Birgit Kulessa: Von Stadtmauern und Salbtöpfen. Archäologie zur Siedlungs- und Apothekengeschichte in Biberach (Forschungen und Berichte zur Archäologie in Baden-Württemberg, Bd. 13), Wiesbaden 2019, S. 242–247 und Tafeln 77f.

12 Eine Datenbank mit vielen Informationen zur historischen Verwendung von Holzarten findet sich unter http://holzverwendung.boku.ac.at/index.html (Universität für Bodenkultur, Wien, Institut für Holztechnologie und Nachwachsende Rohstoffe).

13 https://www.youtube.com/watch?v=rwvSTWRuwZE: Der Wagner Anton Scheich aus Siggen in Argenbühl zeigt die traditionelle Herstellung eines Rades auf Allgäu TV, Aufnahme vom 11.05.2010, [zuletzt aufgerufen am 08.3.2024].

14 HStA Stuttgart H 107/18, Bd. 3, 1552–1553, Schonbuch sampt dem Obern Ampt, fol. 298v–299.

genn mit vorwissen auch nach weisung unnd beschaid des waldvogts.[15] Dafür wurde die sogenannte *Zimermüeth* fällig, eine jährliche Abgabe in Höhe von einem Schilling sechs Heller. Für jeden Wagen voll Eichenholz mussten die Tübinger nochmal drei Schillinge zahlen, für buchenes Bauholz wurden pro Wagen nur zwei Schillinge fällig.[16] Nadelholz wurde in der Schönbuchordnung nicht genannt und war im Schönbuch auch nicht in erwähnenswerter Menge vorhanden.

Im Schwarzwald bevorzugte man Fichten- und Weißtannenholz zum Hausbau.[17] Auch die Baumeister des Klosters Bebenhausen wussten um die guten Eigenschaften des Weißtannenholzes – insbesondere für große Gebäude. So stammen die ältesten, in die Gründungszeit des Zisterzienserklosters datierten Hölzer von Weißtannen. Die Zimmerleute bevorzugten für das Kirchendach zwar im Transport aufwendiges, aber dafür langfaseriges Weißtannenholz – statt die Eichen aus dem nahen Schönbuch zu verwenden, die im 12. Jahrhundert zweifelsohne noch verfügbar waren. Noch im Jahr 1334 war es möglich, große Eichenstämme aus dem eigenen, innerhalb des Schönbuchs gelegenen Klosterwald zu entnehmen, um daraus das Dachwerk des Sommerrefektoriums anzufertigen. Auch beim über hundert Jahre zuvor errichteten Mönchsdormitorium wurden Eichen verwendet.[18]

Ab dem 15. Jahrhundert haben sich die Lage im Wald und die Prioritätensetzung auf den Baustellen deutlich verändert. Nun finden sich an den großen Konstruktionshölzern, die im Kloster Bebenhausen verbaut wurden, sogenannte „Floßaugen" (s. u.).[19] Auch in den ersten Bauten der Tübinger Universität findet sich Floßholz als hauptsächliches Baumaterial.[20] Und in vielen Städten im Neckarraum wurde bereits ab dem 15. Jahrhundert ebenfalls Nadelholz verbaut. Es handelte sich dabei immer um geflößtes (Tannen-)Bauholz.[21] Dafür ist eine ganze Reihe an Gründen denkbar: Der Bestand an Eichen in Siedlungsnähe war im Verlauf des

15 HStA Stuttgart H 107/18, Bd. 4, [1553] Mittell Ampt, fol. 2.

16 HStA Stuttgart H 107/18, Bd. 4, [1553] Mittell Ampt, fol. 3; Ferdinand Graner: Geschichte der Waldgerechtigkeiten im Schönbuch (Darstellungen aus der württembergischen Geschichte, Bd. 19), Stuttgart 1929, S. 42, S. 45.

17 Hermann Schilli: Das Schwarzwaldhaus (Veröffentlichung des Alemannischen Instituts, Bd. 15), Stuttgart 1953, S. 70.

18 Tilmann Marstaller: 820 Jahre Holzbaukunst. Die Dachwerke über Klosterkirche und Klausur in Bebenhausen, in: Klaus Gereon Beuckers/Patricia Peschel (Hgg.): Kloster Bebenhausen. Neue Forschungen. Tagung der Staatlichen Schlösser und Gärten Baden-Württemberg und des Kunsthistorischen Instituts der Christian-Albrechts-Universität zu Kiel am 30. und 31. Juli 2011 in Kloster Bebenhausen (Wissenschaftliche Beiträge der Staatlichen Schlösser und Gärten Baden-Württemberg, Bd. 1), Bruchsal [2011], S. 79–95, hier S. 79–82 (Klosterdach), S. 83 (Dachwerk des Mönchsdormitoriums), S. 85 (Dachwerk des Sommerrefektoriums).

19 Ebd., S. 92.

20 Tilmann Marstaller: Der Wald im Haus. Historische Holzgerüste im Vorland der Schwäbischen Alb als Quellen der Umwelt- und Kulturgeschichte, in: Sönke Lorenz/Peter Rückert (Hgg.): Landnutzung und Landschaftsentwicklung im deutschen Südwesten. Zur Umweltgeschichte im späten Mittelalter und in der frühen Neuzeit (Veröffentlichungen der Kommission für geschichtliche Landeskunde in Baden-Württemberg, Reihe B: Forschungen, Bd. 173), Stuttgart 2009, S. 66–68.

21 Ebd., S. 60f.

Mittelalters durch die kontinuierlichen Entnahmen gesunken. Durch die Flößerei verringerten sich die Transportkosten, was ermöglichte, bei vergleichbaren Kosten das als Bauholz hochwertigere Nadelholz zu verwenden. Gleichzeitig unterlagen die Eichen im Wald multiplem Nutzungsdruck durch die Schweinemast, Handwerkerbedarf und die jagdlichen Interessen des Adels, was wiederum zu Regelungen führte, die das Fällen von Eichen begrenzten.

Doch Bauholz wurde nicht nur für Wohnhäuser, Repräsentationsbauten und Kirchen benötigt. Zum Bauholzbedarf gehörte auch das Material für die verschiedenen Typen an Wassermühlen. Sie erlaubten es, für viele Arbeiten Wasserkraft einzusetzen, nicht nur zum Mahlen von Getreide, sondern auch für die Ölherstellung, das Schleifen oder das Walken von Tuch etc. Keinesfalls vergessen werden darf auch der Bedarf an Bauholz in den Bergwerken, der nötig war, um die Schachte auszukleiden, technische Einrichtungen zur Entwässerung und zum Waschen der Erze inklusive der Wasserzu- und -ableitungen zu konstruieren und um die notwendigen Wirtschaftsgebäude zu errichten.[22]

1.2.3. Holz zum Binden und Zäunen

Ein Verbrauchsmaterial, das häufig, aber nicht zwingend aus dem Wald gedeckt wurde, waren Zweige zum Binden und Zäunen. Die sogenannten Wieden wurden benutzt, um Getreide zusammenzubinden oder die Stämme beim Flößen miteinander zu verbinden. Dafür wurden sogenannte „Wiedlöcher" oder „Floßaugen" ins Holz gebohrt, die in alten Fachwerkhäusern zum Teil bis heute sichtbar sind (vgl. vorne).[23] Auch im Weinbau verwendete man Wieden. Man benutzte dafür Haselgerten, Weiden oder Abschnitte von anderen Büschen. Auch Ausschläge von Birken, Eichen und Buchen und sogar die Stämme junger Nadelbäume dienten zum Binden. Ähnliches Ausgangsmaterial wurde auch für die Herstellung von Zäunen eingesetzt, wenngleich hier die Ansprüche an die Biegsamkeit nicht so hoch waren. Man schlug für Zäune Pflöcke ein und flocht Ruten dazwischen. Zaunmaterial wurde permanent und in großer Menge benötigt, da nicht nur die Dörfer eingezäunt waren (Etter), sondern auch die Feldfluren zum Schutz gegen das Wild umzäunt wurden.[24] Als Naturmaterial im Außenbereich unterlagen Zäune ständigem Verschleiß.

22 Adolf Achenbach beschreibt den Grubenbau und Waschtechniken am Beispiel des Bohnerzabbaus in Hohenzollern um die Mitte des 19. Jahrhunderts. Für die Absicherungen unter Tage wurde dort Kiefernholz verwendet: Vorkommen, Gewinnung und Zugutemachung der Bohnerze nebst Vorschlägen zur Hebung der Bohnerzgräberei in den Hohenzollern'schen Landen von Oberbergamtsreferendar Achenbach, Hechingen 1855. Der Text liegt als Edition von Birgit Tuchen vor in: Werner Konold/R. Johanna Regnath/Wolfgang Werner (Hgg.): Bohnerze. Zur Geschichte ihrer Entstehung, Gewinnung und Nutzung in Süddeutschland und der Schweiz (Veröffentlichung des Alemannischen Instituts, Bd. 86), Ostfildern 2019, S. 177–279, hier S. 242–249.

23 Marstaller: Der Wald im Haus (wie Anm. 20), S. 65.

24 HStA Stuttgart H 107/18 Bd. 5 1552/53 Under Ampt, Schönbuch, fol. 128 v: *Aber usserhalb des Etters sollend sie Ire güeter vermachen mit rechtem how, mit allerlay holz, ußgenomen Aychins, Büchins unnd Börennd [fruchttragende] böm.*

1.2.4. Frühchemische Produkte

Der Wald bot auch die Grundlagen für frühchemische Produkte wie Pottasche, Harz oder Eichenlohe zum Gerben. Pottasche (Kaliumcarbonat) wurde durch die Weiterverarbeitung von Holzasche („Pottaschesieden“) hergestellt und diente unterschiedlichen Zwecken.[25] Sie kam als Zusatzstoff von Seife, zum Bleichen von Leinen[26] oder als Triebmittel beim Backen zum Einsatz. Auch die Färber benutzten Pottasche als Zusatzmittel, um bestimmte Farbtöne zu erreichen. Zur Herstellung von Glas musste dem Quarz zur Senkung des Schmelzpunktes ein Flussmittel zugegeben werden: Das waren Soda, Holz- bzw. andere Pflanzenasche oder ebenfalls Pottasche.[27]

Ein anderer Stoff mit einem breiten Anwendungsgebiet war Baumharz. Fichten, Kiefern und Lärchen sondern nach Verletzungen aus ihrer Rinde Harz ab, um damit die Wunden zu verschließen. Das machten sich die Menschen schon seit der Altsteinzeit zunutze, um ihrerseits das Harz zum Abdichten, als Arznei oder als Klebstoff zu verwenden. Zur Gewinnung wurden die Rinden flächig oder mit einem Fischgrätmuster eingekerbt und das auslaufende Harz darunter in einem Behälter aufgefangen. Nach einem Reinigungsprozess erhielt man unterschiedliche Qualitäten. Harze wurden im Handwerk oder als Basis für Heilmittel in vielfacher Weise weiterverarbeitet.[28] Für den Schiffsbau zum Beispiel wurde es in großer Menge zum Abdichten (Kalfatern) verbraucht.[29]

Die Harzgewinnung war normalerweise ein Nebenerwerb. In manchen Gebieten entwickelte sich jedoch ein beachtlicher Wirtschaftszweig daraus, wie zum Beispiel im Nordschwarzwald. Dort war der Ort Baiersbronn berühmt für seine Harzproduktion. Das Harz wurde an den verletzten Bäumen regelmäßig eingesammelt und anschließend geschmolzen und filtriert. Die Baiersbronner Harzer belieferten vor allem Schiffsbauer und Bierbrauer, die damit die Fässer von innen abdichteten.

Detaillierte Harzer-Ordnungen regulierten im 16. Jahrhundert die Nutzung. Doch die kommerzielle Harzgewinnung beschädigte die Bäume, führte nicht selten zu Krankheiten und generierte minderwertiges Nutzholz. Deshalb versuchte Herzog Friedrich von Württemberg schon zu Beginn des 17. Jahrhunderts das Harzen zu verbieten, was ihm jedoch nicht gänzlich gelang.[30]

25 Georg Leppin: Von Heidereitern, Waldfrauen und Zapfenpflückern. Historische Wald- und Holzberufe im Wandel der Zeit, Potsdam 2014, S. 21.

26 Martin Stuber/Matthias Bürgi: Hüeterbueb und Heitisträhl. Traditionelle Formen der Waldnutzung in der Schweiz 1800 bis 2000 (Bristol-Schriftenreihe, Bd. 30), Bern/Stuttgart/Wien 2011, S. 55f.

27 Hansjosef Maus/Bertram Jenisch: Schwarzwälder Waldglas. Glashütten, Rohmaterial und Produkte der Glasmacherei vom 12.–19. Jahrhundert, in: Alemannisches Jahrbuch (1999), S. 327–524, hier S. 363–370.

28 Leppin: Von Heidereitern (wie Anm. 25), S. 58. Lärchenharz eignet sich als Zugmittel bei Verletzungen: ebd. S. 97.

29 Oswald Schoch: Rußen, riesen, harzen – verschwundene Waldgewerbe im Nordschwarzwald, in: Sönke Lorenz (Hg.): Der Nordschwarzwald. Von der Wildnis zur Wachstumsregion, Filderstadt 2001, S. 98–103, hier S. 102–103.

30 Sönke Lorenz/Axel Kuhn: Baiersbronn. Vom Königsforst zum Luftkurort, Stuttgart 1992, S. 94–101.

1.2.5. Steine, Sand und Lehm

Je nach Bodenbeschaffenheit wurden in den Wäldern auch Steinbrüche angelegt oder nach Lehm oder Sand gegraben. Das ist zum Beispiel aus den Schönbuchlagerbüchern flächendeckend belegt: Dort hatten die Dorfbewohner das Recht, nach Sand und Steinen zu graben.[31] Dieses Recht war wertvoll, denn der dort abgebaute sogenannte Stubensandstein lieferte Bausteine, aber auch das Material für ein gängiges Fußbodenscheuermittel (daher der Name Stubensandstein) und für den in den Schreibstuben verwendeten Löschsand.

Auch Ton für die Keramikherstellung konnte im Schönbuch ergraben werden. Der Ort Neuenhaus auf den Fildern war berühmt für seine Töpferwaren („Häfner-Neuhausen"). Die dortigen Töpfer holten ihren Grundstoff aus dem Schönbuch und lieferten dafür sogenannte Häfner-Eier ab.[32]

1.3. Landwirtschaftliche Nutzung

1.3.1. Viehweide

Neben die Nutzung des Holzes trat noch eine extensive landwirtschaftliche Nutzung der Fläche hinzu, in erster Linie in Form von Weide für Rinder, Pferde und Schafe, die vor allem im Sommer stattfand.[33] Der Wald diente dabei als Allmende und ergänzte die Weideflächen in Dorfnähe und die Stoppelweide auf den abgeernteten Feldern. Je nach Lage der Besitz- und Eigentumsverhältnisse wurden dafür auch Abgaben fällig. Im Schönbuch zum Beispiel wurden jährlich ein Käse und dreieinhalb Eier dafür fällig.[34] Die Wiesen wurden nicht beweidet, sondern zur Ertragssteigerung aufwendig bewässert und dienten der Gewinnung von Heu für die Wintermonate. Der für die Frühe Neuzeit typische lichte Laubwald mit Grasflächen zwischen den großen Bäumen ist maßgeblich von dieser Form der Weidenutzung geprägt worden, da die Tiere auch Blätter und junge Schößlinge abweideten. Ziegen einzutreiben war fast überall in den Wäldern verboten, da sie viel gravierendere Verbissschäden hinterließen als die anderen Weidetiere, indem sie auch Bäume beschädigten und im

31 So heißt es zum Beispiel im Schönbuchlagerbuch zum Ort Breitenstein: *Die Innwohner zue Braittenstein haben von allterhero Gerechtigkeit Zue Ihren Notwendigen Gebäwen, Im Schonbuch stein zu brechen unnd Sand zue graben, doch mit vorwissen des Vorstknechts auch den Wälden unnd Höltzn ohne Schaden.* HStA Stuttgart H 107/18, Bd. 26, 1585, Schönbuchslagerbuch Unteramt, fol. 23.

32 HStA Stuttgart H 107/18, Bd. 26, 1585, Schönbuchslagerbuch Unteramt, fol. 313.

33 Bernward SELTER: Waldweide in: Enzyklopädie der Neuzeit 14 (2011), Sp. 578–580; STUBER/Matthias BÜRGI: Hüeterbueb (wie Anm. 26), S. 25–38.

34 HStA Stuttgart H 107/18, Bd. 35, 1627, Schönbuchslagerbuch Mittelamt, fol. 173 *Waydtkäß undt Waydt Ayer. Ein Jeder Underthon unnd Einsäß zue Walttorff der Rinderhafftig Viehe hat, das im Schonbuch uff die Waydt gehet, gibt der Herrschafft* Württemberg *inn die WaldVogtey Tüwingen Jahrs ein Käeß, genant Waydt Käeß undt drithalb Ayer genant Waydayer.*

schlimmsten Fall die natürliche Verjüngung der Waldbäume gänzlich unterbinden konnten.[35]

1.3.2. Schweinemast im Wald

Eine besondere Form der Waldweide ist die herbstliche Schweinemast.[36] Dabei wurden Hausschweine in großen Herden von Hirten in die Wälder getrieben, um sie mit Eicheln und Bucheckern zu mästen. Diese Baumsamen sind sehr nährstoffreich, werden aber von den Menschen für die eigene Ernährung auf Grund des unattraktiven Geschmacks wenig geschätzt. Damit ist die Schweineweide im Wald eine Möglichkeit, Schweine mit kalorienreichem Futter zu versorgen, ohne in Nahrungskonkurrenz zu den Menschen zu treten. Die Mast im Wald war bis zum Dreißigjährigen Krieg ein bedeutender Wirtschaftsbereich, aus dem die Waldherren in guten Jahren beträchtliche Einnahmen erzielen konnten. Für die bäuerliche Bevölkerung war es eine wichtige Möglichkeit, die Bereiche der Subsistenzproduktion zu diversifizieren, um nicht gänzlich vom Erfolg der Getreideernte abhängig zu sein.[37] Der Eintrieb in den Wald war durch vielfältige Gewohnheitsrechte, ab der Frühen Neuzeit jedoch in steigendem Maße durch ausdifferenzierte „Mastordnungen" geregelt. Bemerkenswert ist dabei, dass oft ein Mindestbedarf an Schlachtschweinen abgabenfrei blieb. Dennoch kam es häufig zu Auseinandersetzungen, in erster Linie zwischen konkurrierenden Gemeinden bzw. zwischen nutzungsberechtigten Gemeinden und ihren jeweiligen Forstherren.[38]

Die hohe Wertschätzung für Eichen und Buchen, die nicht zuletzt auf die Schweinemast zurückging, hatte auch Auswirkungen auf die Bestandszusammensetzung: einerseits durch Schutz der großen alten Kronenbäume vor dem Einschlag als Brennholz, da besonders diese Exemplare in Mastjahren erhebliche Mengen an Eicheln und Bucheckern produzieren konnten, andererseits durch gezielte Pflanzaktionen. Dafür wurden besondere Personengruppen, zum Beispiel Heiratswillige, oder alle Haushaltsvorstände aus der Gruppe der Nutzungsberechtigten zu Baumsetzaktionen verpflichtet.[39]

35 So heißt es in den Schönbuchlagerbüchern: *Item Es solle niemanden, ainiche Gayßen Inn Schonbuch zutreyben gestattet werden.* HStA Stuttgart H 107/18, Bd. 16: Reformierte Schönbuchs Beschreybung unnd Ordnung von 1585, fol. 37.

36 Zum Thema Schweinemast insgesamt vgl. R. Johanna REGNATH: Schweinemast und Schweinezehnt im Mittelalter, in: Das Mittelalterliche Hausschwein – eine kritische Bestandsaufnahme. Dokumentation der gleichnamigen Tagung im Kloster Lorsch vom 29.5.–1.6.2016 (in Druckvorbereitung); R. Johanna REGNATH: Schweine, in: Enzyklopädie der Neuzeit, 11 (2010) , Sp. 980–982; R. Johanna REGNATH: Das Schwein im Wald. Vormoderne Schweinehaltung zwischen Herrschaftsstrukturen, ständischer Ordnung und Subsistenzökonomie (Schriften zur Südwestdeutschen Landeskunde, Bd. 64), Ostfildern 2008.

37 REGNATH: Das Schwein im Wald (wie Anm. 36) S. 265–271 und 281–288.

38 Ein Beispiel aus dem Schönbuch: R. Johanna REGNATH: Als man noch mit den Schweinen in den Wald zog – Streitbare Schlaitdorfer verteidigten im 16. Jahrhundert erfolgreich ihre Rechte, in: Schwäbische Heimat 1 (2011), S. 61–67.

39 R. Johanna REGNATH: ... daß ohne das Holz und dessen nöthig- und nützlichen Gebrauch / das menschliche Leben und Bonum publicum nicht wohl bestehen / noch unterhalten werden könne. Historische Waldnut-

1.3.3. Gewinnung von Viehfutter und Nahrungsmitteln

Daneben wurden auch Gras und junge Äste mit Blättern im Wald geschnitten und als Viehfutter verwendet. Dieser Vorgang, ganze Äste mit Blättern abzuernten, wurde als „Schneiteln", „Stümmeln" oder „Stimblen" bezeichnet. Zum Teil wurden Bäume regelmäßig zur Futtergewinnung genutzt und dadurch stark in ihrer Wuchsform verändert. Dabei ließ man entweder den Stamm unberührt und schnitt nur die Äste ab (Astschneitelung) oder man schnitt auch den Gipfel ab und nutzte den Baum anschließend durch sogenannte „Kopfschneitelung".[40] Die meist zweijährigen Äste wurden dann zusammengebunden und dienten getrocknet als Teil der Winterfütterung für die Rinder. Esche und Ahorn waren dafür geeignete Baumarten,[41] aber auch die Blätter von Ulmen, Pappeln, Linden und Eichen wurden verfüttert. Im Notfall verwendete man auch das Laub anderer Bäume und machte es durch Überbrühen besser verdaulich.[42] Neben der Schneitelung wurden auch Blätter vom Baum abgestreift, ohne die Äste abzuschneiden, was die Bäume weniger schädigte. Auch der jahrweise Wechsel von Schneiteln und Lauben war verbreitet.[43]

Die Nutzung von „wildem Obst" war ebenfalls reguliert. Dazu gehörten alle fruchttragenden („*beerenden*") Bäume, also Obst-, Nuss- oder Kastanienbäume außerhalb von Gehöften bzw. von Baum-, Wein- oder sonstigen Gärten, im strengen Sinne auch noch Eichen und Buchen, die aber in den Verordnungen meist separat genannt wurden. Es war untersagt, sich ohne Erlaubnis bzw. ohne Gegenleistung von den Früchten zu bedienen.[44] Sicherlich sammelte man auch Pilze, Heidelbeeren und Himbeeren, was in den frühneuzeitlichen Quellen meines Wissens aber wenig bis keinen Niederschlag fand. Im Mittelalter und bis in die Frühe Neuzeit hinein stand man den Pilzen aus Angst vor Vergiftungen zurückhaltend gegenüber.[45]

zungsformen und Urteile über den Waldzustand als Spiegel des Rohstoffbedarfs, in: Alemannisches Jahrbuch 61/62 (2013/2014), S. 211–224, hier S. 217.

40 Stuber/Bürgi: Hüeterbueb (wie Anm. 26), S. 34.

41 Esche und Ahorn wurden neben der Futtergewinnung auch als Werkholz verwendet (s. o.) und sind in Holzkohlenfunden entsprechend seltener vertreten, als nach der historischen Baumartenverteilung zu erwarten wäre: Thomas Ludemann: Natürliches Holzangebot und historische Nutzung. Heutige Vegetation und historische Holzkohle als wertvolle Quellen, in: Das Mittelalter 13 (2008), S. 39–62, hier S. 57.

42 Stuber/Bürgi: Hüeterbueb (wie Anm. 26), S. 34–35.

43 Ebd., S. 34.

44 Zum Thema Wildobst ist 2010 eine umfassende Arbeit von Rainer Schöller erschienen: Wildes Obst. Die Nutzung des Holzapfels und der Saubirne als ein Paradigma für das Wirtschaften mit knappen Nahrungs- und Futtermittelressourcen in früheren Zeiten (Rombach Wissenschaften, Reihe Ökologie, Bd. 9), Freiburg/Berlin/Wien, 2010.

45 Irmgard Müller: ‚Pilze' in: LMA 6 (1999), Sp. 2160; Ulrich Willerding: Pilze, in: Reallexikon der Germanischen Altertumskunde 23, (2003), S. 168–174. Diese Scheu vor Pilzen hat sich regional bis ins 20. Jahrhundert hinein gehalten: Stuber/Bürgi: Hüeterbueb (wie Anm. 26), S. 50.

1.3.4. Weitere Nutzungen: Wald-Seegras, Bettlaub, Streu und Rodung

Eine Besonderheit, die hier in Südwestdeutschland im 19. Jahrhundert große Bedeutung gewonnen hatte, ist das Waldseegras- oder Seggenschneiden. Im Freiburger Stadtwald zum Beispiel wurde bis zur Mitte des 20. Jahrhunderts die Zittergras-Segge geerntet und als Ersatz für Rosshaar als Polster- und als Matratzenfüllmaterial verwendet.[46] Auch das „Seegras" aus dem Schönbuch wurde von den Sattlern als Polstermaterial eingesetzt.[47] Trockene Buchenblätter wurden gesammelt und als Unterlage im Bett benutzt anstatt der Strohsäcke.[48] Ihr Inhalt wurde nach ein, maximal zwei Jahren dann als Einstreu im Stall wiederverwendet und anschließend als Dünger auf die Felder ausgebracht.

Der Düngermangel war ein beherrschendes Problemfeld in der Landwirtschaft, das bis zur Erfindung des Kunstdüngers nicht befriedigend gelöst werden konnte. Dieses Problem verschärfte sich durch die Einführung der Stallhaltung im 18. Jahrhundert sogar noch, da nun der Dung zum Großteil in den Ställen verblieb und nicht mehr direkt vom Vieh auf Felder und Weiden zurückgelassen wurde. Damit stieg zwar die Ressourcenausbeute in der Viehhaltung, aber gleichzeitig auch der Arbeits- und Organisationsaufwand. Denn für die Arbeitsökonomie der Stallarbeit und zur Erzeugung von gutem Mist benötigte man Einstreu. Als Einstreu verwendete man Stroh, Reisig, aber auch in großem Stil die oberste Bodenschicht aus dem Wald. Die Forstleute erkannten bald, wie schädlich dieser Nährstoffaustrag für den Wald war, aber wirklich abstellen ließ sich die Praxis der Streunutzung erst mit der Erfindung des Kunstdüngers.

Obwohl sie oft nicht bedacht wird, so war doch auch die Rodung eine Form der Waldnutzung. Sie konnte entweder dauerhaft sein und Dörfer mit einer eigenen Gemarkung im Wald entstehen lassen oder zeitlich begrenzt. Dann wurden Neubruchfelder einige Jahre bestellt und bei zurückgehendem Ertrag wieder dem Wald überlassen.

2. Auseinandersetzungen und Lösungsstrategien in Kampf um die Ressource Wald

2.1. Konfliktpotenziale und Konkurrenzen

Durch die weitgehend auf Subsistenzwirtschaft basierende Lebensform der bäuerlichen Bevölkerung waren die Entscheidungsspielräume bezüglich der Nutzungsformen des Waldes

46 Thomas KOCH/Jörg LIESEN: Geschichte der Nutzung des Freiburger Mooswalds hg. v. BADISCHEN LANDESVEREINS FÜR NATURKUNDE UND NATURSCHUTZ : Die Mooswälder. Natur und Kulturgeschichte der Breisgauer Bucht, Freiburg 2008, S. 128.

47 Walter HAHN: Heimatbuch Weil im Schönbuch. Breitenstein, Weil im Schönbuch 1988, S. 162–164.

48 STUBER/BÜRGI: Hüeterbueb (wie Anm. 26), S. 44–45 und S. 188–191.

deutlich eingeschränkt. Deshalb mussten die geschilderten Nutzungsansprüche an den Wald mit steigender Bevölkerungszahl zwangsläufig zu Konkurrenzen und Konflikten führen.[49]

Daraus ergeben sich je nach Blickwinkel und Epoche leicht unterschiedliche Schwerpunkte. Stellt man das Aussehen der Wälder in den Mittelpunkt, ergeben sich aus den Anforderungen bzw. den erfolgten Nutzungen ganz unterschiedliche Waldbilder. Stand die Viehweide im Vordergrund, entwickelte sich ein lichter Wald, vor allem mit Laubbäumen. Je höher der Weidedruck war, desto offener wurde der Wald, denn die Tiere verhinderten durch Verbiss das Aufkommen von jungen Bäumen. Diese offene Struktur war im Hinblick auf die Viehweide günstig, weil sie den Graswuchs beförderte. Eine solche Waldform ließ sich zum Beispiel gut mit einer Niederwaldwirtschaft zur Brennholzgewinnung oder mit einigen einzelnstehenden, großen Eichen und Buchen für die Schweinemast kombinieren. Bau- und Werkholz bot ein solcher Wald kaum und wenn, dann keinesfalls in Mengen, die es sich zu verkaufen gelohnt hätte.

Stellt man nun die Interessen der unterschiedlichen Bevölkerungsgruppe ins Zentrum, ergeben sich nochmals andere Konfliktlinien, einerseits zwischen den Dorfgemeinden untereinander, andererseits zwischen der bäuerlichen Bevölkerung und den adeligen oder kirchlichen Herrschaftsträgern. Jagdliche und monetäre Interessen auf der einen Seite standen den Ansprüchen auf Deckung des alltäglichen Bedarfs gegenüber. Einschränkungen und Verpflichtungen rund um herrschaftliche Jagden bedeuteten eine große Belastung für die bäuerliche Bevölkerung: Jagdfronen entzogen Arbeitskräfte aus der Landwirtschaft, Bannbezirke schränkten die Weideflächen ein und ein hoher Wildbestand schädigte die Ernten. Der Verkauf von Bau- und Brennholz durch die Herrschaft erzeugte dagegen eine Konkurrenzsituation, da er die verfügbaren Mengen reduzierte.

Auseinandersetzungen zwischen Dorfgemeinden entspannen sich häufig an Weide-, Mast- und Brennholzrechten, waren also ein Konkurrieren um Ressourcen zwischen Gleichrangigen.

Die Förster hatten dabei eine unangenehme Pufferfunktion, da es ihre Aufgabe war, in erster Linie die Interessen der Herrschaft zu wahren. Dafür sollten sie Rückzugsräume für das Wild schaffen und Langzeitschäden am Baumbestand verhindern. Gleichzeitig mussten sie der Bevölkerung Bau-, Brenn- und Werkholz in ausreichenden Mengen zuweisen. Diese Berechtigungen konnten nicht einfach entzogen werden, weil sie für alle Haushalte unverzichtbar waren. Und sie waren, wie die Weiderechte auch, häufig urkundlich verbrieft.

49 Auf die sog. „Holznotdebatte", bei der in den 1990er Jahren der bis dahin oft und unkritisch wiederholte Topos von der Waldverwüstung durch die bäuerlichen Schichten in Frage gestellt wurde, muss hier nicht noch einmal eingegangen werden. Einen Überblick über die Debatte gibt der Aufsatz von Winfried Schenk, Holznöte im 18. Jahrhundert? – Ein Forschungsbericht zur „Holznotdebatte" der 1990er Jahre, in: Schweizerische Zeitschrift für Forstwesen 157 (2006), S. 377–383. In neueren Arbeiten entstehen inzwischen deutlich differenziertere Rekonstruktionen historischer Waldzustände, z. B. bei Peter-Michael Steinsiek, Der Wald zwischen Harz und Aller in der Frühen Neuzeit (1550–1800) (Quellen und Forschungen zur Braunschweigischen Landesgeschichte, Bd. 57), Braunschweig 2021.

2.2 Frühneuzeitliche Waldnutzung im Schönbuch zwischen Schutz und Verwüstung

Der geschilderte Nutzungsdruck wie auch Konflikte, die aus Ressourcenkonkurrenzen erwuchsen, lassen sich auch für den Wald Schönbuch zwischen Tübingen und Stuttgart beobachten.[50] Mit steigender Verfügbarkeit von Papier als Beschreibstoff fangen herrschaftliche Verwaltungen überall an, mehr Informationen schriftlich niederzulegen. Dieses Anwachsen der Überlieferung im Verwaltungsbereich kann anhand des altwürttembergischen Archivs beispielhaft nachvollzogen werden.[51] Parallel dazu intensivierte das Verwaltungspersonal die Kontrollen und bemühte sich um Vereinheitlichungen von Regelungen und größere Übersichtlichkeit, um Begrenzung der Nutzungen durch die Bauern und nicht zuletzt um Steigerung der Einnahmen. Das blieb nicht ohne Widerstand. In regionalen Aufständen wie dem des Armen Konrad von 1514 in Württemberg oder dem Bauernkrieg spielten Klagen über Beschneidungen alter Waldnutzungsberechtigungen eine wichtige Rolle.[52] Diese herrschaftlichen Eingriffe konnten Mengenbeschränkungen sein oder auch die Verpflichtung für die bäuerlichen Nutzer, Genehmigungen bei den Forstbeamten für Nutzungen einzuholen, die die Gemeinden vorher in eigener Regie organisiert hatten. Obwohl viele Regelungen in den Verhandlungen entschärft wurden, fand sich „der gemeine Mann" am Ende der Auseinandersetzungen in Bezug auf die Waldnutzungen in einer rechtlich schwächeren Position wieder als im Spätmittelalter. Dass den Angehörigen des bäuerlichen Standes jedoch Rechte an der Waldnutzung zustanden, wurde zu keinem Zeitpunkt in Zweifel gezogen.

Grundlegend für die Holznutzung im Schönbuch war das Prinzip des sogenannten „rechten Hau". Der rechte Hau besagte, welche Holzarten entnommen werden durften, nämlich Birken, Hagenbuchen und Erlen. Ein Großteil der Regeln, die sich in den Schönbuchordnungen finden, beruht darauf. Man zahlte Schönbuchmiete, Wagen- und Karrenmiete bzw. Tragmiete (je nachdem, wie man das Holz abtransportierte) oder Abgaben pro Feuerstelle (Rauchmiete oder Feuerhühner) für die Brennholzentnahme. Jeder Schönbuchgenosse, der Miete entrichtete, durfte seinen Bedarf aus dem Wald decken, es wurden keine Abgaben nach entnommenen Mengen berechnet. Stattdessen sollte man sich von den Forstknechten Waldabschnitte oder einzelne Bäume anweisen lassen. Direkte Auswirkung dieser Regelun-

50 Ein eindrückliches Beispiel für einen Konflikt zwischen einer Dorfgemeinde und Herzog Christoph von Württemberg ist aus Schlaitdorf überliefert: Regnath: Das Schwein im Wald (wie Anm. 36), S. 61–67.

51 Anhand der Entwicklung der Lagerbücher zu Leonberg beispielhaft aufgezeigt in: Regnath: Die Stadt auf dem Lande (wie Anm. 4), S. 23–53, hier insb. S. 27–28; zur Überlieferung von Verwaltungsschriftgut insgesamt siehe: Christian Keitel /Regina Keyler (Hgg.): Serielle Quellen in südwestdeutschen Archiven. Eine Handreichung für die Benutzerinnen und Benutzer südwestdeutscher Archive (Publikation des Württembergischen Geschichts- und Altertumsvereins), Stuttgart 2005. Eine deutlich erweiterte Fassung dieses Werkes findet sich inzwischen unter dem Titel „Südwestdeutsche Archivalienkunde" unter https://www.leo-bw.de/web/guest/themenmodul/sudwestdeutsche-archivalienkunde [zuletzt abgerufen am 08.3.2024].

52 Zum Aufstand des Armen Konrad vgl.: Schmauder: Württemberg im Aufstand (wie Anm. 2). Eine detaillierte Zusammenstellung der überlieferten Beschwerdehefte und ihrer Ausfertiger findet sich ebd., S. 147.

gen war, dass das Holz nicht verkauft werden durfte. Schönbuchgenossen durften zum Beispiel geschlagenes Holz nur an andere Berechtigte veräußern, sich also letztlich nur die Waldarbeit bezahlen lassen. Nur wenige Orte, wie zum Beispiel Breitenstein, hatten das Recht, Holz aus dem Schönbuch in Stuttgart zu verkaufen – und das auch nur, um die Holzversorgung der herzoglichen Residenzstadt sicherzustellen.[53]

Dafür, dass diese Regeln eingehalten wurden, waren der Waldvogt und seine Mitarbeiter zuständig, die Forstknechte und die Jäger. Der Waldvogt hatte seinen Stützpunkt in Waldenbuch. Wenn er oder seine Knechte im Wald unterwegs waren, konnten sie in den sogenannten Sedelhöfen Verpflegung und eine Schlafstätte beanspruchen. Hierzu wurde einerseits das Kloster Bebenhausen mit seinen Grangien in die Pflicht genommen, andererseits auch andere Fronhöfe von Klöstern oder den Pfalzgrafen von Tübingen. Einige hatten besondere Aufgaben, wie zum Beispiel der Hirsauer Hof in Dettenhausen, von wo aus der Schweineeintrieb organisiert wurde.[54]

Die Intensivierung der Kontrollen verlieh nicht nur dem Herzog höhere Einnahmen, sondern auch den Vertretern der Forstverwaltung mehr Macht. Deshalb richteten sich viele Klagen der Bauern im Rahmen des Aufstands des Armen Konrad im Jahr 1514 gegen die Forstmeister und ihre Knechte. Tatsächlich gemeint waren in den meisten Fällen dagegen schon der Herzog und seine Verwaltung, aber da man auf herzogliche Zugeständnisse angewiesen war, konnte man ihn nicht direkt angehen.

Bereits im 16. Jahrhundert setzen von Seiten der Herrschaft und der herzoglichen Verwaltung die Klagen über den schlechten Zustand der Wälder ein. Die verschiedenen Überarbeitungen der Schönbuchsordnung beginnen mit einem Vorspann, der beschreibt, wie sehr die Berechtigten ihre Nutzungsrechte missbraucht hätten und dass es einen großen Mangel an Brenn- und Zimmerholz gäbe. So heißt es zum Beispiel in der Ordnung von 1569, dass der Schönbuch durch schädliche Verwüstungen und allerlei Missbrauch an allen Orten und an allen Holzsorten dermaßen geschädigt und ausgehauen worden sei, dass bald die Nutzungsberechtigten nicht mehr ihre „Notturfft", also das Lebensnotwendige an Holz, werden entnehmen können, sofern nicht in absehbarer Zeit der Verschwendung Einhalt geboten werde.[55] Was davon der Wahrheit entsprach und was Propaganda der herzoglichen Verwaltung war, um den eigenen stärkeren Zugriff auf den Wald mit dem Mäntelchen der Rechtmäßigkeit zu versehen, muss offenbleiben. Und nicht nur die Historiker und Historikerinnen des 20. und 21. Jahrhunderts haben Vorbehalte gegen diese Anschuldigungen, auch im 18. Jahrhundert zweifelten Zeitgenossen die Richtigkeit solcher Pauschalbehauptungen an, wie folgende Aussagen des Haalhauptmanns Nikolaus David Müller belegen, mit denen er 1738 dem Rat der Stadt [Schwäbisch] Hall entgegentrat: „Die Lirnpurgischen Walder stehen da, und der Holzgott lebt ja noch ... Kein Gericht Gottes hat sie angezündet oder umgestürzet,

53 HStA Stuttgart H 107/18, Bd. 26, 1585, Schönbuchslagerbuch Unteramt, fol. 23.

54 Regnath: Das Schwein im Wald (wie Anm. 36), S. 133–149.

55 HStA Stuttgart H 107/18, Bd. 3, 1552–1553, Schonbuch sampt dem Obern Ampt, fol. 296.

und seine Gnade wird es noch weiter abwenden. Sie werden auch alle Tage besser ... Die Klagen über den Holzmangel sind uhralt (sic!), daß einem Augen und Ohren wehe thun, die Acten davon zu lesen, da in der jährlichen Holzrechnung die mehr als 200jährige Leyer derentwegen angestimmt und wiederholt worden, gleichwolen aber, sobald man sich verglichen, das Holz wieder in abundanz vorhanden geweßen."[56]

Gleichwohl gehen wir sicher nicht falsch, wenn wir annehmen, dass früher viel weniger Bäume im Wald standen als heute, sonst wäre ja die ausgeprägte Weidenutzung nicht möglich gewesen.

Mit dem Ausbau der Forstverwaltung und im Zuge der Erstellung von Forstordnungen begannen im 16. Jahrhundert erste Maßnahmen zur Waldpflege.[57] Die einfachsten Formen waren Maßnahmen, die die natürliche Verjüngung unterstützten. Dazu gehörten Vorschriften, die dafür sorgten, dass bei einem größeren Holzeinschlag einige Bäume stehen gelassen wurden, deren Samen die Wiederaufstockung beförderten. Dafür sollten vor allem Eichen und Buchen ausgewählt werden. Birken und Espen waren ausdrücklich nur zweite Wahl bei der Entscheidung über die Samenbäume.[58] Auch die wilden Obstbäume durften wegen ihrer Früchte nicht geschlagen werden. Das wurde häufig mit der Ausweisung von Banngebieten kombiniert, damit die jungen Bäumchen nicht sofort dem Verbiss durch das Weidevieh zum Opfer fielen.

Neben den Schutzmaßnahmen gab es im Schönbuch auch im 16. Jahrhundert schon aktive Bemühungen um eine Aufforstung. Das Ziel dabei war, nicht nur möglichst schnell wieder Bäume nachwachsen zu lassen, sondern ebenfalls den Anteil an Eichen und Buchen zu erhöhen.

Dazu wurden alle Schönbuchgenossen, die einen *aigenen Rauch,* also einen eigenen Haushalt hatten, verpflichtet, in Fronarbeit junge Eichen- und Buchensetzlinge einzusammeln und auf freien Flächen wieder auszupflanzen. Die jungen Pflanzen sollten dann teilweise auf ca. 2,0–2,30 Meter eingekürzt und zuletzt vor Verbiss geschützt werden:

> *Ann den Ordten unnd Ennden, dahin sie der Waldtvogt unnd die Vorstknecht samentlich beschaiden, ein oder zween Junge Stämm, eines Banraithels groß, Aichen, Büechelen oder Apfen ausgraben volgends am Ordt unnd Ennde dahin sich Waldtvogt undt Knecht mit den Gemeind vergleichen, gesetzt, zum Theil Oben uff siben, oder Acht schuoch hoch abgeworffen, zum Theil aber nach gelegenheit solcher Stämm unabgeworffen, gelassen werden, unnd gleich mit Hag oder anderen Dornen wol verbunden, unnd verwahret werden, damit weeder vich noch wildtbret sovill müglich unnd sein kann, sollichen Stamm schaden zufuegen könnde ...*[59]

56 Zitiert nach Joachim RADKAU: Das Rätsel der städtischen Brennholzversorgung im „hölzernen Zeitalter", in: Energie und Stadt in Europa. Von der vorindustriellen ‚Holznot' bis zur Ölkrise der 1970er Jahre (Vierteljahrschrift für Wirtschafts- und Sozialgeschichte, Bd. 135), Stuttgart 1997, S. 43–75, hier S. 57.

57 Siehe dazu auch Regnath: ... daß ohne das Holz (wie Anm. 39), S. 216–217.

58 August Ludwig REYSCHER: Vollständige, historisch und kritisch bearbeitete Sammlung der württembergischen Gesetze (Bd. 16,1), Tübingen 1845, Nr. 4, S. 12.

59 HStA Stuttgart H 107/18, Bd. 3, 1552–1553, Schonbuch sampt dem Obern Ampt, fol. 310.

2.3. Notdurft[60] und gerechte Nahrung

Die bäuerliche Bevölkerung wusste sehr wohl, dass man auch im Wald vorausschauend wirtschaften musste und nicht dort kahlschlagen durfte, wo man regelmäßig Feuerholz holen wollte. Je weiter ein Waldgebiet von bewohnten Orten weg war, desto weniger Interessenkonflikte gab es und desto eher holzte man komplett ab – sofern es die Möglichkeit gab, das Holz abzutransportieren, z. B. als Trift auf dem Wasserweg.[61] Größere Eingriffe in siedlungsnahe Wälder führten aber regelmäßig zu Auseinandersetzungen.[62]

Das lag an der Verteilung von Eigentums- und Nutzungsrechten. In der Frühen Neuzeit war es bei immobilen Objekten üblich, dass sich die Rechte daran, anders als heute, in Ober- und Untereigentum, also in Eigentums- und Nutzungsrechten aufspalteten.

In Bezug auf die Nutzungsrechte gab es bis ca. 1750 die grundsätzliche Übereinkunft, dass jeder Berechtigte von den zur Verfügung stehenden Gütern so viel nutzen durfte, wie er benötigte. Und diese „Notdurft" hatte ein Maß, nämlich das, was standesgemäß war, also der gesellschaftlichen Position entsprach. Das bedeutete in Bezug auf den Wald, dass der Inhaber des Obereigentums damit nicht verfahren durfte, wie er wollte. Immer musste sichergestellt sein, dass die Nutzungsberechtigten ihre Rechte auch so weit ausüben konnten, dass es ihren Bedarf deckte. Der Zustand des Waldes in der Frühen Neuzeit war also in erster Linie das Ergebnis eines grundsätzlich akzeptierten Interessensausgleiches und nicht das Ergebnis ungezügelter Ausbeutung.

Das geteilte Eigentum und das Konzept von der gerechten Nahrung stützte die Subsistenzwirtschaft, also die Eigenproduktion, und beschränkte die Marktteilnahme der meisten Haushalte vorrangig auf die Konsumentenrolle. Dieses System war in sich restriktiv und weder für wirtschaftliche Expansion noch für Innovationen ausgelegt, bot aber relative Sicherheit und gesellschaftliche Stabilität auf einem niedrigen bis mittleren Lebensstandard. Lösungen für die regelmäßig wiederkehrenden Versorgungs- und Nahrungsmittelkrisen waren damit nicht umsetzbar.

60 Grundlegend zu diesem Thema: Renate Blickle: Hausnotdurft. Ein Fundamentalrecht in der altständischen Ordnung Bayerns, in: Günter Birtsch (Hg.): Grund- und Freiheitsrechte von der ständischen zur spätbürgerlichen Gesellschaft (Veröffentlichungen zur Geschichte der Grund- und Freiheitsrechte, Bd. 2), Göttingen 1987, S. 42–64. Weitere Literatur zum Thema (Haus-)Notdurft findet sich bei Regnath: Das Schwein im Wald (wie Anm. 36), S. 254–264.

61 Eine neuere Detailstudie zum Thema bieten: Werner Konold, Christian Suchomel, Manuel Hugelmann: Riesen, Schwallungen, Flößerei. Eine Studie zur Kultur- und Baugeschichte der Holzbringungsanlagen im Einzugsgebiet der oberen Kinzig, in: Alemannisches Jahrbuch Jg. 67/68, 2019/2020 (2021), S. 13–168.

62 Vgl. z. B. Heiko Haumann/Hans Schadek: Geschichte der Stadt Freiburg, Bd. 2: Vom Bauernkrieg bis zum Ende der habsburgischen Herrschaft, Stuttgart 1994, S. 308–310, hier S. 310; Helmut Brandl: Der Stadtwald von Freiburg. Eine forst- und wirtschaftsgeschichtliche Untersuchung über die Beziehungen zwischen Waldnutzung und wirtschaftlicher Entwicklung der Stadt Freiburg vom Mittelalter bis zur Gegenwart (Veröffentlichungen aus dem Archiv der Stadt Freiburg im Breisgau, Bd. 12), Freiburg 1970, S. 117f.

Auch musste die Übereinkunft, jedem Haushalt seine „Notdurft" zukommen zu lassen, bei steigenden Bevölkerungszahlen und gleichbleibenden Ressourcen zwangsläufig zu Übernutzungen führen.

2.4. Gesellschaft im Aufbruch – Wald im Umbruch

Grundlegende Änderungen wurden erst möglich, als ab der Zeit um 1750 an ganz unterschiedlichen Stellen der bisherige gesellschaftliche Konsens in Frage gestellt wurde. Die Aufklärung eröffnete neue Denkhorizonte und ihre Vertreter drängten unter anderem auf die Abschaffung des Prinzips des geteilten Eigentums zugunsten von klaren, ‚natürlichen' Verhältnissen. In ihrem Umfeld begann man auch in der Landwirtschaft erfolgreich mit neuen Anbaumethoden, neuen Fruchtfolgen, neuen Pflanzen und ganzjähriger Stallhaltung zu experimentieren. In Folge des Merkantilismus und der immer wichtiger werdenden Geldwirtschaft wurden die zum Teil jahrhundertealten Abgabenstrukturen mitsamt ihrer Rückwirkungen auf den Getreideanbau aufgegeben. Mit der französischen Revolution und der Bauernbefreiung lockerten sich die starren Standeszuschreibungen, was dem Prinzip der „Notdurft" seine gesellschaftlichen Grundlagen entzog. Die Frühindustrialisierung nahm mit dem steigenden Einsatz von Steinkohle den Druck vom Wald als alleiniger Quelle von Feuerenergie. Die Auswirkungen waren auch für den Wald „revolutionär", denn von nun an sollte er in erster Linie Holz produzieren.[63]

Auch der Berufsstand der Forstbeamten erfand sich im 18. Jahrhundert komplett neu. Die Förster verstanden sich nun nicht mehr in erster Linie als Wächter über die Nutzer und ihr Tun, sondern als Schützer des Baumbestandes und seiner Hege und Pflege. In dieser Zeit wurde das Konzept der Nachhaltigkeit in der Waldbewirtschaftung entwickelt[64] und es entstanden die ersten Lehrstühle für Forstwissenschaften.[65] Hinter den Bemühungen stand das implizite Ziel, den Wald für die Entnahme von (marktfähigem) Stammholz zu optimieren.

Dieser Umbruch brachte wirtschaftlichen Fortschritt, lief aber nicht konfliktfrei ab, denn es gab auch Verlierer bei diesen Veränderungen. So wurden die früheren Nutzungsrechte der einfachen Leute nun von der Forstverwaltung zu unerwünschten Nebennutzungen degradiert. Niederwälder zur Brennholz- oder Eichenlohegewinnung entsprachen nicht

63 Mehr dazu und weiterführende Literaturhinweise finden sich in: Regnath: ... daß ohne das Holz (wie Anm. 39), S. 234ff. Auf der Basis von Beispielen in Bayern und Hessen untersuchte Richard Hölzl die Geschichte des Waldes in dieser Umbruchphase ausführlich in: Umkämpfte Wälder. Die Geschichte einer ökologischen Reform in Deutschland 1760–1860 (Campus Historische Studien, Bd. 51), Frankfurt/New York 2010, erkannte aber die juristische Relevanz des von ihm häufig zitierten Begriffs der „Notdurft" nicht.

64 Hans Carl von Carlowitz: Sylvicultura Oeconomica, Oder Haußwirthliche Nachricht und Naturmäßige Anweisung Zur Wilden Baum-Zucht, Nebst Gründlicher Darstellung ..., Leipzig 1713, Blatt 2 (Vorbericht), insbesondere S. 87 u. 105.

65 Regnath: ... daß ohne das Holz (wie Anm. 39), S. 253–254.

mehr den neuen Zeiten. Für die Waldweide optimierte lichte Laubwälder galten nun als degradiert und verwüstet. Manche zerstörerischen Nutzungen wie das Streusammeln, das dem Waldboden die Humusabdeckung nahm, stiegen aufgrund von Armut und Bevölkerungswachstum tatsächlich an.

Höhe- und Schlusspunkt dieser Auseinandersetzungen waren vielerorts die Ablösungen der Waldnutzungsrechte.[66] Dem gingen zum Teil langwierige Verhandlungen voraus. Viele Gemeinden waren aber grundsätzlich bereit, ihre Nutzungsrechte aufzugeben, wenn sie dafür in angemessener Größe und Qualität Kommunalwald als Eigentum erhielten.[67]

Der grundsätzliche Konflikt zwischen „Weide"-Wald und „Holzproduktions"-Wald kennzeichnete den gesamten Verlauf der Frühen Neuzeit. Durch die Ausrichtung am Prinzip der „Notdurft" als zeitgenössischem Pendant von dem, was wir heute unter „sozialer Gerechtigkeit" verstehen, bestand bis ins 18. Jahrhundert ein fragiles Gleichgewicht. Das endete schließlich mit einem Sieg der Verfechter der Holzproduktion. Die rasante Nachfrage nach Bauholz wie auch der steigende Bedarf nach Grundstoffen für die Papierproduktion und weiteren Produkten aus Zellulose im Verlauf des 19. Jahrhunderts gab dieser Entwicklung im Rückblick recht. Aus dem „Nährwald" für die bäuerliche Gesellschaft wurde ein moderner „Nutzwald" mit dem Primat der Holzproduktion.

66 Regnath: Das Schwein im Wald (wie Anm. 36), S. 279–280. Dort findet sich auch weitere Literatur dazu.

67 Ferdinand Graner: Geschichte der Waldgerechtigkeiten im Schönbuch (Darstellungen aus der württembergischen Geschichte, Bd. 19), Stuttgart 1929, S. 104–126.

Söldner, Schurken und Spione: Forstkonflikte in Württemberg (1478–1552)

Georg M. Wendt

16. Juni 1478, Schorndorf. Hohe Gäste haben sich in der württembergischen Amtsstadt im Remstal angekündigt. Die gesandte Kommission um den Landhofmeister Rennwart von Welbart (Woellwarth) kommt in höchstoffizieller und delikater Mission. Es geht um den hiesigen Forstmeister Simon Hess. Dieser war in Verdacht geraten, die landesherrlichen Abgaben im großen Stil zu hinterziehen. Die Vorwürfen schienen dem regierenden Grafen Ulrich V. glaubwürdig und gravierend genug gewesen zu sein, die hoch karätig besetzte Kommission auszusenden. Ihr Auftrag lautet: Kundschaft einholen über die Amtung Hess‘ und Handlungsvorschläge erarbeiten.[1]

Vor Ort schienen sich zunächst die schlimmsten Befürchtungen zu bewahrheiten. So berichtete Linhart Lewlin aus Baltmansweiler, dass er einmal drei Schilling mehr, als im Zinsbuch verzeichnet sei, dem Forstmeister hätte zahlen müssen. Lewlin kommentierte süffisant: *So wer er nun solanng by den forstmaisterampt gewesen und wisse noch nitt, was jerlis Zins de walld truge*[2]. Doch schien nicht allein Unwissenheit ein Problem zu sein. Ein Mann namens Nonnenmacher aus Aspach berichtete jedenfalls, dass der Forstmeister beim Einzug der Abgaben oftmals mehr verlangt habe, als laut Registratur zuvor verlesen worden war. Darauf hingewiesen *hett der vorstmaister das Registratur nit mer lesen lassen vnd fraget die bawern sunst, was ain yeder schuldig were*. Neben diesen kleineren Nachlässigkeiten beschäftigte sich die Gesandtschaft auch mit dem konkreten Vorwurf der Amtsvernachlässigung. Conrad Willd beispielsweise beschwerte sich, dass Hess – anders als sein Vater als Amtsvorgänger – sich nicht selbst um die Wälder kümmern würde. Er schickte vielmehr stets seine Forstknechte vor. Die Folge: Der Wald wäre *so wüst worden*, dass *kain* hübsches *paum darinn finden kann, dann von pludshausen bis gen lorch weitt und breitt funde man nitt*[3]. Am meisten dürfte die Kundschafter aber die Aussage eines Heinz Knelkopf alarmiert haben. Dieser berichtete, dass er dem Forstmeister Hess *vil brieff von mein gnedigen herrn graf Eharten gebracht habe. Diese habe Hess all veracht vnd gesagt, Er ker sich nichts an graf Eberhartz brief, Er sey nitt gotzherr vnd man find noch andern herrn als graf Ebharten.*[4]

1 Vgl. HStA Stuttgart A 602 Nr. 11964.

2 Ebd.

3 Ebd.

4 Ebd.

Die Aussage zeugt erstens von einer Krise herrschaftlicher Durchsetzungskraft in den Jahren der württembergischen Teilung. Mit den *andern herrn als graf Ebharten* meinte Hess nämlich, dass in Urach und Stuttgart seit 1442 verschiedene Herrschaftslinien ihren eigenen Landesteil regierten. Spätestens seit den 1470er Jahren betrieb der Uracher Graf Eberhard V. aber eine Politik der Wiederannäherung, die die geschwächte Stuttgarter Linie um Ulrich V. und Eberhard VI. zunehmend unter Druck setzte. Zweitens zeigt das Beispiel Simon Hess aber auch die besondere Bedeutung des Amts des Forstmeisters in Württemberg und die Bedeutung des Forsts für die Landesherrschaft insgesamt. Schließlich bezog der Landesherr nicht nur Ressourcen aus dem Lebensraum Wald. Die Kontrolle des Forsts bedeutete zugleich auch Forcierung der Ordnung nach Innen sowie Verteidigung der Souveränität nach Außen gegenüber den Nachbarn. Diese besonderen Funktionen des Forsts soll im Folgenden anhand von ‚Söldnern, Schurken und Spionen' des 15. und 16. Jahrhunderts in Württemberg veranschaulicht werden. Hierfür soll die Bedeutung des Forsts als Versteck für Deviante (2.), als Instrument der Außenpolitik (3.) und als Streitobjekt während der spanischen Besatzungszeit zwischen 1547 und 1551 (4.) porträtiert werden. Zunächst aber ein kleiner Exkurs zur besonderen Beziehung zwischen Wald und Herrschaft (1.).

1.

Im südwestdeutschen Raum hatten im Frühmittelalter die fränkischen Könige begonnen, den Wald mit allen Nutzungsrechten der Allgemeinheit zu entziehen.[5] Sie bildeten dabei Rechtsbezirke, sogenannte *forestes*, in denen sie allein über die Waldnutzung, Jagd und den Fischfang bestimmen konnten. Diese Rechte übertrugen sich im Hochmittelalter auf die römisch-deutschen Könige bzw. Kaiser. Mit der Schwächung des Königtums im Spätmittelalter vereinnahmten regional dominante Adelsdynastien diese Regalien. Zwischen Schwäbischer Alb und Schwarzwald ersetzten die Württemberger die Könige als Forstherren. Im Zuge der Verrechtlichungs- und Verschriftlichungstendenzen (Territorialisierung) ließen die Grafen ab dem 14. Jahrhundert auch ihren Waldbesitz in Urbaren inventarisieren. Ab dem 15. Jahrhundert installierten sie darüber hinaus eine eigene Forstverwaltung. Jedem Forst ordneten sie einen Forstmeister zu. Dabei handelte es sich zumeist um adlige Amtleute, die mithilfe ihrer bewaffneten Forstknechte nicht nur die Nutzung des Waldes durch Mast, Jagd und Holzentnahme reglementierten und herrschaftliche Einnahmen verwalteten. Polizeiartig kontrollierten sie auch die Einhaltung landesherrlicher Gesetze im Forst.

Da ein Forst nicht nur mehrere Ämter – also württembergische Verwaltungsbezirke – umfasste, sondern zugleich oftmals auch über die Grenzen Württembergs hinaus ging, besaßen die Forstmeister innerhalb und außerhalb des württembergischen Herrschaftssystems

5 Vergleiche hierzu den Aufsatz von Peter RÜCKERT in diesem Band.

eine nahezu konkurrenzlose Ausnahmestellung.[6] Bei dieser Fülle herrschaftlicher Rechte darf es nicht überraschen, dass die Forstmeister selbige für eigene Zwecke nutzbar machten. Im vormodernen Herrschaftssystem war „Amtsmissbrauch keine persönliche Schwäche, sondern systemimmanent“[7]. Forstmeister wie Simon Hess traten als Adlige auch in den fürstlichen Dienst, um immateriell wie materiell aus der Stellung zu profitieren. Bis zu einem bestimmten Punkt war dieser Amtsmissbrauch auch im System vorgesehen. Schließlich hätte eine ausreichende Besoldung, Versorgung und Kontrolle der Herrschaftsmittler die Landesherrschaft gar nicht bezahlen können. Im Fall von Simon Hess scheinen er und seine Familie jedenfalls keine bleibenden Schäden aus der Untersuchung davongetragen zu haben. Zwar ist der Fortgang des Verfahrens von 1478 nicht überliefert. Allerdings scheint Simon Hess laut Spitalzinsbuch mindestens bis 1494 geamtet zu haben und seine Familie blieb in Schorndorf auch zu Beginn des 16. Jahrhunderts im Dienst der Württemberger.[8]

Auch insgesamt erfuhren die Forstmeister um 1500 eher eine Aufwertung bzw. Sicherung ihrer Privilegien. So schrieb die erste Landesordnung von 1495 Steuerfreiheit sowie die Kompetenz fest, auch im Allmendwald Nutzungseinschränkungen vornehmen zu dürfen.[9] Entsprechend konfliktreich entwickelte sich das Verhältnis von Gemeinden und Forstmeistern im Vorlauf des Aufstands 1514. Im Vorlauf des Armen Konrads beschwerten sich die Untertanen in Beschwerdeheften, die für Urach und Balingen überliefert sind, vor allem die Forstmeister, da sie *durch unsere beschloßne Gutter, Kornn, Haber und Graß reiten* und beklagten den *verderplichen, onlindenlichen, großen Schaden, den das wilde Gewild [an] unser Früchten, Win und Korn verursacht hab*[10]. Zwar scheiterte der Aufstand im August 1514 an einem strategischen Bündnis von Herzog Ulrich und der bürgerlichen Funktionselite.[11] Im Nebenabschied des Tübinger Vertrags aber kam der Herzog den Aufständischen bei der Forstfrage ein wenig entgegen. Jedenfalls ließ Herzog Ulrich in Aussicht stellen, dass er *güe-*

6 Vgl. Andreas Schmauder: Württemberg im Aufstand. Der Arme Konrad 1514: ein Beitrag zum bäuerlichen und städtischen Widerstand im Alten Reich und zum Territorialisierungsprozess im Herzogtum Württemberg an der Wende zur frühen Neuzeit, Leinfelden-Echterdingen 1998, insbes. S. 27–30.

7 Winfried Freitag: Wald, Waldnutzung, in: Historisches Lexikon Bayern (2012), URL: https://www.historisches-lexikon-bayerns.de/Lexikon/Wald,_Waldnutzung [zuletzt aufgerufen am 01.03.2019].

8 Vgl. hierzu Guntram Palm: Geschichte der Amtsstadt Schorndorf im Mittelalter. Eine kirchenrechts- und verfassungshistorische Untersuchung zur Geschichte des mittleren Remstals, Tübingen 1959, S. 203 bzw. zum Wirken der Familie Hess während der Vertreibung Herzog Ulrichs 1519: Georg Wendt: Legitimation durch Vermittlung: Herrschaftsverdichtung und politische Praxis in Württemberg am Beispiel von Kirchheim/Teck, Schorndorf und Steinheim/Murr (1482–1608) (Schriften zur südwestdeutschen Landeskunde, Bd. 79), Ostfildern 2018, S. 84–88.

9 Die Landesordnung findet sich abgedruckt bei Stephan Molitor (Bearb.): 1495: Württemberg wird Herzogtum. Dokumente aus dem Hauptstaatsarchiv Stuttgart zu einem epochalen Ereignis. Begleitbuch zur Ausstellung des Hauptstaatsarchiv Stuttgart im Württembergischen Landesmuseum Stuttgart vom 20. Juli bis 3. Oktober 1995, Stuttgart 1995, S. 109–115.

10 Günther Franz: Quellen zur Geschichte des Bauernkriegs, Darmstadt 1963, S. 49; bzw. Schmauder: Württemberg im Aufstand(wie Anm. 6), S. 43f.

11 Vgl. weiterhin Schmauder: Württemberg im Aufstand (wie Anm. 6) sowie Wendt: Legitimation durch Vermittlung (wie Anm. 8), S. 71–80.

diges Einsehen habe, *damit die Weydleutt den recht weg reitten, vnd sovihl* möglich, *muttwillige schäden in Früchten und güettern verhüetten lassen, darzue verschaffen, daß vorstmaister vnnd vorstknecht Steuer unnd wacht, auch Frohn halben, ordenliche beschwerd mitthelfen tragen.*[12] Darüber hinaus sollten Forstleute ihre Steuerfreiheit verlieren. Mäßigung versprach der Herzog auch im eigenen Verhalten: *So soll auch Hertzog Ulrich des wildprets halber für sich selber unnd mit seinen Rhäten ein gnädige leidenliche Maaß fürnemen.*[13] Die Wirksamkeit dieser Ankündigungen muss erstens freilich bezweifelt werden. Zweitens änderte der Nebenabschied nichts am Prärogativ des Landesherrn und seiner Diener im württembergischen Forst.

2.

Im Volkslied heißt es nicht umsonst „Denn im Wald, da sind die Räuber“. Der Forst diente zahlreichen Gruppen Devianter in der Vormoderne als Rückzugsort. Das hing nicht zuletzt mit der Justizpraxis der Epoche zusammen.[14] Gesellschaftliches Fehlverhalten wurde nicht mit jahrelangen Haftstrafen in Gefängnissen sanktioniert, die zugleich als Besserungsanstalten dienten. Vielmehr dienten die städtischen Kerker in Württemberg lediglich als Haftanstalten für Straftäter während der Strafuntersuchung. Der Sanktionskatalog selbst setzte sich im minderschweren Fall aus Ehr- und Körperstrafen und schlimmstenfalls aus Todes- und Verbannungsstrafen zusammen. Letzteres bedeutete den Ausschluss aus allen kommunalen und familiären Netzwerken und damit letztlich den gesellschaftlichen Tod. Da Verstoßene oftmals keine Chance hatten, in einer benachbarten Herrschaft das Bürgerrecht zu erringen, waren sie zu einem Leben außerhalb der Gesellschaft verdammt. Die Wälder boten den Devianten dabei nicht nur leidlichen Schutz vor Verfolgung. Organisiert in Gruppen oder Banden konnte man aus den Wäldern heraus durch Raub oder Wilderei sich selbstversorgen.

Doch nicht nur gewöhnliche Kriminelle mussten die Verbannung fürchten, sondern – wie die folgenden Beispiele zeigen werden – auch politisch und konfessionell Verfolgte. Zu den politisch Verfolgten gehörten im Raum Schorndorf um 1519 auch die Anhänger des vertriebenen Herzogs Ulrich. Dieser hatte im Januar 1519 die Reichsstadt Reutlingen unter fadenscheinigen Gründen okkupiert und damit die sich bedroht fühlenden Nachbarn gegen sich aufgebracht. Im gemeinsamen militärischen Verteidigungsbündnis, dem Schwäbischen Bund, marschierten sie im März 1519 auf Stuttgart zu und zwangen Ulrich und seine engsten Dienstleute zur Flucht nach Mömpelgard. Doch bereits im Sommer 1519 hatte der Herzog genügend Truppen um sich geschart, um wiederum die Bündischen aus Württemberg zu

12 Universitätsbibliothek Tübingen, Mh 294, fol 3v.

13 Ebd.

14 Vgl. vor allem Helga SCHNABEL-SCHÜLE: Überwachen und Strafen im Territorialstaat. Bedingungen und Auswirkungen des Systems strafrechtlicher Sanktionen im frühneuzeitlichen Württemberg, Köln 1997.

vertreiben. Noch vor der Rückeroberung Stuttgarts ermahnte er die Amtleute im Land, ihm wiederum Treue zu schwören und zu *helffen, das best thun*[15]. Vielerorts im Herzogtum zwang diese Entwicklung Kommunen und Amtleute vor eine schwierige Entscheidung. Sollten Sie dem vom Geburtsrecht her ‚wahren' Fürsten wieder die Treue schwören, oder daraufsetzen, dass der Schwäbische Bund den Herzog auch ein zweites Mal würde vertreiben können?[16]

Zunächst war das Glück Ulrich hold: Stuttgart fiel und zahlreiche weitere große Amtsstädte *unter der staig* – auch Kirchheim und Schorndorf – schworen dem Herzog die Treue. *Auf der staig*, im südlichen Württemberg, entschieden sich allerdings die bedeutenden Städte Urach und Tübingen für den Schwäbischen Bund. Und auch im nördlichen Württemberg gelang es Ulrich nicht, abtrünnige Städte wie Owen oder Besigheim zu nehmen. Ende September marschierte dann ein zweites bündisches Heer in Württemberg ein. Ulrich, dem zwischenzeitlich das Geld ausgegangen war, musste erneut aus seinem Herzogtum fliehen. Für die Amtsstädte und insbesondere für die Amtleute, die Ulrich im Sommer 1519 die Treue geschworen hatten, war diese Entwicklung freilich katastrophal. Wohlhabenden und sozial gut vernetzten Funktionsträgern blieb immer noch die Flucht zu ihrer Familie in die angrenzenden Herrschaften: Der Forstmeister Thoman Hess und der Keller Michel Hess aus Schorndorf flohen nach Pforzheim zu ihrem gemeinsamen Bruder, den dortigen Schultheißen Wilhelm Hess. Weniger gut situierte Amtleute hatten diese Möglichkeit nicht. Um der Rache der Sieger zu entgehen, flohen einige, wie der Plüderhausener Schultheiß Konrad Vogler, der Rudersberger Schultheiß Conrad Rebstock oder der Schorndorfer Profos Hans Kayser, in die Wälder im württembergisch-lorchischen Grenzgebiet. Bei den siegreichen Bündischen lösten diese flüchtigen Ulrichloyalisten eine fast hysterische Verunsicherung aus. Am 7. November 1519 meldete der Amtsverweser in Schorndorf, Claus Fuchs, nach Stuttgart die vermeintliche Sichtung von Hans Kayser und eines weiteren Getreuen im Wald zwischen Walkersbach und Pfahlbronn. Der Bauer, der die beiden belauscht hätte, habe außerdem *gehört, das sie sagten sie wissen Ir sach durch nymandts boß zu weg Zupringen dann durch den groß hansen von Pfalbronn.*[17] Auf Grundlage dieses Hörensagens bat Fuchs um Erlaubnis, Hans Groß in Pfahlbronn festnehmen zu lassen. Weitere Verschwörer vermutete der Amtsverweser in der Burgruine Waldenstein oberhalb des Wieslauftals. Dort habe nämlich der geflohene Rudersberger Schultheiß Rebstock Familie.

Wie gering die tatsächliche Gefahr dieser vermeintlichen Verschwörer im Forst tatsächlich war, zeigt das Schicksal des Plüderhausener Schultheißen Konrad Vogler. Schon im September bat er bei der bündischen Obrigkeit um Gnade. Vogler sei im Sommer *lediglich von*

15 Vgl. im Folgenden HStA Stuttgart A 84 Bü 6, Nr. 110.

16 Vgl. zu den Ereignissen 1519 auch Nina Kühnle: Wir, Vogt, Richter und Gemeinde. Städtewesen, städtische Führungsgruppen und Landesherrschaft im spätmittelalterlichen Württemberg (1250–1534) (Schriften zur südwestdeutschen Landeskunde, Bd. 78), Leinfelden 2017, S. 397–409 bzw. Wendt: Legitimation durch Vermittlung (wie Anm. 8), S. 84–91.

17 Vgl. Wendt: Legitimation durch Vermittlung (wie Anm. 8), S. 90f.; Zitat in: HStA Stuttgart A 84 Bü 5, Nr. 43.

philipsen von Rechberg beredt und uffbracht worden[18], Herzog Ulrich zu unterstützen. Nach der neuerlichen Vertreibung des Herzogs sei er aus Angst, *es mecht Im Zu nachtail dienen [...] hinweg geritten doch nit uber ain halb meil wegs*[19]. Das Leben in Verstecken und im Wald muss aber nicht nur für Vogler selbst beschwerlich gewesen sein. Auch die Familie vermisste ihn in der heimischen Weinwirtschaft. Seinem Bitten um Gnade wurde aber zunächst nicht entsprochen. Als sein Vater im November verstarb, bat nunmehr seine Familie um seine Begnadigung. Sie seien auch bereit, *unnser leib unnd gutt fur In setzen und zu verburgen.*[20] Wenigstens aber möge man ihm erlauben, ihn für das Aufteilen des Erbes nach Plüderhausen zu lassen.

Wie schwierig das Überleben in der Verbannung war, musste einige Jahrzehnte später der Täufer Veyt Frickh erkennen. 1534 nämlich war nach 15-jähriger Verbannung Herzog Ulrich nach Württemberg zurückgekehrt und hatte die Reformation eingeführt.[21] Nach dem Augsburger Religionsfrieden 1555 war die lutherische Konfession zwar im Reich anerkannt und abgesichert. Andere Ausformungen der reformatorischen Lehre blieben aber außen vor. Von lutherischen wie katholischen Fürsten und Herren wurde insbesondere das Täufertum verfolgt. Die auch wegen ihrer Ablehnung der Kindstaufe als ‚Wiedertäufer' geschmähte Glaubensgruppe hatte sich in den 1520er Jahren im Züricher Umland gebildet. Sie verfolgte einen streng antiklerikalen Kurs und verstand sich als gleichermaßen egalitäre und exklusive Gemeinschaft. Als solche weigerten sich ihre Mitglieder, Steuerzahlungen, Kriegsdienst oder gar den fürstlichen Treueeid zu leisten.[22] Wurden sie hierfür im Württemberg der Habsburger um 1520 noch brutal verfolgt, ging man im Herzogtums Christophs – Ulrichs Sohn – um 1560 einen anderen Weg. Durch theologische Unterweisung sollten die württembergischen Täufer auf den richtigen Weg geführt werden. Lediglich deren Anführer hatten Gefängnis- und Verbannungsstrafen zu fürchten.

Einer dieser ‚Anführer' war Veyt Frickh aus dem abgelegenen Gutenberg im Lenninger Tal. Am 5. Februar 1563 berichteten fürstliche Visitatoren nach Stuttgart, dass die schon 1561 bestehende Täufergemeinde noch immer intakt sei. Verantwortlich hierfür sei insbesondere Frickh, der als Lesekundiger dafür sorge, *das die andern auch verfiert worden.*[23] Bevor

18 Vgl. HStA Stuttgart A 84 Bü 6, Nr. 119.

19 Ebd.

20 Ebd.

21 Vgl. Volker PRESS: Ein Epochenjahr der württembergischen Geschichte: Restitution und Reformation 1534, in: Zeitschrift für württembergische Landesgeschichte 47 (1988), S. 203–234; bzw. KÜHNLE: Wir (wie Anm. 16), S. 428–440 und WENDT: Legitimation durch Vermittlung (wie Anm. 8), S. 116–128.

22 Vgl. Päivi RÄISÄNEN: Ketzer im Dorf. Visitationsverfahren, Täuferbekämpfung und lokale Handlungsmuster im frühneuzeitlichen Württemberg, Konstanz 2010, S. 84–93; auch WENDT: Legitimation durch Vermittlung (wie Anm. 8), S. 151–153.

23 Vgl. HStA Stuttgart A 282 Bü 2091d; auch Rosemarie REICHELT: Gutenberg. Marktflecken und Pfarrdorf von der Mitte des 16. Jahrhunderts bis 1800, in: Rainer KILIAN (Hg.): Gutenberg. Geschichte einer Gemeinde am Albaufstieg, Lenningen 1998, S. 57–120, S. 58–60.

die Visitatoren die Wiedertäufer aber – wie befohlen – *ins Gebet nemen*[24] konnten, flohen diese im Februar 1563 über die Höhe der Schwäbischen Alb *gen Wiesensteig und andern orten*[25]. Dabei ließ Frickh, wie die Visitatoren ätzend bemerkten, *sein weib mit acht kleinen unerzognen kindern sitzen*[26]. Flüchtig allerdings erging es Frickh nicht gut. Anfang Juni 1563 bat er den Herzog, ihn aus der Leibeigenschaft zu entlassen, sodass er anderen Täufergemeinden in Mähren zuziehen könne. Das allerdings ließ Herzog Christoph nicht zu; auch weil in diesem Fall Frickhs Ehefrau und seine Kinder der Allgemeinheit zur Last fallen würden. Am 23. Juni ließ sich Frickh von der Obrigkeit in Haft nehmen. Ob die Worte des Pfarrers nun bei Frickh Wirkung zeigten, ist unbekannt. Das Beispiel zeigt jedoch – ähnlich wie das der Ulrichloyalisten 1519 –, dass ein Leben außerhalb der Gemeinschaft in Forst und Wald auf Dauer für die meisten Menschen kaum zu ertragen war.

3.

Forstpolitik ist Außenpolitik! Die Herrschaft im Forst richtete sich nämlich nicht nur an das eigene Territorium, sondern wirkte auch nach außen auf die Nachbarn. Die mittelalterlichen Forstgrenzen waren nämlich nicht kongruent mit neuzeitlichen Territorialgrenzen. Der Schorndorfer Forst beispielsweise umfasste neben württembergischen Territorien auch große Teile der Reichsstadt Esslingen. Daraus ergab sich ein Kompetenzgerangel, weil sich Forst- und Territorialherren auf unterschiedliche Rechtsvorstellungen berufen konnten. Im Fall des Forsts galt das mittelalterliche Prinzip, nach dem an einem Ort (und bei einer Person) mehrere Herren Herrschaftsrechte haben konnten. In den frühneuzeitlichen Territorien strebte man hingegen das Ideal an, dass nur ein Herr in seinem (!) Territorium die Alleinherrschaft tragen sollte. Während also der Schorndorfer Forstmeister als ‚Agent'[27] des Herzogs dessen mittelalterlichen Vorrechte auf Esslinger Territorium aus seiner Sicht lediglich schützte, verurteilten dies die Reichsstädter zuweilen als Übergriffe auf ihr Territorium.

Bereits in den 1520er Jahren kam es dadurch immer wieder zu Konflikten zwischen Württemberg und Esslingen. Besonders viel Wut der Reichsstädter zog der Forstmeister Franz Schertlin auf sich. Dieser hatte noch in den ersten Herrschaftsjahren Herzog Ulrichs den Wilderer und württembergischen Untertan Hans Nab dingfest gemacht. Dieser wurde aber trotz *verschreibung* ‚rückfällig' und entwischte dem Forstmeister – nach dem Motto ‚Stadtluft macht frei!' – nach Esslingen. Als Schertlin in den 1520er Jahren Hans Nab – *angeblich ohn ain gedanken nach Im gehapt*[28] – vor dem Esslinger Stadttor wiedertraf, nahm

24 Vgl. HStA Stuttgart A 282 Bü 2091d.

25 Ebd.

26 Ebd.

27 Vgl. Schmauder: Württemberg im Aufstand (wie Anm. 6), insbes. S. 27–30.

28 HStA Stuttgart A 43 Bü 2 L 1–3.

er ihn sofort gefangen und brachte ihn nach Württemberg zurück. Schertlin meinte, ordnungsgemäß gehandelt zu haben. So gehörte der Bereich vor dem Esslinger Stadttor zu ‚seinem' Forst. Außerdem sei es vereinbart, dass er in diesem Fall *frembden, so Inen [Esslingen] nit verwandt sind*[29], gefangen nehmen dürfe. Die Esslinger schienen die Aktion allerdings als Eingriff in ihr Hoheitsgebiet gesehen zu haben; möglicherweise, weil sie Nab als Esslinger Untertan verstanden. Jedenfalls bekam Schertlin zu Ohren, dass *So die von Eßlingen mich bettend, die würden mir den Kopf uff dem platz abschlahen*[30]. Davon beunruhigt bat er den Kaiser um Vermittlung. Das schien aber nicht zu fruchten. Auch ein Jahr später beschwerte sich Schertlin, dass die Esslinger *sich understannden allerley eingriff Zu schmelerung der vorstlichenn obrigkait furzunehmen und noch gewalltiglich thuen.*[31]

Auch Schertlins Nachfolger Melchior Berlin bekam die Esslinger zu fürchten, wofür er aber ebenfalls nicht ganz unschuldig war. Am 28. Januar 1541 nämlich sei Berlin in Hainbach, ein Dorf des Esslinger Landgebiets, *gewaltiger that Ingefallen ainen Irer burger Joß Bierer genant, der an seiner arbeit gestanden, frevenlicher weiße* gegriffen und lange Zeit *fencklich enthalten.*[32] So zumindest der Vorwurf der Esslinger. Er selbst verteidigte sich damit, lediglich auf der Suche nach Wilderern gewesen zu sein. Als Berlin aber tags darauf wieder in der Gegend von Hainbach unterwegs war, haben ihm und seinen Knechten *deren von Esslingen Burger ob Zwaintzig mit buchsen* aufgelauert und *uff gedachten Vorstmeister unnd knecht geloffen und abgeschossen und sie Zuweychen mit gewallt getrungen.*[33] Die Esslinger hätten dann, wie sich Berlin beim Reichskammergericht später beschwerte, die Württemberger *ob dem drewhundert starckh unnsern dienern Zu Ross unnd Fuß Inn unnsere Oberkeit* verfolgt und gedroht, sie *Zuerschiessen unnd umbzepringen, wo sie nit entwichen.*[34]

In der Folge spitzte sich der Konflikt zwischen Esslingen und Württemberg so zu, dass Herzog Ulrich eine Proviantsperre gegen Esslinger Bürger verhängte. Diesen war zeitweise verboten, *profiandt dem ennlendischen unnd nit außlendischen Zuverkaufen.*[35] Die Reichsstädter beschwerten sich darüber, dass konkret Esslinger Bürger aus Oberndorf davon abgehalten wurden, ihre Erträge auf dem Esslinger Markt zu verkaufen. Die Auseinandersetzungen hielten auch in den Jahren vor Ausbruch des Schmalkaldischen Kriegs und darüber hinaus an. Konkret ließ Ulrich einen Wilderer aus Hainbach foltern und blenden. Später kam es zu Zusammenstößen zwischen Esslingern und Württembergern auf den Fildern. Die Esslinger strengten nun einen Prozess vor dem Reichskammergericht gegen Württemberg

29 Ebd.

30 Ebd.

31 Ebd.

32 Vgl. HStA Stuttgart C 3 Bü 969, Nr. 1 (Darstellung Esslingen) bzw. Nr. 2 (Darstellung Württemberg) bzw. WENDT: Legitimation durch Vermittlung (wie Anm. 8), S. 130f.

33 Ebd.

34 Ebd.

35 Vgl. HStA Stuttgart C 3 Bü 971, Nr. 3 bzw. Nr. 6.

an. Zu diesem kam es aber nie, weil Herzog Ulrich das Gericht als nicht zuständig ablehnte. Für ihn war die Angelegenheit innerwürttembergisch, weil die Aktionen des Forstmeisters württembergische Untertanen betrafen. 1553 wurde der Prozess auf Bitten Herzog Christophs eingestellt. Seiner Meinung nach hatte sich der Prozess mit dem Tod seines Vaters erledigt.[36] Doch unabhängig davon blieb der Forst und die Rechte und Pflichten darin ein Politikum für die verschiedenen Anrainer und Nutzer.

4.

Ein Extrem- und Ausnahmefall für Nutzungskonflikte im Forst ist die Besatzungszeit Württembergs durch kaiserliche Söldner infolge des Schmalkaldischen Kriegs. In dem Krieg besiegten die katholischen Reichsstände – geführt durch den Habsburger Kaiser Karl V. – die evangelischen Reichsstände, die sich im Schmalkaldischen Bund militärisch organisiert hatten. Zu den unterlegenen Reichsständen gehörte auch das evangelische Herzogtum Württemberg. Im Friedensvertrag von Heilbronn verpflichtete sich Herzog Ulrich im Januar 1547, drei seiner sieben Landesfestungen als Pfand dem Kaiser zu übergeben. Wenig später besetzten insgesamt rund 10.000 kaiserlich-katholische Söldner die Ämter Schorndorf, Kirchheim und Asperg.[37] Die Anwesenheit der Söldner bedeutete für das Herzogtum und die Württemberger gleich in mehrfacher Hinsicht eine Belastung: Erstens entstand mit und durch die Söldner eine konkurrierende – und dazu katholische – Parallelhierarchie zu den regulären württembergischen Amtleuten. Letztere blieben zwar in Amt und Würden, konnten aber ohne Zustimmung des Söldnerobersts wenig tun. Das führte zweitens dazu, dass die Bürger Schorndorfs und Kirchheims sich nicht mehr uneingeschränkt auf die eigenen Amtleute verlassen konnten; insbesondere, wenn es zu Konflikten mit den Söldnern kam, die in ihren Häusern untergebracht werden mussten. Und drittens entstand durch die Besatzung eine gnadenlose Konkurrenz um die wenigen vorhandenen Ressourcen. Durch die zugezogenen Söldner verdoppelte sich nämlich der Bedarf an Nahrung und Holz. Da von der Landesherrschaft in Stuttgart oder vom Kaiser wenig Unterstützung zu erwarten war, halfen sich die Söldner selbst. Das Ergebnis: Raub, Mord und Selbstjustiz. Auch und vor allem im Wald.

Hier konnten sich die Söldner mit vergleichsweise wenig Aufwand selbst mit Holz und Nahrung versorgen. Allein 1548 schlugen sie im Schorndorfer Forst 2.600 Klafter Holz, was einer Fläche von sechs Fußballfeldern entspricht. Wilderei und illegaler Fischfang war an der Tagesordnung, obwohl das auch seitens des Söldnerobersts verboten war. Ermöglicht wurde diese ‚Beschaffungskriminalität' einerseits durch die Unterstützung von württembergischen

36 Vgl. HStA Stuttgart C 3 Bü 971, Nr. 8–10.

37 Vgl. hierzu und im Folgenden WENDT: Legitimation durch Vermittlung (wie Anm. 8), S. 133–143 bzw. Martin BRECHT/Hermann EHMER: Südwestdeutsche Reformationsgeschichte. Zur Einführung der Reformation im Herzogtum Württemberg 1534, Stuttgart 1984, S. 270–290.

Kollaborateuren. So berichtete ein herzoglicher Gesandter 1549 nach Stuttgart, dass der Fliegenbauer vom Fliegenhof die spanischen Söldner aus der Stadt *uff das gejagt gefiert* habe.[38] Andererseits zeigten die Söldner auch viel List und Tücke, um sich der Aufsicht ihres Anführers und der württembergischen Obrigkeit zu entziehen. So ließen sie *Ire Hacken durch etlich weiber haimlich in ainem sackh aus der Statt* tragen, die sie dann heimlich einsammelten, um dem *waidwerk* nachzugehen.[39]

Wilderei und illegaler Holzschlag waren aber alles andere als gefahrlos. Insbesondere die Forstmeister und deren Knechte, die durchaus bewaffnet waren, versuchten, den Söldnern das Handwerk zu legen. Es überrascht daher nicht, dass sie unter den Amtleuten die ersten waren, die die Söldner 1547 versuchten, aus den Verkehr zu ziehen. Ein besonders tragisches Beispiel hierfür ist das Schicksal von Melchior Berlin[40], der zuvor schon mit den Esslingern in Auseinandersetzungen geraten war. Kurz nach der Besetzung Schorndorfs ließ ihn der Söldneroberst in Haft nehmen. Vorgeblich, weil er an der Ermordung eines kaiserlichen Kommissars beteiligt gewesen sei. Unter der Qual einer fünftägigen Folter *bei Inflechtung Inn ain Laytter* und Ausreißen der Fußnägel schließlich ‚gestand' Berlin die Tat und nannte weitere vermeintlich Beteiligte. Darunter der Hauersbronner Schultheiß, der *Inn der Nacht mit etlichen Hackhenschutzen in sein Haus* festgenommen wurde sowie drei Forstknechte aus Mittelbach, Plüderhausen und Winterbach. Über Nacht hatten die Besatzer praktisch die Verwaltung im Schorndorfer Forst ausgeschaltet. Zwar beschwerten sich die herzoglichen Gesandten beim Reichstag von Augsburg im Dezember 1547 bitterlich über das Vorgehen der Söldner.[41] Doch ohne Erfolg: Am 1. Januar 1548 ließ der Söldneroberst den württembergischen Obervogt lediglich wissen, er müsse nach dem Mord an den Kommissar für seinesgleichen sorgen, wie auch *Euer Fürstlich Gnaden würden gegen denselben mit ernstlicher straff wol wissen Zuverfahren*[42].

Den Württembergern fiel es in den folgenden Jahren schwer, wieder die Kontrolle über ihren Forst zurückzugewinnen. Gegen Kollaborateure wie den Fliegenbauern war kaum etwas zu machen, solang die Besatzer ihre schützenden Hände über ihn hielten. Auch die diplomatischen Vorstöße blieben bis 1550 fruchtlos. So kam es sogar zu tödlichen Feuergefechten zwischen Söldnern und herzoglich-württembergischen Forstleuten, als man sich zufällig am 24. Juni 1549 im Nolhart, einem Wald im Uracher Forst, begegnete. Die Söldner *heten sich allsbald Zu weer gestellt, auch auf die unnsern abgeschossen unnd ain der unnsern erschossen*[43]. Außerdem kamen drei wildernde Besatzer bei dem Feuergefecht ums Leben.

38 Der Fliegenhof lag im Schurwald zwischen Unterberken und Baiereck. Bei dem Fliegenbauer handelte es sich wahrscheinlich um Jörg Lindenschmidt, der zweimal Urfehde schwor. Vgl. HStA Stuttgart A 44 U 3892 bzw. U 5086 (Dank für den Hinweis an Frau Dr. Härle-Grupp). Zitat: HStA Stuttgart A 87 Bü 6, Nr. 56b.

39 HStA Stuttgart A 87 Bü 7, Nr. 85a.

40 Die Aussagen entstammen einer Bittschrift Berlins an Herzog Ulrich. Vgl. HStA Stuttgart A 87 Bü 7, Nr. 98.

41 Vgl. HStA Stuttgart A 87 Bü 2, Nr. 97.

42 Vgl. HStA Stuttgart A 87 Bü 3, Nr. 1.

43 Vgl. HStA Stuttgart A 87 Bü 7, Nr. 85a.

Auch Herzog Ulrich geriet im selben Jahr in Gefahr, als seine Jagdgesellschaft *unser Kurtzweil halb auf die Alb gezogen*, in eine Treibjagd geriet und vor schnell ausbreitendem Feuer *Inn sorgen und gefaar unser leib unnd leben* fliehen musste.[44]

Die Situation besserte sich erst nach dem Herrschaftsantritt von Ulrichs Sohn Christoph ab Ende 1550. Aufgrund der veränderten politischen Großwetterlage und seiner guten Beziehungen zum Haus Habsburg trugen die Verhandlungen mit dem Kaiser nun langsam Früchte. Im September 1551 erzielte man den Durchbruch: Kirchheim und Schorndorf wurden von den kaiserlichen Söldnern geräumt. In der Zwischenzeit ließ Christoph wieder bewaffnete Truppen durch die besetzten Ämter patrouillieren, um der Wilderei entgegenzuwirken.[45] Nach der Niederlage der Habsburger im Fürstenaufstand 1552 musste der Kaiser dann auch die restlichen Truppen aus Württemberg zurückziehen.

Fazit

Die angeführten Beispiele bzw. Konflikte veranschaulichen die vielfältige Funktion des Forsts für die Landesherrschaft im langen 16. Jahrhundert. Im Zentrum der Betrachtung stand dabei stets der Forstmeister und seine Forstknechte als tragende und handelnde Akteure. Letztlich hing es nämlich in der Regel von den Fähigkeiten und der Zuverlässigkeit dieser Akteure ab, für Ordnung zu sorgen, die Ressourcen zu schützen bzw. zu verwalten und auch die Souveränität württembergischer Interessen nach Außen zu vertreten. Dass diese Aufgabenbeschreibung keinesfalls ungefährlich war, zeigt vor allem der Schorndorfer Forstmeister Melchior Berlin: In den 1540er Jahren in bewaffneten Auseinandersetzungen mit der Reichsstadt Esslingen verwickelt, wurde er später Opfer der habsburgischen Siegerjustiz. Entsprechend waren die Forstmeister innerhalb des württembergischen Herrschaftssystems mit außergewöhnlichen Kompetenzen versehen. Nicht nur waren sie und ihre Knechte schwer bewaffnet. Auch existierte – anders als bei den städtischen Amtleuten – keine direkten Kontrollinstanzen. Entsprechend erfreuten sich die Forstmeister eines enormen Handlungsspielraums innerhalb des württembergischen Herrschaftssystems, das seinesgleichen sucht. Es erscheint äußerst lohnenswert, sich der Forstverwaltung in Württemberg und weiteren Territorien des Reichs unter dieser Prämisse in landeskundlich-vergleichender Form zu nähern.

44 Vgl. ebd.

45 Vgl. HStA Stuttgart A 87 Bü 8, Nr. 39a; vgl. hierzu auch Matthias Langensteiner: Für Land und Luthertum. Die Politik Herzog Christophs von Württemberg (1550–1568) (Stuttgarter Historische Forschungen, Bd. 7), Köln u. a. 2008, S. 32–89; Franz Brendle: Dynastie, Reich und Reformation. Die württembergischen Herzöge Ulrich und Christoph, die Habsburger und Frankreich (Veröffentlichungen der Kommission für Geschichtliche Landeskunde in Baden-Württemberg, Reihe B, Bd. 141), Stuttgart 1998, S. 317–327 sowie Wendt: Legitimation durch Vermittlung (wie Anm. 8), 146f.

Der Wald in der deutschen Literatur[1]

Stefan Knödler

Der Wald der Literatur ist ein anderer als der Wald in der realen Welt.[2] Den einen ‚literarischen Wald' gibt es jedoch nicht, denn in der Literatur erscheint der Wald immer abhängig von kulturellen Prägungen und Zuschreibungen. Es kann dabei – vor allem in der modernen Literatur – durchaus vorkommen, dass der literarische Wald und der reale Wald sich nicht bedeutend unterscheiden; in der älteren Literatur bis zur Romantik jedoch ist der Wald mit ziemlicher Sicherheit etwas völlig anderes als der der realen Welt. Diesem – fremden – Wald und seinen Erscheinungsweisen ist der folgende Beitrag gewidmet.

In das merkwürdige Dasein, das der Wald in der älteren deutschen Literatur fristet, soll anhand von Johann Wolfgang Goethes *Wandrers Nachtlied* eingeführt werden:

Wandrers Nachtlied

Über allen Gipfeln
Ist Ruh',
In allen Wipfeln
Spürest Du
Kaum einen Hauch;
Die Vögelein schweigen im Walde.
Warte nur! Balde
Ruhest du auch.[3]

Jeder, der dieses Gedicht liest oder hört, wird sofort ein Bild vor seinem inneren Auge haben. Ob es sich dabei um einen Laub-, Nadel- oder Mischwald handelt, dürfte – da Goethes Gedicht dafür keine Vorgaben macht – bei jedem Rezipienten abhängig von seiner Walderfahrung sein. Insofern ist das Wort ‚Wald' zwar auf eine gewisse Weise eindeutig, weil jeder von uns eine Vorstellung damit verbindet, gleichzeitig aber auch sehr uneindeutig, weil jeder

1 Dieser Text wurde auf der Tagung, deren Beiträge der vorliegende Band versammelt, als Abendvortrag gehalten. Auf besonderen Wunsch der Herausgeber wurde er hier aufgenommen, obwohl er nichts Landesgeschichtliches enthält. Die eher lockere, nicht auf ein philologisches Fachpublikum zielende Vortragsform wurde für den Abdruck beibehalten.

2 Vgl. grundsätzlich: Wolfgang Baumgart: Der Wald in der deutschen Dichtung, Berlin/Leipzig 1936; Johannes Zechner: Der deutsche Wald. Eine Ideengeschichte zwischen Poesie und Ideologie 1800–1945, Darmstadt 2016.

3 Johann Wolfgang von Goethe: Gedichte 1800–1832, hg. von Karl Eibl, (Sämtliche Werke, Bd. 2), München 1988, S. 64.

sozusagen ‚seinen' Wald hat.[4] Eine zweite Unklarheit in Goethes Gedicht ist die Stellung des lyrischen Ichs zum Wald; der Text enthält keinen direkten Hinweis darauf, ob es sich in, vor oder über dem Wald befindet. Eine nähere Bestimmung seiner Position ergibt sich aus der Abwärtsbewegung, die sich in dem Gedicht nachvollziehen lässt: Die Abendruhe senkt sich von den Gipfeln über die Wipfel des Waldes schließlich in den Wald, wo dann, wenn diese Bewegung konsequent weitergeht, das lyrische Ich wandert. Es ist jedoch wenig wahrscheinlich, dass der Wanderer von dort eine Aussage über die Berggipfel machen kann – die man aus einem Wald heraus nicht sehen kann – und auch dessen *Wipfel* sind dem Blick dabei, da Bäume unten breiter sind als oben, üblicherweise entzogen.

Der Wald ist dabei wie der Wanderer ein Objekt jener Ruhe, die über ihm einkehrt und die an den nun schweigenden Vögeln und dem fehlenden Wind eindrücklich gemacht wird. Dennoch ist die Tatsache, dass es ein Wald ist, in dem das lyrische Ich geht (vorausgesetzt, wir gehen weiterhin davon aus), für den Eindruck, den das Gedicht auf den Leser macht, wichtig. Die Bewegung des Textes verläuft nicht nur von oben nach unten, sondern auch mit den Berggipfeln, dem Wald und dem Menschen von gewaltig zu schwach und von außen nach innen, wobei der Wald jeweils die Mitte einnimmt, die das Ich, seine Müdigkeit und seine Hoffnung auf Ruhe umgibt.

Man weiß, welchen Wald Goethe vor Augen gehabt hat. Entstanden ist *Wandrers Nachtlied* am 6. September 1780 auf dem Kickelhahn, einem 861 Meter hohen Berg bei Ilmenau im Thüringer Wald. Goethe hat diese Verse mit Bleistift an die Holzwand im Innern einer Jagdaufseherhütte geschrieben, mit der sie 1870 durch ein Feuer vernichtet worden sind. Er habe – so berichtet Goethe Charlotte von Stein am selben Tag – diesen *höchsten Berg des Reviers* bestiegen, *um dem Wuste des Städgens, den Klagen, den Verlangen, der unverbesserlichen Verworrenheit der Menschen auszuweichen*: *Wenn nur meine Gedancken zusammt von heut aufgeschrieben wären es sind gute Sachen drunter.*[5] Das Gedicht erwähnt er dabei nicht, aber es gehört wohl auch zu diesen *guten Sachen*. Über dreißig Jahre später hat Goethe die Hütte in Begleitung des Berginspektors Johann Christian Mahr noch einmal besucht. Mahrs Aufzeichnungen verdanken wir auch Auskunft über die genaue Beschaffenheit des Ortes:

> *Beim Eintritt in das obere Zimmer sagte er: „Ich habe in früherer Zeit in dieser Stube mit meinem Bedienten im Sommer acht Tage gewohnt und damals einen kleinen Vers hier an die Wand geschrieben. Wohl möchte ich diesen Vers nochmals sehen und wenn der Tag darunter bemerkt ist, an welchem es geschehen, so haben Sie die Güte mir solchen aufzuzeichnen." […] Goethe überlas diese wenigen Verse und Thränen flossen über seine Wangen. Ganz langsam zog er sein schneeweißes Taschentuch aus seinem dunkelbraunen Tuchrock, trocknete sich die Thränen und sprach in sanftem, wehmüthigem*

4 Eine kleine Umfrage unter Studierenden der Germanistik an der Universität Tübingen ergab, dass fast alle sich einen Wald als Laubwald vorstellen, einzig einige (aber nicht alle) Studierende, die im Schwarzwald aufgewachsen sind, als Nadelwald.

5 Johann Wolfgang GOETHE an Charlotte von Stein, 6. September 1780, in: DERS.: Sämtliche Werke, Abt. II: Briefe, Tagebücher und Gespräche, Bd. 2, Frankfurt a. M. 1997, S. 287.

> *Ton: „Ja warte nur balde ruhest du auch!", schwieg eine halbe Minute, sah nochmals durch das Fenster in den düstern Fichtenwald, und wendete sich darauf zu mir, mit den Worten: „Nun wollen wir wieder gehen."*[6]

Ändert sich unser Verständnis von Goethes Gedicht, wenn wir nun wissen, dass es sich bei dem Wald um einen Fichtenwald handelt und dass die Hütte am Bergrand des Kickelhahns mit Blick über den (und nicht, wie bisher angenommen, *im*) Wald steht? Dass die erwähnten Gipfel die des Thüringer Walds, eines Mittelgebirges, sind, was die genannten „Gipfel" vielleicht ein wenig weniger großartig macht? – Wohl kaum, denn jeder, der *Wandrers Nachtlied* gelesen hat, wird sich *sein* Bild der Szenerie bereits gemacht haben. Wir sind in unserer Deutung unabhängig vom Ort und den Entstehungsbedingungen des Gedichts.

Die Schwierigkeiten, die man im Hinblick auf den Wald mit diesem Gedicht hat, sind symptomatisch für jede Art von Wald in der Literatur: Wald ist diffus. Er ist amorph. Er ist zu groß, zu unübersichtlich. Dichtung hat es lieber mit dem Überschaubaren und Einzelnen zu tun: mit der einzelnen geliebten Person eher als mit einer Menschengruppe, mit der einzelnen Blume eher als mit der Blumenwiese, mit dem einzelnem Baum eher als mit dem Wald. Darüber hinaus ist der Wald – zumindest in der deutschen Literatur bis etwa 1800 – selten ein Wald, den man geographisch lokalisieren könnte. Er hat meist nichts landschaftlich Charakteristisches an sich und weitaus wichtiger als seine genauere Beschaffenheit ist jeweils der Bezug, in dem er zu den Figuren steht, die sich in ihm bewegen. Man kann vom Wald als einem semantisiertem Raum sprechen, der je nach Kontext unterschiedliche Bedeutungen hat, die nicht aus ihm selbst entstehen – abgesehen eben von den ganz allgemeinen Waldeigenschaften (dunkel, dicht, gute Luft etc.) –, sondern aus bestimmten Zuschreibungen und aus bestimmten Moden heraus. Dabei entfernt sich der Wald von der Natur, er ist weniger eine Landschaft, sondern eine Seelenlandschaft in Bezug auf denjenigen, der sich in ihm befindet oder die Handlungslandschaft in Bezug auf das, was in ihm passiert.

Der Wald war lange Zeit derjenige Landschaftstyp, der die geringste Rolle in der Literatur gespielt hat: Viel wichtiger als der Wald war alles, was Nicht-Wald war, also das kultivierte Land, das Feld, der Garten und der Park, die Wiese. Die antike und ein großer Teil der mittelalterlichen Dichtung bis in die Neuzeit hinein beschäftigen sich eben damit; in der idyllischen Poesie, in Lehrgedichten zur Landwirtschaft und zur Gartenanlage, in zahllosen Blumengedichten. Der Wald ist dabei, wenn er überhaupt vorkommt, die ständige Bedrohung für das mühsam kultivierte Land, das der Mensch ihm ‚im Schweiße des Angesichts' (vgl. 1. Mose 3,19) abringen muss. Entsprechend schlecht ist das Image des Waldes lange gewesen: ein gefährlicher Ort, dunkel, undurchdringbar, verwirrend, unheimlich, unchristlich. Daniel Kehlmann hat zuletzt in seinem Roman, der die Geschichte Till Eulenspiegels in den Dreißigjährigen Krieg verlegt, in einer eindrucksvollen Szene deutlich gemacht, wie groß die abergläubische Angst der Menschen damals nachts im Wald gewesen ist und welche Schutz-

6 Johann Wolfgang von Goethe: Gespräche, auf Grund der Ausgabe und den Nachlass von Flodoard Freiherr von Biedermann ergänzt und hg. von Wolfgang Herwig, Band 3.2, Zürich/Stuttgart 1972, S. 810f.

zauber angewendet werden mussten, um das eigene Leben zu retten.[7] Neben allerhand geisterhafter Wesen und Hexen, neben Räubern und anderen Ausgestoßenen der Gesellschaft lebten dort auch wilde und gefährliche Tiere – Wölfe, Bären, vielleicht sogar Löwen.

Der historische Gegensatz von Kultur und Wildnis ist auch einer der Gründe für die Entstehung des Konzepts des ‚deutschen Waldes' im Verlauf des 18. Jahrhunderts. Anstoß dafür war zunächst die Erinnerung an die Varusschlacht, in der die Germanen gegen die beim militärischen Auswärtsspiel im unzugänglichen deutschen Wald[8] überforderten römischen Soldaten siegreich gewesen waren. In den Napoleonischen Kriegen wurde dieses Konzept ausgearbeitet und mit dem bereits vorgeprägten Gegensatz von französischer (als der neuen römischen) Zivilisation (oberflächlich, schlüpfrig, unmoralisch) auf der einen Seite und der deutschen Kultur (tief, natürlich, anständig) auf der anderen Seite verschmolzen. Dadurch wurde der deutsche Wald nun positiv konnotiert – nicht nur als Römer- bzw. Franzosenfalle, sondern auch als das passende Bild für das Urtümliche und Tiefe, dass dem deutschen Geisteswesen angeblich entspricht.

Im Folgenden sollen ohne Anspruch auf Vollständigkeit einige Erscheinungsformen des Waldes vorgestellt werden, die sich in der deutschen Literatur vom Mittelalter bis zur Romantik, also bis etwa 1830 (und zum Teil auch noch später) finden lassen: 1. Der allegorische Wald; 2. Der gefährliche Wald; 3. Der Jagdwald; 4. Der Märchenwald; 5. Der romantische Wald.

1. Der allegorische Wald

Dantes *Göttliche Komödie* beginnt mit folgenden Versen:

Nel mezzo del cammin di nostra vita *mi ritrovai per una selva oscura,* *ché la diritta via era smarrita.*	*Auf der Hälfte des Weges unseres Lebens fand ich mich in einem finsteren Wald wieder, denn der gerade Weg war verloren.*
Ahi quanto a dir qual era è cosa dura *esta selva selvaggia e aspra e forte* *che nel pensier rinova la paura!*	*Ach, es fällt so schwer zu sagen, wie er war, dieser Wald, so wild und garstig und dicht, der mir noch immer Angst macht, wenn ich daran denke!*

7 Vgl. Daniel KEHLMANN: Tyll, Reinbek 2017, S. 51–76.

8 Tacitus schreibt, dass das Land „mit seinen Wäldern einen schaurigen, mit seinen Sümpfen einen widerwärtigen Eindruck" mache (TACITUS: Germania. Lateinisch/Deutsch. Übersetzt, erläutert und mit einem Nachwort hg. von Manfred Fuhrmann, Stuttgart 2009, S. 9); vgl. auch ZECHNER: Wald (wie Anm. 2), S. 15–24.

Tant'è amara che poco è più morte; *ma per trattar del ben ch'i' vi trovai,* *dirò de l'altre cose ch'i' v'ho scorte.*	*So bitter ist er, dass kaum bitterer der Tod ist. Doch um vom Guten zu handeln, das ich dort fand, will ich von den anderen Dingen reden, die ich fort erblickte.*
Io non so ben ridir com'i' v'intrai, *tant'era pien di sonno a quel punto* *che la verace via abbandonai.*	*Ich kann nicht mehr recht sagen, wie ich dort hineingelangte; so voll Schlaf war ich zu jener Zeit, dass ich vom wahren Wege abkam.*[9]

Der Wald in den ersten Versen von Dantes *Göttlicher Komödie* ist ein allegorischer Wald. Zwar kann man im Wald vom Pfad abkommen, zumal nachts, aber dabei handelt es sich in der Regel nicht um den *geraden* oder *wahren* Weg. Die Nacht, der Wald, das Verwirren, die Schlaftrunkenheit sind eine Allegorie auf die Sünde, auf das Verlieren des rechten Pfades, das dem Ich der *Göttlichen Komödie* – man identifiziert es meist mit Dante selbst – auf der *Hälfte des Weges unseres* – also seines – *Lebens* widerfahren ist. Dante ist 1265 geboren, das übliche Alter gibt Dante an einem anderen Ort mit 70 an (was für diese Zeit viel ist), Dante ist also 35, als er heillos in diesen Wald gerät; wir befinden uns im Jahr 1300.

Wenig später im Text erblickt Dante aus dem Wald heraus einen in der Sonne liegenden Berg – das Symbol seiner Rettung –, und als er sich dahin auf den Weg macht, erscheinen ihm nacheinander drei ebenfalls allegorische Tiere, im Italienischen durch ihren gemeinsamen Anfangsbuchstaben als zusammengehörig kenntlich gemacht – *lonza, leone, lupa*: ein Luchs (oder ein Leopard?) als Symbol der Wollust, ein Löwe als Symbol des Hochmuts und eine Wölfin als Symbol der Habgier. Durch sie gerät Dante weiter in den Wald hinein. In tiefster Verzweiflung nimmt sich seiner der Geist des römischen Dichters Vergil an, der ihm die Erlösung aus diesem Zustand verspricht und ihm eine Reise durch die drei Jenseitsreiche Hölle, Läuterungsberg und Paradies ankündigt, die dann den Inhalt von Dantes Epos bildet.

Das von Dante verwendete, über 700 Jahre alte Bild funktioniert auch heute noch: Der dunkle Wald, die Enge der Bäume und die Mischung aus Chaos und Gleichförmigkeit, der Mangel an Orientierung darin – das alles können wir heute noch als Allegorie auf eine unheilvolle Verstrickung nachvollziehen. Auch in der *Göttlichen Komödie* ist der Wald eine Seelenlandschaft, ein Inneres, das durch ein Äußeres sinnfällig gemacht wird. Ein Verhältnis, das bei den meisten literarischen Walddarstellungen – vor allem dort, wo der Wald als etwas Bedrohliches erscheint – immer mitzudenken ist.

9 Dante Alighieri: La Commedia/Die göttliche Komödie, übersetzt und kommentiert von Hartmut Köhler, Bd. 1, Stuttgart 2010, S. 8–11.

2. Der gefährliche Wald

Der gefährliche Wald ist mit dem allegorischen Wald eng verwandt, aber der Zusammenhang zwischen den handelnden Figuren und dem Wald ist weniger deutlich und innerlich. Meist ist der Aufenthalt darin mit einer Prüfung verbunden, die man bestehen muss, um aus dem Wald wieder herauszudürfen.

Ein schönes Beispiel für einen solchen gefährlichen Wald findet man etwa in dem Volksbuch von der heiligen Genoveva, dessen erste Aufzeichnung aus dem 14. Jahrhundert stammt: Genoveva ist die Frau des Pfalzgrafen Siegfried, der an der Seite Karl Martells gegen die Mauren kämpfen und also seine schwangere Frau zurücklassen muss. Siegfrieds Statthalter Golo begehrt Genoveva und wirbt um sie, aber sie widersetzt sich seinen Annäherungsversuchen, worauf er sie gekränkt des Ehebruchs mit dem Koch bezichtigt und zum Tode verurteilen lässt. Das muss, wie die meisten zweifelhaften Hinrichtungen im Mittelalter, außerhalb des Hofes geschehen, möglichst weit weg von den Menschen. Dort bringen es die Henker aber doch nicht übers Herz, die unschuldige Genoveva zu töten und sie lassen sie laufen. Genoveva versteckt sich im Wald, wo dann auch ihr Sohn, den sie Schmerzensreich nennt, zur Welt kommt.

> *So gienge nun die arme / und von allen Menschen verlassene Genoveva in dem wilden Wald herumb / und suchte ein gelegenes Orth / wo sie sich auffhalten und für den Ungewitter schützen möchte. Sie aber fande denselbigen gantzen Tag keins / sonder wurde genöthiget under einem Baum ihre Nachts-Herberg zu nemmen, Wie übel aber sie allda gelegen / und wie gewaltig sie sich in dieser grausamen Wüsteney hab geförchtet / mag ein jeder leichtlich erachten; weil ja ein jeder behertzter Mann sich scheuet in einem unbekanten Wald zu ligen. Sie wendete ihre Zährfliessende Augen und zitternde Händ gen Himmel / und rieffe den von Hertzen an / welcher ihr in dieser Noth allein konte beystehen. Die erste Nacht brachte sie in grosser Angst ohn einigen Schlaff zu / und suchte den andern gantzen Tag wiewohl vergebens eine gelegene Höhl / oder hohlen Baum darunder zu wohnen. Sie hatte den vorigen Tag gar nichts gessen / noch getruncken / und diesen andern Tag ware bey ihr der Hunger so groß / daß sie genöthiget wurde rohe Würtzelen der Kräuter auszurupffen und zu essen: Den dritten Tag gienge sie noch weiter in die Wildnuß hinein / und suchte so lang / biß sie eine steienene Höhl / und nächst darbey ein kleines Wässerlein fande. Diß nahme sie als ein von GOTT beschertes Orth an / und nahme ihr für ihr übriges Leben in dieser Höhl zuverschleissen. Sie machte sich ein Beth von Laub und Aesten der Bäumen / sonsten hatte sie nichts mehr ausser den Würtzelen / was zu ihrer Lebens-Nahrung vonnöthen war.*[10]

Man erfährt aus dieser Passage nicht nur etwas über die Macht des Diminutivs an der rechten Stelle: Wie viel erbarmungswürdiger erscheint uns die arme Genoveva, wenn sie *Würtzelen* essen und *kleine Wässerlein* trinken muss, als wenn es Wurzeln und Wässer wären! Man erfährt auch – und das sehr eindrücklich – etwas über den engen Zusammenhang der Wörter Wald, Wildnis und Wüste, die hier zur Illustration von Genovevas elender Lage verwen-

10 Von der unschuldigen betrangten H-Pfaltz-Gräfinn Genoveva, in: Außerlesenes History-Buch/ Oder Außführliche/ anmüthige/ und bewegliche Beschreibung Geistlicher Geschichten und Historien, Dillingen 1687, S. 597–629, hier S. 609.

det werden. Zwischen Wüste und Wald wird hier wie in anderen älteren Texten begrifflich nicht unterschieden. Auch wenn es uns befremdet, dass in einer Wüste Bäume stehen, scheint das für den Menschen der Frühen Neuzeit (der ja nie eine richtige Wüste gesehen hat) kein Problem zu sein; wichtig ist allein die Ödnis und Eintönigkeit der Landschaft sowie ihre große Entfernung von den Siedlungen der Menschen.

Genoveva kommt aus dem Wald wieder heraus, aber es bleibt dem Leser überlassen, ob er das Ende der Geschichte als ein gutes oder als ein schlechtes deuten will: Obwohl sich Maria zunächst Genovevas erbarmt und ihr eine Hirschkuh sendet, die sie und ihren Sohn ernährt, so wird sie dennoch krank. Gleichzeitig kehrt Siegfried aus dem Krieg zurück und erfährt von Golos Intrige. Er findet Genoveva im Wald, verzeiht ihr und bringt sie zurück in die Pfalz, wo sie aber, geschwächt durch die Zeit im Wald, bald stirbt.

Den wilden und wüsten Wald gibt es in der ganzen mittelalterlichen Epik, so ist etwa auch in Gottfried von Straßburgs *Tristan* von einer *grozen wilde* (V. 2502), die zu fürchten sei, die Rede – *ein toup gefilde und wüeste unde wilde* (V. 2507f.):[11] Ödnis, Wüste und Wildnis werden hier ebenfalls mit dem Wald assoziert, gar *der werlde ein ende* (V. 2504), also das Ende der Welt. Im *Tristan* gibt es eine Episode, die stark an die Geschichte der *Genoveva* erinnert. Eine der Hauptfiguren in der Geschichte ist Brangäne, eine Hofdame Isoldes, die von dieser benutzt worden ist, um König Marke, den Isolde heiraten soll, zu betrügen: Isolde ist – wegen Tristan – keine Jungfrau mehr und bittet nun Brangäne, sich an ihrer Stelle zu Marke ins Ehebett zu legen. Die List gelingt, aber Brangäne ist nun eine Frau, die zu viel weiß – sie muss weg. Und wie im Falle Genovevas muss der Mord im Wald geschehen, und zwar nicht in dem Teil des Waldes, wo *dâ wurze, crût unde gras* wachsen, und den Brangäne zunächst so angenehm findet, dass sie absteigen will, sondern weit weg vom *gevilde*, also dem offenen Land, weiter hinein *in die wüeste und in die wilde* (V. 12764–12769)[12]. Wie auch im Volksbuch von der Genoveva haben im *Tristan* die Henker schließlich Mitleid mit ihrem Opfer und lassen sie leben. Hier wie dort kann der Mord an einer unschuldigen Person offenbar nicht am Hof stattfinden, sondern nur in einem Raum, der vor Zeugen geschützt und selber rechtlos ist: Nicht in dem Teil des Waldes, der noch irgendetwas mit dem Hof Kompatibles hat, sondern im tiefsten Innern des Waldes – im gefährlichen Wald.

Etwas ganz Ähnliches passiert im Märchen *Sneewittchen* in der Sammlung der Brüder Grimm. Sneewittchen gerät in den Wald zu den Sieben Zwergen, weil sie ihre böse Stiefmutter aus Eifersucht auf die große Schönheit Sneewittchens durch einen Jäger umbringen lassen will:

> *Da rief sie einen Jäger und sprach: „Bring das Kind hinaus in den Wald, ich will's nicht mehr vor meinen Augen sehen. Du sollst es töten und mir Lunge und Leber zum Wahrzeichen mitbringen." Der Jäger gehorchte und führte es hinaus, und als er den Hirschfänger gezogen hatte und Sneewittchens*

11 Gottfried von Strassburg: Tristan und Isold, hg. und übersetzt von Walter Haug, 2 Bde., Berlin 2011, S. 148.

12 Ebd., S. 712.

unschuldiges Herz durchbohren wollte, fing es an zu weinen und sprach: „Ach, lieber Jäger, laß mir mein Leben; ich will in den wilden Wald laufen und nimmermehr wieder heimkommen." Und weil es gar so schön war, hatte der Jäger Mitleiden und sprach: „So lauf hin, du armes Kind!" Die wilden Tiere werden dich bald gefressen haben, dachte er, und doch war's ihm, als wäre ein Stein von seinem Herzen gewälzt, weil er es nicht zu töten brauchte. Und als gerade ein junger Frischling dahergesprungen kam, stach er ihn ab, nahm Lunge und Leber heraus und brachte sie als Wahrzeichen der Königin mit. Der Koch mußte sie in Salz kochen, und das boshafte Weib aß sie auf und meinte, sie hätte Sneewittchens Lunge und Leber gegessen.

Nun war das arme Kind in dem großen Wald mutterseeligallein, und ward ihm so angst, daß es alle Blätter an den Bäumen ansah und nicht wußte, wie es sich helfen sollte. Da fing es an zu laufen und lief über die spitzen Steine und durch die Dornen, und die wilden Tiere sprangen an ihm vorbei, aber sie taten ihm nichts. Es lief, so lange nur die Füße noch fort konnten, bis es bald Abend werden wollte, da sah es ein kleines Häuschen und ging hinein, sich zu ruhen.[13]

Das Häuschen ist das Haus der Zwerge und Sneewittchen befindet sich nun in einem *anderen* Wald, über den noch zu sprechen sein wird. Zunächst aber noch ein Blick auf den Jäger und dessen Wald:

3. Der Jagdwald

Der Jäger ist eine Figur, die – ähnlich wie der Holzfäller oder der Köhler – beruflich in den Wald geht. Der gefährliche Wald ist für ihn nicht so bedrohlich wie für andere, denn er ist in ihm zuhause. Er kann in der Literatur sowohl die positiven Elemente der Welt außerhalb in den Wald tragen und so als Helfer der dort in Gefahr geratenen Menschen auftreten, er kann aber auch die bösen Eigenschaften des Waldes annehmen und so eine Gefahr für die Menschen in und außerhalb des Waldes darstellen. Oft tritt zum Beispiel der Teufel als Jäger auf, in verschiedenen Märchen ebenso wie etwa in Jeremias Gotthelfs Erzählung *Die schwarze Spinne.*

Als Ort der Jagd kann der Wald, besonders in mittelalterlichen Texten, also gefahrlos sein. So etwa im *Nibelungenlied*, in dessen 16. Aventiure[14] Hagen von Tronje, der auf Siegfried neidisch ist und es auf sein Leben abgesehen hat, einen Kriegszug fingiert. Indem er vorgibt, Siegfried dabei besonders beschützen zu wollen, entlockt er Kriemhild das Geheimnis der Stelle, an der Siegfried verwundbar ist. Denn Siegfried hat einst in Drachenblut gebadet, das ihn *hürnen* und dadurch unverwundbar gemacht hat – er ist also von Hornhaut umgeben: Nur eben nicht an der Stelle, auf die bei seinem Bad ein Lindenblatt zu liegen gekommen ist, unterhalb des Nackens, zwischen den Schulterblättern. Hagen bringt Kriem-

13 Brüder GRIMM: Kinder- und Hausmärchen. Ausgabe letzter Hand, hg. von Heinz Rölleke, 3 Bde., Stuttgart 1980, Bd. 1, S. 269–278, hier S. 279.

14 Vgl. Das Nibelungenlied, nach der Ausgabe von Karl BARTSCH hg. von Helmut de Boor, 22. Aufl., Wiesbaden 1996, S. 153–165. Vgl. dagegen Christoph FASBENDER: Siegfrieds Wald-Tod. Versuch über die Semantik von Räumen im Nibelungenlied, in: Nikolaus STAUBACH/Vera JOHANTERWAGE (Hgg.): Außen und Innen. Räume und ihre Symbolik im Mittelalter, Frankfurt a.M. 2007, S. 13–24.

hild sogar dazu, die Stelle mit einem Kreuz auf Siegrieds Kleidung zu markieren. Als sich der Tross mit König Gunter und seinem Heer in Bewegung gesetzt hat, lässt Hagen bekanntgeben, dass sich der Kriegszug erledigt habe. Darauf lässt Gunter ihn durch eine große Jagd ersetzen, bei der sich Siegfried als erfolgreichster Jäger hervortut. Einen Großteil dieser Aventiure nimmt die Schilderung von Siegfrieds Jagd ein, der im Nu einen Wisent, einen Elch, vier Auerochsen, einen Hirsch, einen Bären und einiges mehr erlegt.

Der Jagdwald scheint hier so etwas wie ein erweiterter Hofbereich zu sein, und zwar allein durch die Tatsache, dass sich der König und sein Hofstaat darin aufhalten. Nachdem der Waldraum durch Siegfrieds Jagderfolge und dem nun folgenden Fest erst recht zu einer Hoffiliale geworden ist, muss Hagen Siegfried, um sein Vorhaben, ihn zu ermorden, doch noch ausführen zu können, von diesem portablen Hof weglocken: Vom Jagdwald in den gefährlichen Wald, wo solche finsteren Morde, wie oben gezeigt, nur stattfinden können. Auch dies geschieht durch eine komplizierte und etwas bizarre List: Hagen lässt den Wein für die Jagdgesellschaft an einen anderen Ort senden, und da Siegfried durstig ist, aber seinen Durst wegen des fehlgeleiteten Weins nicht stillen kann, fordert Hagen ihn zu einem Wettrennen zu einer Quelle in der Nähe auf. Siegfried nimmt an und gewinnt den Wettlauf, hat aber dabei den höfischen Jagdwald verlassen und befindet sich jetzt im gefährlichen, weil vom Hof entfernten Wald: Dort kann Hagen Siegfried, als dieser sich zum Trinken über die Quelle beugt, leicht von hinten an der von Kriemhild markierten Stelle durchstechen und töten.

4. Der Märchenwald

Auch der Märchenwald ist ein gefährlicher Wald. Hier gibt es viele wilde Tiere wie den ‚bösen' Wolf, aber vor allem auch zahlreiche magische Wesen, die, wie die sieben Zwerge, nicht immer unbedingt böse sein müssen. Jedoch überwiegen die bedrohlichen Gestalten: Drachen, Riesen, Hexen, manchmal auch der Teufel. Anders als beim gefährlichen Wald, wo man meist sein Leben lässt oder nur durch das Bestehen einer Prüfung wieder heil herauskommt, schafft man es, den Märchenwald, eine gewisse Unschuld und Anständigkeit vorausgesetzt, unbeschadet wieder zu verlassen. – Märchen müssen gut ausgehen, damit sie ihre stärkende Wirkung auf die Kinder, denen sie erzählt werden, ausüben können. Wichtig ist die dabei bewusst oder unbewusst erfolgende Überschreitung einer Grenze, der Weg in den Märchenwald hinein und aus ihm wieder heraus.[15]

Ein gutes, weil auch schon ein wenig komplizierteres Beispiel dafür ist das Märchen vom *Rotkäppchen*.[16] Es fängt recht unschuldig an: Rotkäppchen soll seiner Großmutter, die eine

15 Nicht alle Märchen thematisieren den Übergang von der ‚realen' in die Märchenwelt bzw. den Märchenwald, manche sind auch vollständig dort angesiedelt.

16 Vgl. Grimm: Hausmärchen (wie Anm. 13), S. 156–160.

halbe Stunde vom Dorf entfernt alleine mitten im Wald wohnt, ein Stück Kuchen und eine Flasche Wein bringen. Die Mutter ermahnt sie, ja den Weg nicht zu verlassen, aber nur deshalb, weil sie sonst hinfallen und die Flasche zerbrechen könnte. Trotzdem ahnt man als Leser schon: Der Weg zur Großmutter ist eine Art Ausläufer der Zivilisation und sein Betreten ungefährlich, der ihn säumende Wald birgt dagegen Gefahren. Das findet man gleich bestätigt, da Rotkäppchen im Wald dem Wolf begegnet, den Rotkäppchen nicht kennt und daher freundlich mit ihm plaudert. Statt dass der Wolf Rotkäppchen nun sofort frisst, fädelt er ein umständliches Verfahren ein, mit dem es ihm gelingen soll, beide, Rotkäppchen *und* die Großmutter, zu fressen. Er lockt Rotkäppchen in den Wald, indem er sie auf die schönen Blumen, die dort wachsen, aufmerksam macht. Sie will ihrer Großmutter einen Strauß pflücken und kommt dabei immer weiter vom (‚rechten') Weg ab. Aber auch in dem Wald, in dem sie sich jetzt befindet, frisst sie der Wolf nicht. Er nutzt vielmehr die durch Rotkäppchens Verlorengehen gewonnene Zeit, um zur Großmutter zu gehen und diese zu fressen. Während Rotkäppchen den Bereich der Zivilisation verlässt, dringt der Wolf nun in ihn ein. Als Großmutter verkleidet wird er später auch Rotkäppchen, auf deren Naivität er mit Recht spekuliert, fressen. Damit sind die Großmutter und ihre Enkelin an der tiefsten Stelle des Märchenwaldes angekommen – im Innern einer seiner Gestalten. Glücklicherweise werden die beiden – lebend! – von einem Abgesandten des Dorfes, der zufällig vorbeikommt, aus dem Bauch des Wolfs befreit.

Auch in einem anderen Märchen der Brüder Grimm, *Hänsel und Gretel*, führt der Gang der Handlung in den gefährlichen Wald und wieder aus ihm heraus. Ausdrücklich wird es zu Beginn des Märchens gesagt: *Vor einem großen Walde wohnte ein armer Holzhacker mit seiner Frau und seinen zwei Kindern; das Bübchen hieß Hänsel und das Mädchen Gretel.*[17] Der Holzhacker ist arm und kann seine Kinder nicht ernähren. Seine zweite Frau (es ist immer eine Stiefmutter!) hat eine Idee:

> *„Weißt du was, Mann", antwortete die Frau, „wir wollen morgen in aller Frühe die Kinder hinaus in den Wald führen, wo er am dicksten ist: da machen wir ihnen ein Feuer an und geben jedem noch ein Stückchen Brot, dann gehen wir an unsere Arbeit und lassen sie allein. Sie finden den Weg nicht wieder nach Haus, und wir sind sie los." „Nein, Frau", sagte der Mann, „das tue ich nicht; wie sollt' ich's übers Herz bringen, meine Kinder im Walde allein zu lassen! Die wilden Tiere würden bald kommen und sie zerreißen." „O, du Narr", sagte sie, „dann müssen wir alle viere Hungers sterben, du kannst nur die Bretter für die Särge hobelen", und ließ ihm keine Ruhe, bis er einwilligte.*[18]

Nachdem die beiden Kinder beim ersten Versuch der Eltern, sie in den Wald zu bringen, mit Hilfe von Kieselsteinen noch zurück nach Hause gefunden haben, werden die Brotkrumen, die Hänsel anstatt der Steine verwenden musste, beim zweiten Mal von den Vögeln des Wal-

17 Ebd., S. 100–108, hier S. 100.

18 Ebd.

des aufgepickt. Die Stiefmutter führt die Kinder, so heißt es, „noch tiefer in den Wald, wo sie ihr Lebtag noch nicht gewesen waren".[19] Und sie geraten anschließend sogar noch weiter in den Wald:

> *Sie gingen die ganze Nacht und noch einen Tag von Morgen bis Abend, aber sie kamen aus dem Wald nicht heraus und waren so hungrig, denn sie hatten nichts als die paar Beeren, die auf der Erde standen. Und weil sie so müde waren, daß die Beine sie nicht mehr tragen wollten, so legten sie sich unter einen Baum und schliefen ein. Nun war's schon der dritte Morgen, daß sie ihres Vaters Haus verlassen hatten. Sie fingen wieder an zu gehen, aber sie gerieten immer tiefer in den Wald, und wenn nicht bald Hilfe kam, so mußten sie verschmachten.*[20]

Und dann finden sie endlich das berühmte Haus „aus Pfefferkuchen fein" (wie es in dem Kinderlied heißt), in dem die *gottlose Hexe* wohnt, die Hänsel mästen und essen will.

Wie auch im *Rotkäppchen* ist es ein Bote von außerhalb des Waldes, der die beiden, nachdem sie sich selbst befreit haben, schließlich aus dem gefährlichen Wald führt: Mit einer Ente fliegen sie in das Haus ihres Vaters zurück. Hinzuweisen ist noch auf die *Perlen und Edelsteine*,[21] die die beiden aus dem Besitz der Hexe noch mitgenommen haben, und von denen die um die verstorbene böse Schwiegermutter verminderte Familie nun gut leben kann, womit sie aber gleichzeitig auch ein Stück magische Waldwelt in die Welt *vor dem Wald*[22] gebracht haben. Die Wanderschaft von Menschen und Dingen in und aus dem Wald heraus spielt im romantischen Wald eine noch wichtigere Rolle:

5. Der romantische Wald

Der Erfinder des romantischen Waldes ist Ludwig Tieck,[23] dessen vielfältiges Werk wohl auch als der Höhepunkt der deutschen Walddichtung gelten kann. Tieck ist eigentlich Großstädter, geboren und aufgewachsen in Berlin und bestimmt kein Naturmensch. Man nimmt an, dass sein prägendes Walderlebnis eine Reise durch Franken nach Nürnberg im Jahr 1793 war: Den Wald in seinen Texten kann man sich entsprechend als einen Mittelgebirgswald vorstellen, auch wenn er selten konkret beschrieben wird.

Es lassen sich tatsächlich unterschiedliche Arten von Wald in Tiecks Werken finden, auch weil er verschiedene literarische Formen beherrscht. Der Wald in seinen Gedichten ist ein anderer Wald als der in seinen Kunstmärchen, Romanen oder Theaterstücken. So übernimmt er in seinen Bearbeitungen von volkstümlichen Stoffen – *Rotkäppchen*, *König Okta-*

19 Ebd., S. 103.
20 Ebd., S. 104.
21 Ebd., S. 107.
22 Ebd., S. 100.
23 Vgl. ZECHNER: Wald (wie Anm. 2), S. 25–42.

vian, *Thannhäuser*, auch ein längeres Lesedrama *Leben und Tod der heiligen Genoveva* hat er geschrieben – ungefähr den Wald der Vorlagen. In seinem Roman *Franz Sternbalds Wanderungen* von 1798 hat der Wald eher die Funktion einer Seelenlandschaft, in die sich die Hauptfigur zurückzieht und in der dann seine innere Stimmungslage und die äußeren Verhältnisse in Einklang gebracht werden.

Zwei Arten von Wald hat Tieck selbst erfunden. Der erste Typ ist eine Problematisierung des Märchenwaldes, die in Tiecks Kunstmärchen wie *Der blonde Eckbert*, *Die Elfen* oder *Der Runenberg* eine Rolle spielt. Der andere, damit ursprünglich zusammenhängende, ist eines der erfolgreichsten Konzepte der künstlerischen Gestaltung von Wald geworden – das der Waldeinsamkeit.

Der problematisierte Märchenwald kommt zum ersten Mal in Tiecks Kunstmärchen *Der blonde Eckbert* vor, das 1798 erstmals erschienen ist und das Tieck zusammen mit anderen Märchen, Erzählungen und Dramen in seine Sammlung *Phantasus* eingefügt hat. Die Erzählung beginnt wie folgt:

> *In einer Gegend des Harzes wohnte ein Ritter, den man gewöhnlich nur den blonden Eckbert nannte. Er war ohngefähr vierzig Jahr alt, kaum von mittler Größe, und kurze hellblonde Haare lagen schlicht und dicht an seinem blassen eingefallenen Gesichte. Er lebte sehr ruhig für sich und war niemals in den Fehden seiner Nachbarn verwickelt, auch sah man ihn nur selten außerhalb den Ringmauern seines kleinen Schlosses. Sein Weib liebte die Einsamkeit ebensosehr, und beide schienen sich von Herzen zu lieben, nur klagten sie gewöhnlich darüber, daß der Himmel ihre Ehe mit keinen Kindern segnen wolle.*[24]

Nichts könnte trügerischer sein als dieser Anfang: Dass die Geschichte im Harz spielt, ist völlig gleichgültig, keiner der Orte in dem Kunstmärchen hat etwas Topographisch-Konkretes an sich, im Gegenteil. Auch dass Eckbert blond ist, wird keine Rolle spielen, genauso wenig wie sein Alter und seine Körpergröße – wohl aber seine Melancholie, die hier schon anklingt. Sein Rittertum wird ebenfalls nicht weiter thematisiert, er hat eigentlich gar nichts Ritterliches an sich, tötet keine Drachen, befreit keine Jungfrauen, tatsächlich ist er in seiner Einsamkeit eher ein etwas schrulliger Privatier. Interessanter ist zunächst ohnehin seine Frau Bertha, die ihre Jugendgeschichte eines Abends einem Freund des Ehepaares erzählt: Sie sei ein ungeschicktes Kind gewesen, das von ihren Eltern stets geschimpft und geschlagen wurde. Eines Tages habe sie sich daher aufgemacht. – Man wird in dem folgenden Zitat aus Tiecks *Der blonde Eckbert*, in dem Berthas Reise erzählt wird, vieles von dem, was über den Wald in der Literatur gesagt wurde, wiedererkennen:

24 Ludwig TIECK: Eckbert, in: Phantasus, hg. von Manfred Frank (Schriften, Bd. 6), Frankfurt am Main 1985, S. 126–146, hier S. 126.

Als der Tag graute, stand ich auf und eröffnete, fast ohne daß ich es wußte, die Tür unsrer kleinen Hütte. Ich stand auf dem freien Felde, bald darauf war ich in einem Walde, in den der Tag kaum noch hineinblickte. Ich lief immerfort, ohne mich umzusehn, ich fühlte keine Müdigkeit, denn ich glaubte immer, mein Vater würde mich noch wieder einholen, und, durch meine Flucht gereizt, mich noch grausamer behandeln.

Als ich aus dem Walde wieder heraustrat, stand die Sonne schon ziemlich hoch, ich sah jetzt etwas Dunkles vor mir liegen, welches ein dichter Nebel bedeckte. Bald mußte ich über Hügel klettern, bald durch einen zwischen Felsen gewundenen Weg gehn, und ich erriet nun, daß ich mich wohl in dem benachbarten Gebirge befinden müsse, worüber ich anfing mich in der Einsamkeit zu fürchten. Denn ich hatte in der Ebene noch keine Berge gesehn, und das bloße Wort Gebirge, wenn ich davon hatte reden hören, war meinem kindischen Ohr ein fürchterlicher Ton gewesen. Ich hatte nicht das Herz zurückzugehn, meine Angst trieb mich vorwärts; oft sah ich mich erschrocken um, wenn der Wind über mir weg durch die Bäume fuhr, oder ein ferner Holzschlag weit durch den stillen Morgen hintönte. Als mir Köhler und Bergleute endlich begegneten und ich eine fremde Aussprache hörte, wäre ich vor Entsetzen fast in Ohnmacht gesunken.

Ich kam durch mehrere Dörfer und bettelte, weil ich jetzt Hunger und Durst empfand, ich half mir so ziemlich mit meinen Antworten durch, wenn ich gefragt wurde. So war ich ohngefähr vier Tage fortgewandert, als ich auf einen kleinen Fußsteig geriet, der mich von der großen Straße immer mehr entfernte. Die Felsen um mich her gewannen jetzt eine andre, weit seltsamere Gestalt. Es waren Klippen, so aufeinandergepackt, daß es das Ansehn hatte, als wenn sie der erste Windstoß durcheinanderwerfen würde. Ich wußte nicht, ob ich weitergehn sollte. Ich hatte des Nachts immer im Walde geschlafen, denn es war gerade zur schönsten Jahrszeit, oder in abgelegenen Schäferhütten; hier traf ich aber gar keine menschliche Wohnung, und konnte auch nicht vermuten, in dieser Wildnis auf eine zu stoßen; die Felsen wurden immer furchtbarer, ich mußte oft dicht an schwindlichten Abgründen vorbeigehn, und endlich hörte sogar der Weg unter meinen Füßen auf. Ich war ganz trostlos, ich weinte und schrie, und in den Felsentälern hallte meine Stimme auf eine schreckliche Art zurück. Nun brach die Nacht herein, und ich suchte mir eine Moosstelle aus, um dort zu ruhn. Ich konnte nicht schlafen; in der Nacht hörte ich die seltsamsten Töne, bald hielt ich es für wilde Tiere, bald für den Wind, der durch die Felsen klage, bald für fremde Vögel. Ich betete, und ich schlief nur spät gegen Morgen ein.

Ich erwachte, als mir der Tag ins Gesicht schien. Vor mir war ein steiler Felsen, ich kletterte in der Hoffnung hinauf, von dort den Ausgang aus der Wildnis zu entdecken, und vielleicht Wohnungen oder Menschen gewahr zu werden. Als ich aber oben stand, war alles, so weit nur mein Auge reichte, ebenso, wie um mich her, alles war mit einem neblichten Dufte überzogen, der Tag war grau und trübe, und keinen Baum, keine Wiese, selbst kein Gebüsch konnte mein Auge erspähn, einzelne Sträucher ausgenommen, die einsam und betrübt in engen Felsenritzen emporgeschossen waren. Es ist unbeschreiblich, welche Sehnsucht ich empfand, nur eines Menschen ansichtig zu werden, wäre es auch, daß ich mich vor ihm hätte fürchten müssen. Zugleich fühlte ich einen peinigenden Hunger, ich setzte mich nieder und beschloß zu sterben. Aber nach einiger Zeit trug die Lust zu leben dennoch den Sieg davon, ich raffte mich auf und ging unter Tränen, unter abgebrochenen Seufzern den ganzen Tag hindurch; am Ende war ich mir meiner kaum noch bewußt, ich war müde und erschöpft, ich wünschte kaum noch zu leben, und fürchtete doch den Tod.

Gegen Abend schien die Gegend umher etwas freundlicher zu werden, meine Gedanken, meine Wünsche lebten wieder auf, die Lust zum Leben erwachte in allen meinen Adern. Ich glaubte jetzt das Gesause einer Mühle aus der Ferne zu hören, ich verdoppelte meine Schritte, und wie wohl, wie leicht ward mir, als ich endlich wirklich die Grenzen der öden Felsen erreichte; ich sah Wälder und Wiesen mit fernen angenehmen Bergen wieder vor mir liegen. Mir war, als wenn ich aus der Hölle in ein Paradies getreten wäre, die Einsamkeit und meine Hülflosigkeit schienen mir nun gar nicht fürchterlich.

Statt der gehofften Mühle stieß ich auf einen Wasserfall, der meine Freude freilich um vieles minderte; ich schöpfte mit der Hand einen Trunk aus dem Bache, als mir plötzlich war, als höre ich in einiger Entfernung ein leises Husten. Nie bin ich so angenehm überrascht worden, als in diesem Augenblick, ich ging näher und ward an der Ecke des Waldes eine alte Frau gewahr, die auszuruhen schien.

> *Sie war fast ganz schwarz gekleidet und eine schwarze Kappe bedeckte ihren Kopf und einen großen Teil des Gesichtes, in der Hand hielt sie einen Krückenstock.*[25]

Der gefahrvolle Weg in den Wald ist ein fester Bestandteil des Märchens. Hunger, Müdigkeit und Irregehen finden sich auch in anderen Märchen, etwa in *Hänsel und Gretel.* Aber hier ist das in wenigen Sätzen abgetan, während Tieck sowohl die durchquerte (Wald-)Landschaft als auch Berthas Leiden darin sehr ausführlich erzählt. Man hat das Gefühl, dass es sich hier um eine Initiationsreise handelt oder dass Bertha und die sie umgebende (Seelen-)Landschaft sich gegenseitig formen, aber für den Fortgang der Geschichte spielen beide Aspekte keine große Rolle mehr. Unbedeutend ist der Abschnitt dennoch nicht, denn er markiert eine Grenzüberschneidung vom Wald der realen Welt (zu der das Dorf mit Berthas Eltern gehört) in einen Märchenwald, in dem die Alte lebt, die beschrieben wird wie eine typische Märchenhexe. Auch das ist allerdings trügerisch, denn die Alte ist gut, nimmt Bertha auf und vertraut ihr schließlich während ihrer rätselhaften, immer länger werdenden Abwesenheiten ihre Wirtschaft an, zu der ein kleiner Hund namens Strohmian und ein singender Vogel, der Edelsteine statt Eier legt, gehören – das alles sind eindeutig märchenhafte Züge. Während Berthas langen Einsamkeiten passiert das, was im Märchen nie, aber in der Literatur öfters passiert: Bertha wird durch die Lektüre von Romanen verdorben, und in ihr entsteht die Sehnsucht, doch auch einmal die Welt jenseits der Hütte und der Lichtung, in der sie steht, zu sehen. Als die Alte einmal wieder für längere Zeit unterwegs ist, nimmt sie den Vogel und die Edelsteine, bindet den Hund an und verschwindet.

Der romantische Wald bei Tieck hat eine Besonderheit: Man kommt heil und unschuldig hinein, aber man kommt, anders als beim Märchenwald, nicht unbeschadet aus ihm heraus. Im Falle von Bertha nimmt sie zum einen Dinge wie die Edelsteine und den bald sterbenden Vogel von der einen Welt in die andere, gleichzeitig ist sie aber von nun an auch psychisch gezeichnet. Alles, was sie in der Märchenwelt erlebt hat, kehrt sich nun gegen sie: Aus Angst vor der Rache der Alten stirbt sie, nach ihrem Tod wird auch Eckbert von der Alten heimgesucht, wobei nie aufgelöst wird, ob das die wirkliche Alte ist oder nur eine Verkörperung des Verfolgungswahns der Figuren. Auch Eckbert geht am Ende der Geschichte zu Grunde.

Der Wald in Tiecks Kunstmärchen scheint selbst eine aktive Rolle zu spielen, indem er physisch auf die Figuren übergreift, die– meist ohne eigenes Verschulden – in ihn geraten sind. Er ist auf diese Weise sehr modern, denn diese Art von auf den Menschen übergreifende, als ein Lebewesen handelnde Natur ist ein typisches Motiv von Gruselgeschichten und -filmen des 20. Jahrhunderts.

25 Ebd., S. 129–131.

Abb. 1: Ludwig Richter: Genoveva in der Waldeinsamkeit (1841), Kunsthalle Hamburg.

Wesentlich harmloser und dafür aber sehr viel einflussreicher und wirkungsvoller ist die Idee der Waldeinsamkeit, die ihren Ursprung ebenfalls in *Der blonde Eckbert* hat. Dort singt nämlich der edelsteinlegende Vogel ein kleines Lied:

Waldeinsamkeit,
Die mich erfreut,
So morgen wie heut
In ewger Zeit,
O wie mich freut
Waldeinsamkeit.[26]

Die Waldeinsamkeit ist letztlich auch das Thema von Goethes *Wandrers Nachtlied*, den Namen hat der Sache aber erst Tieck gegeben. Sein Konzept ist im 19. Jahrhundert sehr populär geworden, lässt sich bei Eichendorff, Heine und vielen anderen an prominenter Stelle finden, von dem amerikanischen Schriftsteller Ralph Waldo Emerson gibt es sogar ein Gedicht mit dem deutschen Titel *Waldeinsamkeit*. Auch in der Malerei ist die Idee im 19. Jahrhundert vielfach aufgegriffen worden, am berühmtesten in dem Gemälde von Ludwig Richter mit dem Titel *Die heilige Genoveva in der Waldeinsamkeit*in dem zwei Vorstellungen, nämlich die des gefährlichen, wüsten und feindlichen Waldes im Volksbuch (der hier

26 Ebd., S. 132.

gar nicht so aussieht) mit der der Waldeinsamkeit, die eher idyllisch-melancholisch ist, miteinander verschmolzen werden.

Tiecks problematischer Märchenwald ist ganz auf die Literatur beschränkt, die Waldeinsamkeit dagegen ist nicht nur auf andere Künste übergegangen, sie prägt auch die landläufige Vorstellung vom Wald bis heute. Die Ruhe und Einsamkeit des Waldes, die stärkend-beglückende oder friedlich-melancholische Stimmung darin ist wohl der Grund, weshalb die meisten Spaziergänger in den Wald gehen: Vermutlich ohne ihren Erfinder zu kennen folgen sie unter allen kulturell-literarischen Formungen des Waldes der jüngsten, die kaum älter als 200 Jahre ist.

Die „Steuerung der Holznot“ – Reaktionen auf die große Ressourcenkrise des 19. Jahrhunderts

Bernd-Stefan Grewe

In der kurpfälzischen Residenzstadt Mannheim versammelte sich am Sonntag, den 6. November 1790, die Akademie der Wissenschaften. In seinem eindrucksvollen Vortrag warnte Johann Peter Kling vor einer sehr ernsten Bedrohung: der unmittelbar bevorstehenden Holznot. Kling, Professor an der Hohen Kameralschule und Leiter des Hofkammerforstamtes[1], veranschlagte den Holzverbrauch des Landes und verglich ihn mit den sehr geringen Holzerträgen der kurpfälzischen Waldungen. Besser als jeder andere kannte er als Leiter der kurpfälzischen Forstverwaltung die tatsächliche Situation der meisten Wälder. Er warnte vor einem

> *[...] Holzmangel; welcher nun aus Abgang anderer hinlänglicher Brandmittel um so empfindlicher fallen müsste, als Brandmittel zu den unentbehrlichsten Bedürfnissen des menschlichen Lebens vorzüglich gehören.*[2]

Als Gegenmaßnahme forderte Kling eine Intensivierung der Forstwirtschaft, es gelte vor allem die *lichtstehenden Waldungen* aufzuforsten. Sein Alarmruf verhallte nicht, sondern unter seiner Leitung entwickelten die kurpfälzischen Förster nun weitsichtige Pläne zur Waldentwicklung, die aber wegen den einsetzenden Revolutionskriegen nur noch teilweise ausgeführt werden konnten.

Ein Vierteljahrhundert später hatten sich die Waldzustände offenbar nicht gebessert. Auf dem Wiener Kongress war das linksrheinische kurpfälzische Territorium dem Königreich Bayern zugesprochen worden, das erneut eine forstliche Bestandsaufnahme durchführen ließ. In dieser geißelte der für die Rheinpfalz zuständige Leiter der Forstverwaltung, Albrecht Schulze, den schlechten Zustand vor allem der Gemeindewälder. Denn diese seien

1 Zur Person: Kurt Mantel/Joseph Pacher: Forstliche Biographie vom 14. Jahrhundert bis zur Gegenwart. Zugleich eine Einführung in die Forstliche Literaturgeschichte, Bd. 1, Hannover 1976, S. 70–74; Erich Bauer: An der Wiege der deutschen Forstwissenschaft. Forstliches aus Kaiserslautern und der Kurpfalz im letzten Drittel des 18. Jahrhunderts, in: Jahrbuch zur Geschichte von Stadt und Landkreis Kaiserslautern 3 (1965), S. 101–120, hier S. 107–113. – Vorliegender Beitrag beruht in weiten Teilen auf der Dissertation: Bernd-Stefan Grewe: Der versperrte Wald. Waldressourcenmangel in der bayerischen Pfalz 1800–1870, Köln u. a. 2004.

2 Johann Peter Kling: Vorschriftsmäßige Behandlung der Domänen-Waldungen in der Kurpfalz [...], Mannheim 1791 (siehe auch: Mosers Forst-Archiv, Bd. 9, Ulm 1790, S. 281–319).

durch *üble Behandlung, Aushauung und Kriegs-Verheerungen sehr in Misstand gerathen,* viele Privatwälder seien *ruinirt.*[3] Die Wälder an der Haardt böten

> *[...] den traurigen Anblick ganz kahler, oder nur mit elendem Gestrüppe bestandenen Berge,* [...] *die nichts produziren und keine Zinsen tragen, während dem der Holzmangel in denen Gemeinden die ihr eigenes Eigenthum in diesen desolaten Zustand versetzt haben, immer sichtbarer wird.*

Die Staatsverwaltung müsse in den Gemeindewäldern nun *durchgreifende Maasregeln andauernd* anwenden, *um größerem Unheil und wirklicher Holznoth zuvorzukommen.* Es könne dem Staat nicht gleichgültig sein, *ob die 273062 Tagewerke Gemeindewald wieder in blühenden Zustand versetzt oder vollends ruinirt* werden sollten.[4] Nur die Forstbehörde könne durch spezielle Aufsicht und Verwaltung für eine gute Bewirtschaftung der Gemeindewälder sorgen. Hier bezog sich Schulze wie einst Kling auf den Legitimationstopos „Holznot", mit dem man herrschaftliche Eingriffe schon in den frühneuzeitlichen Forst-Ordnungen begründet hatte. Das „Gespenst der Holznot" (Schäfer) hatte seinen Schrecken noch nicht verloren. Es handelte sich hierbei um das klassische Krisenszenario der Förster, das meist dann bemüht wurde, wenn man den Einfluss der Forstbehörden ausdehnen und Waldnutzungsrechte anderer beschneiden wollte.[5] Doch war dieses Szenario überhaupt berechtigt? Und wie begegnete man der Gefahr einer Holznot?[6]

In diesem Beitrag wird deshalb zunächst noch einmal holzschnittartig die Bedeutung des Waldes für die vor- und frühindustrielle Gesellschaft skizziert, um die besondere Relevanz einer Holzknappheit für die Zeitgenossen herauszuarbeiten. Im zweiten Teil geht es um wichtige definitorische Grundlagen, bevor dann, drittens, die besonders gravierende Wald-

3 Dieses und die folgenden Zitate aus dem Referat Schultzes finden sich im Landesarchiv Speyer (LASP), Bestand H 5 Kammer der Forsten – 2 Organisation des Forstwesens, fol. 50r–69v. Noch weitaus negativer als die Gemeindewälder schilderte Schultze den Zustand der Geraidewälder: *Unübersehbare Einhänge an den Vorbergen sind blos durch das übertriebene Streuselholen so wüste und öde geworden, dass auch die letzte Holzpflanze verschwunden ist.* Das Streurechen diente der Düngergewinnung und ersetzte im Zuge eines intensivierten Ackerbaus das knappe Stroh im Stall. Dazu werden im Wald die trockenen Blätter und kleinen Zweige zusammengerecht und als Streu zum Binden der tierischen Exkremente in den Stall gebracht.

4 Ein Tagwerk entsprach umgerechnet 3.407,27 m^2, demnach entsprechen 2,93 Tagwerke einem Hektar Fläche. Zeitschrift des Kœniglich Bayerischen Statistischen Bureaus, Erster Jahrgang 1869, p. 140: „Amtliche Zusammenstellung der Verhältnisszahlen für die Umrechnung der im diessrheinischen Bayern bisher giltigen Maasse und Gewichte in die durch das Gesetz vom 29. April 1869, die Maas- und Gewichtsordnung betreffend, festgestellten neuen Maasse und Gewichte."

5 Vgl. Joachim RADKAU: Holzverknappung und Krisenbewußtsein im 18. Jahrhundert, in: Geschichte und Gesellschaft 9 (1983), S. 513–543; Ingrid Schäfer: „Ein Gespenst geht um". Politik mit der Holznot in Lippe 1750–1850. Eine Regionalstudie zur Wald- und Technikgeschichte, Detmold 1992; Joachim ALLMANN: Der Wald in der frühen Neuzeit. Eine mentalitäts- und sozialgeschichtliche Untersuchung am Beispiel des Pfälzer Raumes 1500–1800, Berlin 1989.

6 Zuletzt: Eckart REIDEGELD: Nachhaltige Forstwirtschaft und Holzsparkunst – Frühe Formen des Umgangs mit Ressourcenknappheit, in: Leviathan 42 (2014), S. 433–462; Günther SCHULZ/Reinhold REITH (Hgg.): Wirtschaft und Umwelt vom Spätmittelalter bis zur Gegenwart. Auf dem Weg zu Nachhaltigkeit? Erträge der 25. Arbeitstagung der Gesellschaft für Sozial- und Wirtschaftsgeschichte vom 3. bis 6. April 2013 in Salzburg, (VSWG, Beiheft 233), Stuttgart 2015.

ressourcenkrise im 19. Jahrhundert näher untersucht wird. Am Beispiel der Pfalz werden im vierten Teil die zeitgenössischen Reaktionen auf eine solche Krise näher analysiert und abschließend, fünftens, anhand ihrer Folgen beurteilt.

1. Die materielle Bedeutung der Waldressourcen vor der Industrialisierung

Die materielle Bedeutung des Waldes war für die Zeit vor der Industrialisierung kaum zu überschätzen. Für Werner Sombart handelte es sich um dabei um das „hölzerne Zeitalter" (Sombart).[7] Bis in die Gegenwart ist Holz als Baumaterial nahezu unersetzlich, regional wurden Eichenstämme vor allem für die tragenden Balken der Zwischengeschosse und das Fachwerk verwendet, in das Äste geflochten wurden, die dann mit einem Lehm-Stroh-Gemisch verputzt wurden. Die Dachstühle waren hingegen oft aus leichterem Nadelholz. Nicht nur die Wohnhäuser in Stadt und Land bestanden zu einem beträchtlichen Teil aus Holz. Insbesondere die Nebengebäude, also die Ställe, Scheunen und Schuppen waren oft reine Holzbauten.[8] Die Gebäude waren den Witterungseinflüssen ausgesetzt und weil es keine effektiven Methoden der Holzimprägnierung gab, musste das an den Außenseiten verbaute Holz regelmäßig ersetzt werden.[9] Das galt in gleichem Maße auch für die vielen Hölzer, die im Obst-, Wein- und Gartenbau verwendet wurden. Weil sie im feuchtkalten Boden schnell verrotteten, mussten sie in wesentlich kürzeren Abständen ersetzt werden als heute. Im Weinbau musste man die Rebzeilen noch im Kammertbau (an Holzgerüsten) anpflanzen, weil Draht bis in die 2. Hälfte des 19. Jahrhunderts zu schwierig herzustellen und damit zu teuer war.[10]

Auch im Innern der Gebäude war das meiste aus Holz: das galt für die Verschalung von Wänden, für die Dielen und Böden, die Möbel, die Türen, Fensterrahmen und Läden. Von der Wiege bis zur Bahre waren die Menschen auf hölzerne Gegenstände angewiesen. Denn auch das Werkzeug und die Fortbewegungsmittel waren aus ihm gefertigt; von der Schubkarre über den Leiterwagen bis zur Kutsche und später den Eisenbahnwagons waren die meisten Verkehrsmittel ebenfalls aus der Ressource Holz.[11] Besonders viel hochwertiges Holz wurde für den Schiffsbau benötigt, die Holzflößerei auf dem Rhein und seinen Nebenflüs-

7 Werner Sombart: Der moderne Kapitalismus. Historisch-systematische Darstellung des gesamteuropäischen Wirtschaftslebens von seinen Anfängen bis zur Gegenwart Bd. 2: Das europäische Wirtschaftsleben im Zeitalter des Frühkapitalismus. Zweiter Halbband, (2. Aufl. 1916) ND, Berlin 1969.

8 Diese Nebengebäude wurden bei der Diskussion um die Holznot oft übersehen.

9 August Pfannenschmidt: Die Conservation des Holzes nach allen vorhandenen ältesten und neuesten Methoden, Quedlinburg/Leipzig 1848.

10 Friedrich von Bassermann-Jordan: Geschichte des Weinbaus, 2 Bde., Landau [2]1991, S. 226–229.

11 Zur Relevanz des Holzes: Johann Georg Krünitz: Holz, in: Oeconomische Encyclopädie. Bd. 24, Berlin 1781, S. 457–970. Die große Bedeutung des Holzes spiegelt sich auch in der Länge des Artikels von über 500 Seiten wider. Vgl. J[ohann] S[amuel] Ersch/J[ohann] G[ottfried] Gruber (Hgg.): Allgemeine Encyklopädie der Wissenschaften und Künste. Zweite Section H-N, Leipzig 1833, S. 115–196.

sen in die Niederlande entwickelte sich zu einem der wichtigsten Exportzweige im 18. Jahrhundert.[12]

Als Werkstoff für die Holzhandwerke eigneten sich nicht alle Holzarten, hier waren je nach Verwendungszweck andere Eigenschaften gefragt, etwa Härte, Gewicht oder Elastizität. Je spezialisierter das Handwerk, desto größere Erwartungen wurden an den Werkstoff gestellt, hier sei nur auf die Furnierschreiner oder die Instrumentenbauer verwiesen. Umgekehrt konnten aber viele Alltagsgeräte vom Rechen bis zu Werkzeuggriffen von geschickten Menschen eigenständig repariert oder ersetzt werden.[13]

In all diesen Funktionen war das Holz nicht zu ersetzen. Das meiste Holz wurde allerdings als Energielieferant verbrannt: Ohne Holz ließ sich kein Brot backen, keine Würste und kein Schinken räuchern, kein Tongefäß oder Steingut brennen, konnte nicht gekocht und auch keine Wäsche gemacht werden. Als Heizmaterial wurde es in offenen Feuerstellen und Kaminen, später auch in Kachelöfen und Eisenherden verbrannt und lieferte die benötigte Wärme.

Zu den größten Holzverbrauchern gehörten die Eisenhütten, die bis zur Einführung des Puddelverfahrens (ab den 1830er Jahren verstärkt auch in deutschen Hüttenbetrieben) auf Holzkohle angewiesen waren, um das Eisenerz zu verhütten. Hierfür konnte man noch nicht auf Steinkohle zurückgreifen, da mit Steinkohle verhüttetes Eisen kaltbrüchig wurde.[14] In oft abgelegenen Wäldern schichteten Köhler große Kohlenmeiler auf und verkauften die hergestellte Holzkohle an die Hüttenbetriebe.

Ein weiteres früh kommerziell genutztes Waldprodukt war die Lohrinde, die meist in Eichenschälwaldungen gewonnen und insbesondere für das Gerben von Leder benötigt wurde. Dazu wurde die gerbstoffreiche Rinde von jungen Eichen vom Baum geschält, getrocknet und gemahlen, während die geschälten jungen Stämme abstarben und verfeuert werden konnten.[15]

Weitere Nebenprodukte waren für verschiedene Gewerbe unverzichtbar: Pottasche wurde nicht nur für die Glasverhüttung benötigt, sondern auch als Lauge für Seife und Bleichmittel sowie für chemische Prozesse bei der Farbherstellung. Die Asche des Hausbrands wurde für die Wäsche benötigt, oft aber auch zusammen mit jener aus den Kohlen-

12 Dietrich EBELING: Der Holländerholzhandel in den Rheinlanden. Zu den Handelsbeziehungen zwischen den Niederlanden und dem westlichen Deutschland im 17. und 18. Jahrhundert, Stuttgart 1992.

13 Vgl. Joachim RADKAU/Ingrid SCHÄFER: Holz. Ein Naturstoff in der Technikgeschichte, Reinbek bei Hamburg 1987. Eine überarbeitete Ausgabe erschien unter dem Titel: Joachim RADKAU/Ingrid SCHÄFER: Holz. Wie ein Naturstoff Geschichte schreibt, München 2007.

14 Vgl. Rainer FREMDLING: Technologischer Wandel und internationaler Handel im 18. und 19. Jahrhundert. Die Eisenindustrien in Großbritannien, Belgien, Frankreich und Deutschland, Berlin 1986.

15 Zur regionalen Gerberei: Helmut SEEBACH: Altes Handwerk und Gewerbe in der Pfalz. Pfälzerwald. Waldbauern, Waldarbeiter, Waldprodukten- und Holzwarenhandel, Waldindustrie und Holztransport, Annweiler-Queichhambach 1994. Grundlegend: Klaus SCHLOTTAU: Von der handwerklichen Lohgerberei zur Lederfabrik des 19. Jahrhunderts. Zur Bedeutung nachwachsender Rohstoffe für die Geschichte der Industrialisierung, Opladen 1993.

meilern als Pottasche noch einmal durch Sieden konzentriert. Pottasche war wichtig als Weichmacher und Bleichmittel, sie wurde aber auch weiterverkauft an die Glasmacher, die sie zur Glasherstellung brauchten. Für den Schiffs- und Bootbau benötigte man Dichtungsmittel für das Kalfatern der Fugen zwischen den Planken, hierfür und zum Konservieren des Tauwerks brauchte man große Mengen Holzteer (regional auch als Pech bezeichnet), das in Pechöfen meist aus harzhaltigen Kiefernhölzern gewonnen wurde. Eine wichtige Rolle spielte es als Schmiermittel für die Achsen von Kutschen und Karren, aber auch für Mühlen und Hammerwerke. Pech wurde außerdem zur Desinfektion und als Wundpflaster verwendet und war ein begehrtes Fernhandelsgut. Der in Öfen anfallende Ruß wurde zu Tinte, Druckerschwärze und Schuhwichse weiterverarbeitet. Harz wurde wiederum durch das Anritzen der Bäume gewonnen und als Leuchtmittel (Kienspäne, Fackeln) sowie zum Herstellen von Lacken und Farben verwendet. Die meisten dieser Nebenprodukte waren in der vorindustriellen Zeit ebenso unverzichtbar wie das Holz.

Für die Bevölkerung auf dem Land hatten die Wälder jedoch meist noch eine andere materielle Bedeutung: Der Wald übernahm als landwirtschaftliche Reservefläche und „bäuerlicher Nährwald“ (Selter) wichtige Funktionen für die Landbevölkerung.[16] Hier wurde nicht nur Holz geschlagen und Totholz aufgelesen. Auf den vielen Lichtungen und in den Laubwäldern weideten auch Rinder, Pferde, Ziegen und Schafe. Schweine wurden zur Mast in Eichen- und Buchenwälder getrieben. Wald war vielerorts eine zusätzliche Weidefläche und ein unverzichtbarer Futterlieferant für das oft magere Vieh. Von den Förstern und den Waldbesitzern, die gerne viel Holz produzieren und verkaufen wollten, wurde die Waldweide nicht gern gesehen. Denn das weidende Vieh fügte dabei insbesondere den Jungpflanzen großen Schaden zu und sorgte dafür, dass die Wälder des Ancien Régime weitaus mehr Lichtungen, Waldwiesen und artenreiche Übergangszonen zwischen Wald und Weide aufwiesen als die aufgeforsteten Wälder unserer Tage. Vielerorts wurde deshalb die Waldweide auf bestimmte Monate im Jahr und auf Waldbestände mit großen Bäumen begrenzt, während Jungbestände zum Schutz vor den hungrigen Mäulern eingehegt werden mussten. Die entstehende Forstwirtschaft sah das Holz als Hauptnutzung des Waldes an, alle anderen Nutzungsformen wurden entsprechend als *Nebennutzungen* bezeichnet und der Holznutzung nicht nur in sprachlicher Hinsicht untergeordnet. Wo immer es rechtlich und politisch möglich war, wurden deshalb die traditionellen und in *Servituten* festgeschriebenen Waldnutzungsrechte der Bevölkerung beschränkt oder abgelöst.[17]

Diese traditionellen landwirtschaftlichen Nutzungen nahmen im Zuge der steigenden Bevölkerung und mit den Agrarreformen zunehmenden Viehdichte tendenziell zu, so dass es

16 Bernward Selter: Waldnutzung und ländliche Gesellschaft. Landwirtschaftlicher „Nährwald“ und neue Holzökonomie im Sauerland des 18. und 19. Jahrhunderts, Paderborn 1995. Eine forsthistorische Beurteilung dieser *Nebenutzungen*: Karl Hasel: Die Beziehungen zwischen Land- und Forstwirtschaft in der Sicht des Historikers, in: Zeitschrift für Agrargeschichte und Agrarsoziologie 16 (1968), S. 41–159.

17 Kurt Hasel: Forstgeschichte. Ein Grundriß für Studium und Praxis, Hamburg, Berlin 1985.

vielerorts zu ihrer Beschränkung keine ökologische Alternative gab, wenn man den Wald als solchen erhalten wollte. Aber im Zuge der Agrarreformen an der Wende zum 19. Jahrhundert kam es nicht nur hinsichtlich der Futterversorgung zu neuen Anforderungen an den Wald. Denn nun gingen viele Bauern zur ganzjährigen Stallfütterung über, wobei das Laubstreifen und Grasschneiden im Wald das knappe Futterangebot ergänzte. Ziel der Stallhaltung war vor allem das Gewinnen von Dünger, um so die Produktivität der Felder zu erhalten oder zu steigern. Hierzu wurde vor allem in den Genossenschafts- und Gemeindewaldungen das Laub auf dem Waldboden zusammengerecht und als Einstreu (Waldstreu) in die Ställe gebracht, um die Exkremente des Viehs zu binden und sie als Dünger zu nützen. Insbesondere für den ärmeren Teil der Bevölkerung, der gerade in Realteilungsgebieten oft über kein oder nur sehr wenig eigenes Land verfügte, blieben die gemeinsam genutzten Flächen unverzichtbar, um eine eigene Kuh oder Ziege halten zu können.[18] Als mit der verbesserten Nahrungsversorgung und insbesondere nach Einführung der Kartoffel der Bevölkerungsdruck auf die Fläche insgesamt stark zunahm, bedeutete dies gleichzeitig auch ein Ausweichen auf die weniger produktiven Reserveflächen, auf Allmenden und Wälder. Je mehr die Kartoffel als günstiges Nahrungsmittel auch das Getreide verdrängte, umso stärker ging auch die Strohproduktion zurück. Weil nun mehr Vieh auch in den Ställen gehalten wurde, der Dünger für die Fruchtwechselwirtschaft und den intensivierten Ackerbau benötigt wurde, bestand ein Strohmangel, der durch das Waldstreurechen kompensiert wurde.[19] Gerade auf nährstoffarmen Waldböden wie etwa im Buntsandsteingebirge des Pfälzerwalds schädigte aber diese Entnahme der Humusschicht das Baumwachstum sehr stark.[20]

Aus der försterlichen Perspektive der Holzzucht waren die *Nebennutzungen* deshalb wo immer möglich einzuschränken oder aus dem Wald zu verbannen. Weil die meisten herrschaftlichen Wälder aber mit jahrhundertealten Nutzungsrechten, den so genannten *Servituten*, belastet waren, entstand hier ein beträchtliches Konfliktpotential. Die Förster bekamen immer wieder zu hören, *dass der Wald weit weniger Wichtigkeit wegen des Holzes als wegen des Streuwerks für die Landschaft habe.*[21] Zu jener Zeit, als diese Waldberechtigungen

18 Werner WEIDMANN: Die wirtschaftlich-sozialen Hintergründe der Pfälzer Revolution von 1848/49 und die sozialrevolutionären Umsturzversuche, in: Jahrbuch zur Geschichte von Stadt und Landkreis Kaiserslautern 22/23 (1984/85), S. 19–58, hier S. 32. Grundlegend zur pfälzischen Landwirtschaft im 19. Jahrhundert: DERS.: Die pfälzische Landwirtschaft zu Beginn des 19. Jahrhunderts. Von der Französischen Revolution bis zum Deutschen Zollverein, Saarbrücken 1968. Vgl. Johann Nepomuk SCHWERZ: Beobachtungen über den Ackerbau der Pfälzer, Berlin 1816.

19 Zur Ausdehnung der Streunutzung: Die Forstverwaltung Bayerns, beschrieben nach ihrem dermaligen Stande vom Königlich Bayerischen Ministerial-Forstbureau, München 1861, S. 256f. (Staatsforsten), S. 366f. (Gemeindewälder) und S. 400f. (Privatwälder).

20 Vgl. Eduard NEY: Die natürliche Bestimmung des Waldes und die Streunutzung. Ein Wort der Mahnung an die Gebildeten, Dürkheim 1869.

21 [Karl Ludwig MARTIN/Jakob STADTMÜLLER]: Forstlich-charakteristische Skizze der Waldungen auf dem bunten Sandsteingebirge der Pfalz, welche hier unter dem Namen „Pfälzerwald“ bezeichnet werden, und Hauptwirthschaftsregeln für dieselben. Verfaßt in Gemäßheit der Comité-Beschlüsse vom 3. bis 7. August 1843, Speyer 1845, S. 53.

entstanden, war die Stallfütterung noch nicht verbreitet, so dass es keine entsprechend verbrieften Waldnutzungsrechte gab.[22]

Eine Übernutzung des Waldes und der Verlust seiner Ressourcen waren daher für die Zeitgenossen ein wahrhaftes Horrorszenario, die Furcht vor der *Holznot* beherrschte die waldbezogenen Diskurse im 18. und 19. Jahrhundert.

2. „Holznot im Kopf“ und „Zustand vor Ort“ – zeitgenössische und historiographische Holznotdebatten

Klagen über *Holzmangel* und die *Holznot* waren ein so verbreitetes Phänomen, dass manche Forscher für die Zeit des ausgehenden 18. Jahrhunderts sogar von einem „Holznotalarm“ (Radkau) sprechen: Von Oberbayern bis Ostpreußen, von Baden bis ins Bergische Land, in Freien Reichsstädten ebenso wie in neu aufblühenden Gewerbeorten, war die Klage über die Holznot deutlich zu vernehmen. Fast überall im deutschen Sprachraum und in den meisten mitteleuropäischen Regionen bildeten *Holzmangel* und *verwüstete Wälder* eine Dauerklage. Hochdotierte Preisausschreiben wurden veranstaltet, wie dem Holzmangel am besten abzuhelfen sei. Eine Flut von Schriften zum Thema Waldzerstörung, Holznot und Holzsparmaßnahmen ergoss sich über den Buchmarkt. Alle redeten von der Holznot.[23]

Dabei waren Mangelerscheinungen in der vorindustriellen Zeit ein häufiges und geradezu alltägliches Problem. Immer wieder hatten Bevölkerung und Gewerbe mit Nahrungsmittelknappheiten oder Rohstoffmangel zu kämpfen, so dass jeder über eigene Knappheitserfahrungen verfügte. In der kleinen Eiszeit konnten Missernten schnell zu mehrjährigen Hungerkrisen führen, allerorten fehlte es an Dünger und oft mangelte es an Nahrungsmitteln und Futter für das Vieh, auch die Gewerbebetriebe mussten immer wieder ihre Arbeit aus Mangel an Rohstoffen einstellen. Trotzdem besaß die befürchtete Holznot eine bedrohlichere Qualität, weil man wusste, dass demgegenüber etwa Nahrungsmittelknappheiten nicht von Dauer waren und beispielsweise kurzfristig durch Getreideimporte behoben werden konnten. Andere Knappheiten, wie etwa der Lumpenmangel in der Papierherstellung, betrafen nur einzelne Gewerbe oder Bevölkerungsgruppen, so dass sie die Mehrheit unberührt ließen.[24] Eine echte Holznot hätte hingegen die gesamte Gesellschaft erfasst und sich

22 Die Landwirthschaft in Bayern. Denkschrift zur Feier des fünfzigjährigen Bestandes des landwirthschaftlichen Vereines in Bayern, München 1860, S. 426: *Fast auffallend sagen die alten Nachrichten, dass die Streunutzung aus dem Walde erst in den letzten 60–80 Jahren – also seit Einführung der Stallfütterung, Einengung der Gemeindeweiden, Einführung des künstlichen Futterbaues und intensiven Wirthschaftsbetriebes überhaupt, so arg geworden wäre.* Vgl. Max Endres: Die Waldbenutzung. Vom 13. bis Ende des 18. Jahrhunderts. Ein Beitrag zur Geschichte der Forstpolitik, Tübingen 1888, S. 53.

23 Vgl. Radkau: Holzverknappung (wie Anm. 5), S. 519–522 und 531f.

24 Vgl. Günter Bayerl/Karl Pichol: Papier. Produkt aus Lumpen, Holz und Wasser, Reinbek bei Hamburg 1986; Reinhold Reith: Vom Umgang mit Rohstoffen in historischer Perspektive. Rohstoffe und ihre Kosten als

wegen des langsamen Wachstums der Bäume nicht innerhalb weniger Jahre wieder beheben lassen. Wegen seines hohen Gewichts konnte Holz auch nur über kurze Strecken oder in Fließrichtung der flößbaren Gewässer transportiert werden, so dass seine hohen Transportkosten einen Ausgleich mit anderen waldreicheren Regionen verhinderten. Das unterschied eine Holznot von anderen Knappheiten.

Schon im 16. Jahrhundert finden sich in Forstordnungen aus allen Teilen des Reiches immer wieder Verweise auf Holznot und Waldverwüstungen. Ein regionales Beispiel ist die 1766 erlassene Forstordnung des Klosters St. Blasien im Schwarzwald. Hier heißt es in der der Präambel des Forstgesetzes:[25]

> *Die Ursache, warumen diese Forst- und Waldordnung verfasset ist, daß der sich bald aller Orten äussernde Holz-Mangel nach und nach in das Innerste des Schwarzwaldes sich eindringen.*

Die Holzmangelklage wurde in den Forstordnungen der Frühen Neuzeit oft wiederholt und galt in ihrer häufigen Frequenz lange als ein Beleg für die Holznot.[26] Doch diese so oft gewählte Legitimationsform wird äußerst fragwürdig, wenn etwa in einer kurkölnischen Forstordnung von 1666 der Holzmangel als Hauptbegründung für ihren Erlass angeführt wurde. Derart kurze Zeit nach dem Dreißigjährigen Krieg mit dem gewaltigen Bevölkerungsrückgang und dem Darniederliegen der Eisenverhüttung erscheint eine solche Klage höchst unrealistisch. Außerdem entsprach der Text fast wörtlich einer früheren Ordnung von 1590. Dies verstärkt vielmehr den Eindruck, es habe sich hierbei um eine ständig wiederkehrende Formel gehandelt.[27] Nur allzu oft waren sehr manifeste finanzielle Interessen der Landesherrschaft das tatsächliche Motiv für den Erlass von Forstordnungen.

Doch das Holznotargument wurde nicht nur durch die Landesherren zur Legitimation ihrer forstlichen Regelungsansprüche verwendet. Schon bald griffen die von den Regelungsversuchen betroffenen übrigen Waldnutzer die Argumente der *Holznot*, der *Waldverwüstung* und der (obrigkeitlichen) *Willkür* auf und wendeten sie in bestimmten Konflikten gegen die Landesherrschaft, um ihrerseits eigene Interessen zu verteidigen.[28] Neben der Holznot als Legitimationsformel für die jeweilige Herrschaft trat also ein konkurrierender Gebrauch des Arguments für eigene wirtschaftliche Interessen. Holzverbraucher, und innerhalb dieser Gruppe in erste Linie die Betreiber von Eisenwerken und Glashütten, sahen mitunter ihre Holzversorgung bedroht oder konnten nicht mehr genug Holz für ihre Produk-

ökonomische und ökologische Determinanten der Technikgeschichte, in: Johann Beckmann-Journal 7 (1993), S. 87–99.

25 Zitiert nach: Johannes BRÜCKNER: Der Wald im Feldberggebiet. Eine wald- und forstgeschichtliche Untersuchung des Südschwarzwaldes (Veröffentlichungen des Alemannischen Instituts, 28), Bühl/Baden 1970, S. 76.

26 August SCHWAPPACH: Handbuch der Forst- und Jagdgeschichte Deutschlands, Bd. 1, Berlin 1886, S. 280–284 (die wichtigste Quelle für das Studium der forstlichen und jagdlichen Verhältnisse).

27 SELTER: Waldnutzung und ländliche Gesellschaft (wie Anm. 16), S. 78 u. S. 137.

28 Vgl. Christoph ERNST: Den Wald entwickeln. Ein Politik- und Konfliktfeld in Hunsrück und Eifel im 18. Jahrhundert, München 2000, S. 329f.

tion erhalten. Hintergrund war, dass in vielen Territorien den Eisenhütten besondere Bezugsbedingungen und vergleichsweise günstige Holzpreise garantiert worden waren. Wenn sie dennoch über Holzmangel klagten, so ging es meist darum, diese besonderen Vorrechte gegenüber anderen Ansprüchen zu verteidigen oder sogar auszudehnen.[29]

Auch viele Zeitgenossen standen derartigen Klagen über Holzmangel sehr skeptisch gegenüber. So kommentierte der Westfälische Anzeiger im Jahr 1801:

> *Die schon privilegirten Hammerbesitzer behaupten, daß Holzmangel vorhanden, und der Supplicant, daß Holz im Überfluß da sey, er bring auch allenfalls Atteste davon bei. Kaum hat er aber erlangt, was er suchte: so singt er das allgemeine Klagelied über Holzmangel melodisch mit.*[30]

Diese Überlegungen machen deutlich, dass eine weitere Untersuchung des Holznotdiskurses wenig Erkenntnisse zur Frage liefern kann, ob es tatsächlich eine Holznot gegeben hatte. Wegen dieser Widersprüchlichkeit der Quellen ist sich auch die historische Forschung hier keineswegs einig: Für die Forstverwaltung und die an den forstwissenschaftlichen Fakultäten beheimatete Forstgeschichte galt die „Holznot“ bis in die 1980er Jahre als eine feststehende Tatsache. „Die Holznot hat die Forstwirtschaft geboren“, heißt es etwa im forsthistorischen Lehrbuch Kurt Mantels von 1990.[31] Fast alle Forsthistoriker rechneten es dem eigenen Berufsstand als Verdienst an, dass die Wälder in der Folgezeit nicht gänzlich verschwunden waren, sondern im Laufe des 19. Jahrhunderts zu neuer Blüte gebracht werden konnten.[32]

Als der Bielefelder Umwelthistoriker Joachim Radkau 1983 seine „revisionistischen Betrachtungen über die Holznot“ anstellte, löste er damit eine über Jahrzehnte dauernde historiographische Debatte aus.[33] Er zog den Aussagewert von Quellen in Zweifel, die wie die landesherrlichen Forstordnungen und die Holzmangelklagen durch Hüttenwerksbetreiber bislang als Beleg für die Holznot galten. Zugleich verwies Radkau unter Berufung auf die Sparofenliteratur vorhandene, aber noch ungenutzte technische Alternativen und wirtschaftliche Reaktionsmöglichkeiten der Zeitgenossen. Damit stellten er und seine Mitarbeiterin Ingrid Schäfer das bis dato geltende Paradigma von der Holznot gänzlich in Frage. Weil die Landesherren außerdem stark an hohen Holzpreisen interessiert waren, sah Schäfer in der beklagten Holznot nur ein „Instrument staatlichen Handelns“, um eigene Interessen durch-

29 Schäfer: Ein Gespenst geht um (wie Anm. 5), S. 179f; Joachim Radkau: Zur angeblichen Energiekrise des 18. Jahrhunderts: Revisionistische Betrachtungen über die „Holznot“, in: VSWG 73 (1986), S. 1–37, hier S. 6.

30 Burkhard Dietz: Wirtschaftliches Wachstum und Holzmangel im bergisch-märkischen Gewerberaum vor der Industrialisierung, o.O. 1997, S. 167.

31 Kurt Mantel: Wald und Forst in der Geschichte. Ein Lehr- und Handbuch, Alfeld/Hannover 1990, S. 321.

32 Hasel: Forstgeschichte (wie Anm. 16), S. 187; vgl. Eberhard Elbs: „Holznot“ und „Holzsparkunst“. Zur Krise des Waldes im 18. Jahrhundert, in: Schwäbische Heimat 38 (1987), S. 297–306. – Die Forstgeschichte vor 1990 wurde von Männern dominiert und Forsthistorikerinnen wie Elisabeth Johann zu Unrecht marginalisiert.

33 Radkau: Energiekrise (wie Anm. 29).

zusetzen.[34] Ähnlich bezweifelte auch Joachim Allmann die reale Existenz einer Holznot in der Frühen Neuzeit. In seiner sozial- und mentalitätsgeschichtlichen Untersuchung zur Pfalz interpretierte er die in den herrschaftlichen Forstordnungen beklagten Waldzerstörungen und den Holzmangel ebenfalls als ein Argument zur Durchsetzung der herrschaftlichen Ordnung.[35] Diese im Folgenden vereinfachend mit dem Schlagwort „revisionistisch" bezeichnete Position sah im historischen Holznotstreit immer auch die politische Frage, wer die Kontrolle über eine wirtschaftlich einträgliche Ressource besaß.

Wie fast immer zog eine so kontrovers geführte Debatte weitere Forschungen nach sich, hervorzuheben sind hier zunächst die zeitgleich entstandenen Studien des historischen Geographen Winfried Schenk und des Historikers Bernward Selter, die hinsichtlich der Holznot eine eher neutrale oder unentschiedene Haltung einnahmen.[36] Sie nahmen die quellenkritischen Einwände der Revisionisten auf, leugneten aber nicht, dass es in den untersuchten Regionen zu teilweise sehr ernsten Versorgungsengpässen mit Holz gekommen war. Ihre eigentliche Leistung liegt jedoch darin, dass sie das Augenmerk der Forschung nicht mehr nur auf die Holzproduktion lenkten. Sie arbeiteten vielmehr heraus, wie eng Land- und Forstwirtschaft bis in die Mitte des 19. Jahrhunderts miteinander verwoben waren, so dass sich etwa Agrar- und Forstreformen oft nur dann durchsetzen ließen, wenn sie aufeinander abgestimmt waren. Konsequenzen dieser Zusammenhänge für die Holznotdebatte vermochten sie jedoch noch nicht zu ziehen.

Seit der Mitte der 1990er Jahre befasste sich eine neue Generation Historiker und Landschaftsökologen mit der Holznot, und vollzog eine klare konzeptionelle Trennung zwischen der Rhetorik von der Holznot („Holznot im Kopf") und der Realität in den Wäldern („Zustand vor Ort"). Sie lösten sich vom bisherigen Streit um verschiedene Lesarten der Quellen und zogen weitere Quellentypen in ihre Untersuchungen ein. So unterschied Christoph Ernst in seiner Dissertation zur Waldentwicklung in Kurtrier im 18. Jahrhundert explizit zwischen harten und weichen Indikatoren für eine Holznot.[37] Die Holzvorratsberechnungen der zeitgenössischen Förster führten ihn zum Ergebnis, dass eine regionale Holznot

34 SCHÄFER: Ein Gespenst geht um (wie Anm. 5), S. 179f.

35 Vgl. ALLMANN: Wald in der frühen Neuzeit (wie Anm. 5).

36 Winfried SCHENK Waldnutzung, Waldzustand und regionale Entwicklung in vorindustrieller Zeit im mittleren Deutschland. Historisch-geographische Beiträge zur Erforschung von Kulturlandschaften in Mainfranken und Nordhessen, Stuttgart 1996; SELTER: Waldnutzung und ländliche Gesellschaft (wie Anm. 16).

37 Zu den weichen Indikatoren, die eine Holznot zwar plausibel machen, sich aber sozial, zeitlich, regional oder qualitativ nicht weiter spezifizieren ließen, zählt ERNST: Den Wald entwickeln (wie Anm. 28): (1) die Holznot-Rhetorik, (2) die Veränderung der Bevölkerungsdichte, (3) die Gewerbeentwicklung, (4) Mengenrechnungen des Bedarfs und Verbrauchs, (5) Preisbewegungen, (6) die Holzsparliteratur sowie (7) Quellen wie Reiseberichte oder Zeitungen, die von einer Holznot berichten. Quellen, die als harte Indikatoren herangezogen werden könnten, erlaubten hingegen eine zuverlässige Bewertung des Waldzustandes zu einem bestimmten Zeitpunkt, also Flächenverteilung, Holzvorräte und Bevölkerungsverteilung. Obwohl Ernst zwischen den Waldtypen des Holzproduktionswaldes, des Landwirtschaftswaldes und des Jagdwaldes unterscheidet, beziehen sich seine Ergebnisse in dieser Debatte nur auf den Waldzustand hinsichtlich seiner Holzvorräte und damit nur auf die Holznot, nicht auf eine Waldressourcenknappheit.

gegen Ende des 18. Jahrhunderts in Eifel und Hunsrück zwar noch nicht existierte, aber unmittelbar bevorstand.

Während sich die allgemeine Geschichte in ihren Ergebnissen weg vom revisionistischen Standpunkt hin zu einer vorsichtigen Bejahung regionaler Holznot bewegte, veränderte sich auch die Position einzelner Forsthistoriker an forstwissenschaftlichen Fakultäten. Trotz nach wie vor deutlicher Frontstellung gegen die Revisionisten ersetzte etwa Uwe Eduard Schmidts Habilitationsschrift den Begriff der „Holznot“ durch den einer „Waldressourcenknappheit“.[38] Er unterschied nun zwischen einer prognostizierten, einer faktischen und einer inszenierten Ressourcenknappheit, allerdings ohne offen zu legen, anhand welcher Kriterien er seine Befunde schließlich den drei Knappheitstypen zuordnete. Insgesamt blieb die Forstgeschichte lange einer Argumentationsform verhaftet, die sich zugespitzt als eine „kumulative Argumentation“ bezeichnen lässt, weil die Summe der Belege die systematischen Einwände der Revisionisten zum Schweigen bringen sollte. Ältere Forsthistoriker wie Kurt Mantel hatten hier noch den Kampf um das historische begründete Selbstverständnis ihrer forstlichen Profession ausgefochten, während ihre jüngeren Kollegen und Kolleginnen die Einwände aufnahmen und differenziertere Argumentationen entwickelten. Die These einer allgemeinen Holznot kann heute als widerlegt gelten, was aber nicht bedeutet, dass es regional oder lokal nicht zu Holzknappheiten gekommen war.

Für die Untersuchung solcher Knappheiten müssen verschiedene Begriffe etwas schärfer gefasst werden:

- So soll von einer „Holzknappheit“ gesprochen werden, wenn auf einem Holzmarkt das Angebot kleiner ist als die verfügbare Nachfrage.
- Damit nicht zu verwechseln ist eine „Holzverknappung“, die nur auf der Angebotsseite wirksam ist und das Angebot knapper werden lässt, was unterschiedliche Ursachen haben konnte. Verknappungen können logisch betrachtet sowohl auf erschöpfte Wälder, auf gesenkte Hiebsätze oder bestehende Transportprobleme zurückgehen.
- Ein „Holzmangel“ bedeutet hingegen, dass die Nachfrage nicht mehr befriedigt werden kann, entsprechende Aussagen über betroffene Nutzergruppen, die Dauer oder Reichweite müssen dann weiter präzisiert werden.
- Eine „Holznot“ ist die Steigerung eines solchen Mangels, wenn nämlich weite Verbraucherkreise auch für höhere Preise kein Holz mehr erhalten können.
- Noch gravierender ist eine „Holzkrise“, die die Gesellschaft und das Wirtschaftsleben substanziell betrifft und sich auf das gesamte System bezieht, wesentlich dafür ist auch ihre Wahrnehmung als „Krise“ durch die Zeitgenossen.

Weil diese definitorischen Festlegungen aber implizit die försterliche Abwertung der agrarischen Nutzungen als *Nebennutzungen* übernimmt, hingegen aber auch der Mangel an Wei-

38 Uwe Eduard Schmidt: Der Wald in Deutschland im 18. und 19. Jahrhundert. Das Problem der Ressourcenknappheit dargestellt am Beispiel der Waldressourcenknappheit in Deutschland im 18. und 19. Jahrhundert. Eine historisch-politische Analyse, Saarbrücken 2002.

defläche und Futter, an Dünger und Waldstreu ebenfalls berücksichtigt werden soll, bevorzuge ich fortan eine andere Begrifflichkeit. Analog zur „Holzknappheit" etc. ist in diesem Beitrag von einer „Waldressourcenknappheit", „Waldresourcenverknappung" etc. die Rede. Auf diese Weise werden auch die landwirtschaftlichen Waldnutzungen in Definition und Konzeption eingebunden.

3. Regionalstudie: Die Waldressourcenkrise in der Pfalz im 19. Jahrhundert

Weil die Verfügbarkeit von Holz stark von den lokalen Bedingungen abhängig war und sich die Wald- und Agrarlandschaften Mitteleuropas kleinräumig stark unterscheiden, lassen sich potenzielle „Holzkrisen" und „Waldressourcenkrisen" nur in regionalen oder lokalen Fallstudien zuverlässig untersuchen. Die bayerische Pfalz wurde nicht nur wegen ihrer ausgezeichneten Quellenlage und etlicher forsthistorischer Studien als Untersuchungsgebiet gewählt,[39] sondern vor allem weil sie mehrere Merkmale auf sich vereinte, die sich auf eine solche Knappheitskrise verstärkend auswirken konnten: Erstens wies die frühindustrialisierte Pfalz bereits in den 1830er Jahren eine für eine Agrarlandschaft bemerkenswert hohe Bevölkerungsdichte von fast 100 Einwohnern auf den Quadratkilometer auf, obwohl nahezu 40 % der gesamten Fläche aus Wald bestanden.[40] Zweitens stieg die Bevölkerung bis in die Mitte der 1850er Jahre an, fiel dann aufgrund der Auswanderung sogar etwas, so dass sich die Kurve der Bevölkerungsentwicklung auch als ein Erreichen eines gewissen Plafonds beschreiben lässt. Emigrationswellen und stagnierende Bevölkerung legen nahe, dass die maximale ökologische Tragfähigkeit der Region zu diesem Zeitpunkt bereits erreicht gewesen sein könnte. Drittens waren nach der Zollvereinsstatistik die Holzerträge in den bayerischen Wäldern die niedrigsten aller Staaten des Deutschen Bundes – und innerhalb Bayerns wies die Rheinpfalz die niedrigsten Holzerträge auf. Viertens lag die Pfalz am Oberlauf eines Flusssystems und konnte deshalb nicht wie die Niederlande oder England auf dem Wasserweg mit Holz oder Brennstoffen versorgt werden. Fünftens hatte die mehr als zwanzigjährige französische Herrschaft eine einheitliche und moderne Verwaltung geschaffen, in der die

39 Wichtige Arbeiten zur pfälzischen Forstgeschichte: Johann KEIPER: Pfälzische Forst- und Jagdgeschichte mit einem forstlichen und geschichtlichen Übersichtskärtchen, Speyer 1930; Anneliese STURM: Die Wälder des östlichen Nordpfälzer Berglandes. Die Entwicklung der heutigen Forstwirtschaftsformation aus den Waldwirtschaftsformationen während der letzten 300 Jahre, Speyer 1959; Dieter SCHATTNER: Das Forstwesen im Departement Donnersberg während der Franzosenherrschaft (1792–1814). Ein Beitrag zur Wirtschafts- und Verwaltungsgeschichte der Pfalz, Diss. Mainz 1959; ALLMANN: Der Wald in der Frühen Neuzeit (wie Anm. 5); Ute FENKNER-VOIGTLÄNDER: Forsteinrichtung und Waldbau im Elmsteiner Wald unter deutschen und französischen Einflüssen 1760–1860. Ein Beitrag zur Forstgeschichte des Pfälzerwaldes, Freiburg 1992; Joachim KUNTZ: Der Gemeindewald von Haßloch. Ein Beitrag zur Geschichte des Kommunalwalds in Rheinland-Pfalz mit wirtschaftlichem Schwerpunkt, Haßloch 1995; SCHMIDT: Der Wald in Deutschland (wie Anm. 38).

40 Vergleichswerte aus der Europäischen Union von 2016: Europa 117 E/qkm, Frankreich 105,5 E/qkm, Österreich 105,9 E/qkm.

einstigen Herrschaftswaldungen in der Staatsforstverwaltung zusammengefasst waren, die aber zugleich auch die Wälder der Gemeinden und Genossenschaften bewirtschaftete. Regional besaß die bayerische Forstverwaltung den unmittelbaren Zugriff auf mehr als 88 % aller Wälder, so dass Historiker*innen hier auf eine einheitliche und nahezu flächendeckende Quellenlage stoßen. Wo, wenn nicht in der bayerischen Pfalz, würde eine regionale Holznot oder vielmehr eine Waldressourcenkrise aufzufinden sein? Und welche Indizien lassen sich für eine solche Waldressourcenknappheit identifizieren?

Liberale Publizisten wie der spätere Paulskirchenabgeordnete Georg Friedrich Kolb berichteten, dass viele ärmere Einwohner oft unter einem Mangel an Brennholz litten:

> *Nicht selten kommt aber auch der Fall vor, dass einige Familien sich in eine ganz kleine Wohnung theilen müssen. Besonders schädlich ist dies Winters, wo oft Wochenlang kein Fenster geöffnet wird, um das theuere Holz zu sparen.*[41]

Tatsächlich war das Holz in der Pfalz deutlich teurer als andernorts. Hier lagen die Holzpreise zum Teil deutlich über den Durchschnittspreisen der übrigen Regierungsbezirke und sie stiegen zur Mitte des 19. Jahrhunderts noch einmal stark an. Für Bau- und Nutzholz wurde 1858 ein um 72 % höherer Preis bezahlt als 1831, für das Brennholz betrug der Preisanstieg 71 %.[42] Scheinen die hohen Holzpreise auf eine Knappheit hinzuweisen, so gilt diese Schlussfolgerung nur für einen freien Markt. Gerade in der Pfalz aber konnte die Staatsforstverwaltung einen erheblichen Einfluss auf die Preise ausüben, weil sie mehr als 88 % der Wälder bewirtschaftete und damit auch über die auf den Markt gelangende Holzmenge entschied. Hierbei wirkte sich aus, dass die Staatsforstverwaltung dem Finanzministerium unterstellt war und aus politischen Gründen möglichst hohe Überschüsse erzielen sollte. Das sorgte für ein strukturelles Interesse an hohen Holzpreisen und maximalen Finanzerlösen. Im Vormärz drängte die königliche Regierung besonders darauf. Denn je höher die Einkünfte aus Staatsbetrieben wie eben der Forstverwaltung ausfielen, desto weniger war man für den Staatshaushalt auf die Zustimmung des bayerischen Landtags angewiesen und desto weniger politische Zugeständnisse musste man den liberalen Abgeordneten im Gegenzug machen.[43] Die Forstverwaltung setzte deshalb insbesondere ab den 1830er Jahren alle Hebel in Bewegung, um die Holzpreise möglichst nach oben zu treiben. Bei einer so starken Marktmacht kann man hohe Holzpreise nicht als unmittelbaren Ausdruck einer Holznot ansehen, da es sich auch um die Folge eines zur Preissteigerung verknappten Angebots handeln könnte.

Dass die pfälzische Bevölkerung aber von diesen hohen Holzpreisen hart getroffen wurde, zeigte sich an der außergewöhnlich hohen Zahl an Forstdelikten. Holzdiebstähle und so genannte Forstfrevel gelten in der historischen Forschung entweder als ein Zeichen politi-

41 G[eorg] Friedr[ich] Kolb: Statistisch-topographische Schilderung von Rheinbayern, 2 Bde., Speyer 1831/33, S. 93

42 Die Forstverwaltung Bayerns (wie Anm. 19), S. 472.

43 Zur Politik der hohen Holzpreise ausführlich: Grewe: Der versperrte Wald (wie Anm. 1), S. 352–362.

schen Aufbegehrens und damit als ein „sozialer Protest"[44] oder als ein aus materieller Not geborenes Subsistenzdelikt.[45] Zunächst wirken die pfälzischen Gerichtsstatiken so, als handele es sich um eine Form des Protests gegen die ungeliebte bayerische Herrschaft. Denn ihr Höhepunkt fiel genau in den Zeitraum zwischen dem Hambacher Fest von 1832 und der Revolution von 1848/49. In diesen beiden Jahrzehnten erreichten die *Forstfrevel* in der Pfalz herausragend hohe Werte: [46]

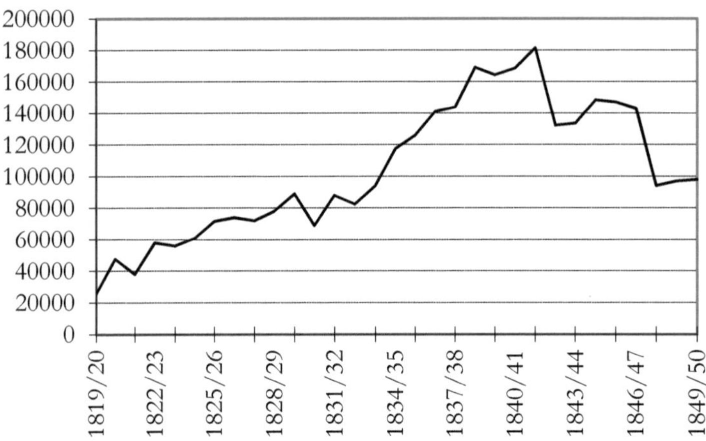

Forstfrevel in der Pfalz 1819–1850 (Kermann)

Jedes Jahr wurden im Regierungsbezirk bis zu 180.000 Delikte gerichtlich geahndet. Setzt man diese Werte in Bezug zur pfälzischen Bevölkerung, die 1816–1849 von 446.000 auf 616.000 Einwohner stieg, dann hatten – rein statistisch gesehen – die bayerischen Förster in einigen Spitzenjahren mehr als ein Viertel der gesamten Bevölkerung wegen Forstfrevel vor Gericht gestellt! Jeder dritte Verstoß gegen die Forstgesetze in Bayern wurde hier begangen (fast genauso viele wie in ganz Frankreich): 38 % der *Holzfrevel*, 19 % der *Weidefrevel*, 48 % der *Grasfrevel* und 65 % der *Streufrevel* entfielen auf die Pfalz.[47] Die ständig weiter verschärf-

44 Dirk BLASIUS: Bürgerliche Gesellschaft und Kriminalität. Zur Sozialgeschichte Preußens im Vormärz, Göttingen 1976, S. 46–49, 138f.

45 Josef MOOSER: „Furcht bewahrt das Holz". Holzdiebstahl und sozialer Konflikt in der ländlichen Gesellschaft 1800–1850 an westfälischen Beispielen, in: Heinz Reif (Hg.): Räuber, Volk und Obrigkeit. Studien zur Geschichte der Kriminalität in Deutschland seit dem 18. Jahrhundert, Frankfurt 1984, S. 43–99.

46 Hambacher Fest 1832. Freiheit und Einheit, Deutschland und Europa. Katalog zur Dauerausstellung, hg. v. Kultusministerium Rheinland-Pfalz, Neustadt [5]1990, S. 77–79, 97 u. 99. Zur Quellenkritik dieser statistischen Angaben: GREWE: Der versperrte Wald (wie Anm. 1), S. 200–218. Vgl. G[eorg] MAYR: Statistik der gerichtlichen Polizei im Königreich Bayern, München 1867, S. 61*, 86* u. 94*.

47 Die Forstverwaltung Bayerns (wie Amn. 19), S. 138–141.

ten Strafen und die bessere Bewachung der Wälder sorgten nicht für eine Abschreckung, sondern verschärften eher die bereits bestehende Armut vieler Familien, denen dann mangels Geldes keine Alternative zur illegalen Versorgung mehr blieb.[48]

Dass die Abschreckung durch Strafen nicht wirkte, zeigt auch das Beispiel des Heidelberger Historikers Georg Weber aus Bergzabern. In seinen Lebenserinnerungen berichtete er von seiner Kindheit in den 1820er und 1830er Jahren. Als einziger Sohn einer Handwerkerwitwe erlebte Weber eine Kindheit in Armut. Eine ständige Sorge des Zweipersonenhaushalts war das Brennholz zum Kochen und Heizen. Um es zu besorgen, ging der junge Georg beträchtliche Risiken ein:

> *Der Wald war meine Heimath. Mittelst 'Steigeisen', die ich mit Lederriemen an die Füße schnallte, und deren spitze Haken ich in die Baumrinde einstemmte, vermochte ich die höchsten glatten Stämme wie ein Eichhörnchen zu erklettern, um in deren Wipfel dürre Aeste mit dem Handbeil abzuhauen, die den Holzbedarf des Hauses lieferten. [...] Die Waldhüter waren mir sehr gram. Ich wurde öfters vor dem Stadtgericht angeklagt und wohl auch manchmal, weil meine Mutter die Geldstrafe nicht aufbringen konnte, auf einige Tage in das 'Stockhaus' eingesperrt, um die Schuld abzubüßen. Ich hatte keine Vorstellung, daß ich eine strafwürdige Handlung begangen hätte. Die Bewohner von Waldorten wissen nicht weiter, als daß der Wald dem Volke gehöre und daß Holzung zum Hausbedarf erlaubt sei. Ihnen den Wald zu verschließen, wo sie Holz und Beeren sammelten, erschien ihnen als ein großes Unrecht.*[49]

Das Beispiel Georg Webers illustriert die großen Probleme der ärmeren Bevölkerung bei der Holzversorgung. Wer es sich finanziell nicht leisten konnte, das Brennholz auf dem Markt oder bei Versteigerungen zu erwerben, der hatte schlichtweg keine andere Wahl, als sich das Holz auf illegalem Wege aus dem Wald zu holen. Wenn der junge Georg mit Steigeisen in die Bäume klettern musste, um dort dürre Äste abzuhacken, wird deutlich, dass sich auf dem Waldboden in der Nähe der Ortschaften nicht mehr genug totes Holz aufsammeln ließ. Man kann sich zu dieser Zeit die Wälder nahe von Ortschaften wie leergefegt vorstellen, alles Tot- und Altholz wurde von Frauen und Kindern aufgesammelt. Das illustriert den enormen täglichen Holzbedarf zu dieser Zeit. Die Anklagen vor Gericht zeigen außerdem, wie stark sich die Obrigkeit um eine Durchsetzung von Recht und Ordnung auch im Wald bemühte. Allerdings machten die massenhaften Verstöße gegen das Forstrecht aber auch klar, dass die neue Ordnung keineswegs auf breiter Front akzeptiert wurde. Im Gegenteil, das Vorgehen der Behörden und das *Verschließen* des Waldes erschien der Bevölkerung als *ein großes Unrecht.* Weil es sich bei den Forstfreveln aber um klassische Subsistenz- oder Armutsdelikte handelte, ist eine Deutung als politischer Protest gegen die bayerische Herrschaft in diesem Fall unzulässig. Anders als während der Revolutionsereignisse von 1848/49 ging es nicht um

48 Bernd-Stefan Grewe: „Darum treibt hier Not und Verzweiflung zum Holzfrevel“. Ein Beitrag zur Sozial-, Wirtschafts- und Umweltgeschichte der Pfalz 1816–1860, in: Mitteilungen des Historischen Vereins der Pfalz 94 (1996), S. 271–295.

49 Georg Weber: Jugendeindrücke und Erlebnisse. Ein historisches Zeitbild, Leipzig 1887.

den Widerstand von *fidelen pfälzischen Schoppenstechern* (Friedrich Engels) gegen die *schwerfälligen, pedantischen altbayerischen Bierseelen*,[50] sondern in erster Linie um das lebensnotwendige Brennholz.

Im Rahmen der Holznotdebatte hatten die Technikhistoriker*innen immer wieder darauf verwiesen, dass zwar ein allgemeiner Holzmangel unwahrscheinlich war, es hingegen zu Engpässen bei speziellen Bau- oder Werkhölzern kommen konnte. Ein solcher Bau- und Werkholzmangel lässt sich in der Pfalz nicht nachweisen, vielmehr wurde in den vierzig Jahren zwischen 1821 und 1861 viel gebaut: allein die Zahl der Wohnhäuser stieg um rund ein Drittel.[51] Und auch die kontinuierliche Entwicklung und der offensichtliche Aufschwung, den die regionalen Holzgewerbe seit den 1850er Jahren nahmen, spricht gegen eine denkbare Werkholzknappheit. Man klagte zwar über die hohen Holzpreise, aber die Produktion und der Export von Holzwaren nahmen trotzdem deutlich zu.[52]

Inwiefern es zu ernsthaften Knappheiten bei anderen Waldressourcen wie Pottasche oder Holzkohle kam, ist ebenfalls zu bezweifeln. Insbesondere für die Pottascheherstellung benötigte man sehr große Holzmengen: Um 1 kg Pottasche zu erhalten, waren durchschnittlich 1.000 kg Holz nötig. Aber 1847 waren in der Pfalz 108 Sieder aktiv, meist im Einmannbetrieb. Ihr Rückgang in den 1850er Jahren war allerdings nicht auf Holzmangel, sondern die aufkommende chemische Industrie mit künstlichem Soda zurückzuführen, die viel günstigere Konkurrenzprodukte herstellen konnte.[53] Ein regionaler Mangel an Lohrinde für die Gerberei bestand ebenfalls bis 1859 nicht und auch danach ging der Bedarf an Eichenrinde für die Lederverarbeitung zurück, als die Lohrinde durch neu eingeführte, billigere Gerbstoffe aus Übersee weitgehend verdrängt wurde.[54] Was wiederum die Holzkohle betrifft, so hielten bemerkenswerterweise ausgerechnet die größten Verbraucher, die fünf pfälzischen Eisenhütten, selbst in den 1870er Jahren noch an der Kohlholzverhüttung fest, als man in

50 So die Polemiken des von der Reichsverfassungskampagne enttäuschten Engels: Friedrich Engels: Die Reichsverfassungskampagne, in: Karl Marx/Friedrich Engels: Werke, Bd. 7, Berlin (Ost) 1960, S. 109–197, hier S. 146.

51 LA Speyer H 3 – 2162 Statistische Notizen, fol. 3v (1821); Beiträge zur Statistik des Königreiches Bayern, hg. vom K. Statistischen Bureau (F.B.W. von Hermann), Bd. 1, München 1850, S. 47; Statistische Einleitung, in: Landes- und Volkskunde der Bayerischen Rheinpfalz. Separat-Abdruck der 2.Abth. des 4.Bandes der „Bavaria", München 1867, S. 162 (1861). – Eine genauere Abbildung der Baukonjunktur anhand jährlicher Angaben ist nicht möglich. Zwischen 1821 und 1861 nahm die Zahl der Wohngebäude um 34 % zu, eine vergleichbare Zunahme (34 %) erreichte die Zahl sämtlicher Privatgebäude von 1835 bis 1861.

52 LA Speyer H 3 – 190a Pfälzische Gewerbe- und Handelskammer. Ordentliche Jahresversammlungen 1857–60; Jahresbericht der Pfälz. Gewerbe- und Handelskammer für 1856 (fol. 67–100), S. 12.

53 Radkau/Schäfer: Holz (wie Anm. 13), S. 118–120; Art. „Pottasche" in: Krünitz, Oekonomisch-technologische Encyklopädie 116, S. 587–596; Hansjoerg Gruber: Die Entwicklung der pfälzischen Wirtschaft 1816–1834. Unter besonderer Berücksichtigung der Zollverhältnisse, Saarbrücken 1962, S. 34–36. – Akos Paulinyi: Die Umwälzung der Technik in den Industriellen Revolution zwischen 1750 und 1840, in: ders./Ulrich Troitzsch (Hgg.): Mechanisierung und Maschinisierung. 1600 bis 1840, (Propyläen Technikgeschichte, Bd. 3) Berlin 1991, S. 271–498, hier S. 417–420.

54 LA Speyer H 5 – 1600 Forststatistik des Königreichs Bayern 1856–1882, „Übersicht der Eichenschälwaldungen und ihrer Erträge im Regierungsbezirke der Pfalz", v. 29.7.1859, fol. 190r–192r.

anderen Regionen längst mit Koks verhüttete. Sie litten allenfalls unter hohen Kohlenholzpreisen, nicht aber unter Knappheit. Um ihre Kosten für die sich verteuernde Kohle zu drücken, nutzten sie aber dabei seit den 1840er Jahren energiesparende Techniken wie das Verhütten mit „warmem Wind“.[55] Zusammengenommen deuten alle diese Indikatoren darauf, dass es in der Pfalz nicht zu einer generellen Holzknappheit oder von Produkten wie Pottasche, Holzkohle oder dem Gerbstoff Lohrinden gekommen war.

Auf Seiten der Verbraucher waren aber die massenhaften Forstdelikte ein eindeutiger Indikator für die Probleme der Landbevölkerung sich auf legalem Wege mit Brennholz, aber auch mit Futter für das Vieh und mit Streu für die Düngerproduktion zu versorgen. Dies darf nicht automatisch mit einer weit verbreiteten Waldressourcenknappheit gleichgesetzt werden. Denn paradoxerweise fand ein Ausgleich zwischen Angebot und Nachfrage ja trotzdem statt, nur eben auf illegalem Wege. Die Forstfrevel, von denen die allermeisten unentdeckt blieben, befriedigten ja eine Nachfrage und konstituierten einen Schwarzmarkt mit gewaltigen Ausmaßen. Wenn etwa Bürgermeister und Gemeinderäte die Unterstützung der Förster bei Hausdurchsuchungen verweigerten, oder die Bevölkerung flüchtigen *Forstfrevlern* Schutz vor Verfolgung bot, schützen sie damit auch eine preiswerte Art der Ressourcenversorgung. Gefreveltes Holz war auf dem Schwarzmarkt billiger zu haben als auf den staatlichen Holzversteigerungen.[56]

Insgesamt kann aber kein Zweifel bestehen, dass viele insbesondere landarme und ärmere Familien sich kaum mehr auf legalem Wege mit Holz, Gras oder Streu versorgen konnten. Der Futter- und Düngermangel hing eng mit der Einführung der reformierten Landwirtschaft zusammen und war also eher der Fortschrittlichkeit der regionalen Landwirtschaft zu verdanken: Hier bewirkte der Wegfall der Brache (in der traditionellen und auch verbesserten Dreifelderwirtschaft) einen erhöhten Düngerbedarf. Zur Düngerproduktion wurde das Vieh nun ganzjährig im Stall gehalten und gefüttert. Gleichzeitig sorgte die Bebauung ehemaliger Weiden (insbesondere vieler früherer Allmenden) dafür, dass das Viehfutter nun gezielt angebaut werden musste. Schon während der französischen Zeit (1792–1814) waren die Weide- und Streunutzungsrechte in den Wäldern stark eingeschränkt worden, so dass die bayerische Verwaltung in dieser Hinsicht wenig veränderte. Außerdem gab es für den Futter- und Düngerbedarf der Landwirtschaft und des Weinbaus keine erkennbare Sättigungsgrenze. Selbst bei einer toleranteren und gleichermaßen auf landwirtschaftliche Nutzungen ausgelegten Forstwirtschaft wäre vermutlich ein solcher Mangel beklagt worden. Die landwirtschaftliche Nachfrage glich hier dem sprichwörtlichen „Fass ohne Boden“, erst die Verfügbarkeit billigen Kunstdüngers sorgte hier für etwas Entspannung.

Trotzdem bleibt festzuhalten, dass die Forstverwaltung den vorhandenen Spielraum kaum bzw. nicht nutzte, um den Wünschen der Landwirtschaft unter Wahrung des Nach-

55 Bruno Cloer/Ulrike Kaiser-Cloer: Eisengewinnung und Eisenverarbeitung in der Pfalz im 18. und 19. Jahrhundert, Mannheim 1984, S. 132–135, 35–37.

56 Grewe: Darum treibt hier Not und Verzweiflung zum Holzfrevel (wie Anm. 48), S. 278–280.

haltigkeitsprinzips stärker entgegenzukommen. Für viele kleine Bauern- und Winzerfamilien verschärfte sich dadurch ihre wirtschaftlich schlechte Lage erheblich. Denn auch der Futter- und Düngermangel war sozial keineswegs gleichmäßig verteilt und zeigte unterschiedliche Grade von Betroffenheit. Ein Großteil der Pfälzer Bevölkerung litt unter Waldressourcenmangel. Die massenhaften Forstdelikte zeigten, dass es sich um eine Waldressourcenkrise handelte, die kein noch so mächtiger Staatsapparat verhindern oder in Grenzen halten konnte.

4. Reaktionen auf die Waldressourcenknappheit

Nachdem in diversen Forstordnungen sowie in der forstlichen Publizistik die Holznot ausgiebig diskutiert worden war, diskutierten die Zeitgenossen des frühen 19. Jahrhunderts mögliche Reaktionen und entwarfen zwei grundsätzliche Lösungsansätze (die sich aber dabei immer nur auf die Ressource Holz bezogen und die agrarischen Nutzungen ausklammerten): Entweder man steigerte das Angebot, in dem man auf der gleichen Fläche mehr Holz erzeugte, oder man zwang die Verbraucher dazu weniger Holz zu verbrauchen.

Das Holzsparen wurde in vielen Antworten auf die Preisausschreiben und in der Öffentlichkeit empfohlen, etwa beim Kochen und Heizen mit eisernen Öfen und Herden sollte das Holz effektiver verbrannt und besser genutzt werden. Man sprach sich für bauliche Maßnahmen aus und forderte ein Verbot der ineffizienten offenen Feuerstätten, die in vielen Häusern und Hütten noch existierten und in denen ein Großteil der Hitze ungenutzt entwich. Stattdessen solle man die Abwärme des erhitzten Eisenofens zum Heizen nutzen.[57] Kaum einer der meist bürgerlichen Autoren berücksichtigte dabei die Frage, wer sich die Investition eines gusseisernen Herdes oder eines Kachelofens überhaupt leisten konnte, an den ärmeren Teil der Bevölkerung dachte man bei diesen Vorschlägen oft nicht.[58] In der Pfalz galt vielerorts schon in den 1830er Jahren der eiserne Ofen als Regelfall, der überwiegend mit Brennholz befeuert wurde. Auf die hohen Holzpreise reagierte man bei günstiger Lage zu Torflagern oder Steinkohlevorkommen durch Ausweichen auf Torf und Kohle, beispielsweise im Landstuhler Bruch (heute gehört ein Großteil der Fläche zur U.S. Airbase Ramstein) heizte man auch mit getrocknetem Torf und in der Nähe zur Saar mitunter auch mit Steinkohle.[59]

57 Rolf Jürgen GLEITSMANN: Rohstoffmangel und Lösungsstrategien. Das Problem vorindustrieller Holzknappheit, in: Technologie und Politik 16 (1980), S. 104–154.

58 Alfred FABER: Entwicklungsstufen der häuslichen Heizung, München 1957, S. 74–79, 81; Konrad BEDAL: Historische Hausforschung. Eine Einführung in Arbeitsweise, Begriffe und Literatur, Münster 1993, S. 95–101.

59 Vgl. KOLB: Statistisch-topographische Schilderung (wie Anm. 41), S. 93; Ludwig SCHANDEIN: Haus und Wohnung, in: Landes- und Volkskunde der Bayerischen Rheinpfalz (=Bavaria, Bd. 4,2), München 1867, S. 191–217, S. 198 (Vorderpfalz), 206 (Westrich). Zur Heizung siehe Fritz SEMMET: Dorf und Bauernhaus in der Pfalz, verfasst als Festschrift zum 50-jährigen Bestehen der Kreisbauschule Kaiserslautern, 1874–1824, Kaiserslautern [2]1927, S. 45: „In der Stube ist seit Einführung der Kohlenfeuerung allgemein die Aufstellung kleiner Plattenöfen oder auch „Saukopföfchen“ üblich. Vorher waren große eiserne, teilweise auch Tonkachelöfen in

Obwohl sich weder die exakte Verbreitung dieser Ofentechnik oder der jährliche Verbrauch in irgendeiner Form quantifizieren lassen, dürften die privaten Ansprüche an Brennstoffe um ungefähr ein Drittel zugenommen haben. Die alternativen Brennstoffe Torf und Steinkohle waren nicht nur wegen der starken Rußentwicklung unbeliebt. Darüber hinaus griff die schwefelhaltige Steinkohle die Kochgefäße an und die beim Brand erzeugte Asche ließ sich nicht mehr als Pottasche weiternutzen.[60]

Wie viele energiesparenden Maßnahmen in der späteren Bundesrepublik (Kampagne „Ich bin Energiesparer“, 1980) zielte auch hier die staatliche Sparpropaganda vor allem auf die privaten Verbraucher. Großverbraucher wie die Hüttenbetriebe oder die Saline in (Bad) Dürkheim wurden von Sparmaßnahmen ausgenommen. Ihnen und den anderen Gewerben wollte man das Holz sichern. Doch erst als die Eisenbahn ab 1849 die saarländischen Kohlereviere mit den Städten am Oberrhein verband, wurde mehr Kohle für den Hausbrand genutzt. Wer aber noch Zugang zu Holz hatte, nutzte dieses oft weiter. Die Sparmöglichkeiten in den meisten Haushalten waren stark begrenzt oder erforderten umfangreiche technische Vorinvestitionen. Wenn also private Haushalte ihre Feuerung trotz der damit verbundenen Nachteile auf Torf oder Steinkohle umstellten, zeigt dies ihre Probleme bei der Brennholzbeschaffung und ist ein zuverlässiger Indikator für ihren Holzmangel. Wer es sich leisten konnte, feuerte ohnehin weiter mit Holz.

Volkswirtschaftlich betrachtet, war die Brennstoffversorgung der Pfalz seit dem Eisenbahnbau gesichert: Steinkohle und Torf verbreiterten die Energiebasis der frühindustriellen Wirtschaft. Die bisherige Forschung zum Wechsel der Hauptenergieträger hat sich stark auf die Frage konzentriert, ob Holzknappheit den Übergang zur Steinkohle erzwang. Diese Vorstellung führt jedoch in eine falsche Richtung: Wenn nämlich einzelne oder viele Verbraucher Brennholz und Holzkohle durch andere Energieträger ersetzten, bedeutete dies aus gesamtwirtschaftlicher Sicht nicht unbedingt eine Substitution. Da die substituierten Holzmengen nun für andere Verbraucher verfügbar wurden, hatte dies vielmehr einen komplementären Effekt, weil insgesamt mehr Brennstoffe zur Verfügung standen. Aus einer partiellen Substitution kann also nicht direkt auf eine vorherige Brennstoffknappheit geschlossen

Gebrauch. Im Pfälzerwaldgebiet verwendete man vor nicht langer Zeit die sogenannten „Hundshütten“, Öfen von rechteckiger, länglicher Kastenform, die den Vorteil hatten, dass man ziemlich große Stücke Holz brennen konnte […]. Über dem Ofen an der Decke ist die Ofenstange angebracht, die zum Wäschetrocknen und Dörren von Heilkräutern dient.“ Allgemein zur Entwicklung der Heizung und speziell zum Problem ihres geringen Effizienz: Faber: Entwicklungsstufen der häuslichen Heizung (Anm. 58), S. 82; Rolf Peter Bitte vor SIEFERLE einsetzen: Rolf Peter Sieferle: Der unterirdische Wald.Energiekrise und industrielle Revolution (Die Sozialverträglichkeit von Energiesystemen, Bd. 2), München 1982, S. 92; Rolf-Jürgen Gleitsmann: „Wir wissen aber, Gott Lob, was wir thuen“: Erfinderprivilegien und technologischer Wandel im 16. Jahrhundert, in: Zeitschrift für Unternehmensgeschichte 30 (1985) H. 2, S. 69–95. Auch in Krünitz' Nachschlagewerk wurde beklagt, dass „nirgends mehr Holz verschwendet“ werde als für die Heizung, Johann Georg Krünitz: Holz, in, Oeconomische Encyclopädie 24, S. 925.

60 Uta Betzhold: Zur Rationalität der Verweigerung der Steinkohlenfeuerung in den westlichen preußischen Provinzen in der zweiten Hälfte des 18. Jahrhunderts, in: Scripta Mercaturae 17 (1983), S. 45–62; Sieferle: Der unterirdische Wald (wie Anm. 59), S. 223–230, 234.

werden. Eine Untersuchung, die von einem gesamtwirtschaftlichen Zwang zur Substitution ausgeht, impliziert schon durch die Leitfrage eine Ressourcenknappheit. Insgesamt erweiterten Torf und Steinkohle das verfügbare Brennstoffangebot, verdrängten das Brennholz aber nicht.

Eine zentrale Rolle spielte der bayerische Staat für den Holzmarkt, indem er sich bemühte, das Angebot zu erhöhen. Dazu wurde die so genannte *rationale Forstwirthschaft* eingeführt, die sich an der Wende zum 19. Jahrhundert formierte. Seit der Mitte des 18. Jahrhunderts hatten sich zunächst Kameralisten wie Kling mit der Frage befasst, wie man die Holzproduktion der Wälder dauerhaft steigern könnte, ohne die Nachhaltigkeit der Versorgung zu gefährden. Die forstliche Nachhaltigkeit war dabei kein ökologisches Prinzip, sondern das ökonomische Ziel nachhaltiger Gewinne. Der bayerische Finanzminister definierte 1821 als Aufgabe der Forstverwaltung, *auf der geringsten Fläche den höchsten und bestmöglichsten Materialertrag mit dem mindesten Aufwand zu erzielen, und den nachhaltigen Ertrag auf das vortheilhafteste zu verwenden.*[61]

Nun entwickelte und verfeinerte man Techniken, um die Waldentwicklung systematisch zu erfassen, den Wald zu planen und zu bewirtschaften. Seit Kling wurden die ersten pfälzischen Wälder vermessen und kartiert, die Waldbestände statistisch erhoben, die weiteren Maßnahmen geplant und neben der Holzernte auch systematische Durchforstungen sowie Pflanzungen und Saaten durchgeführt. Dazu wurden die Wälder im Rahmen der so genannten *Forsteinrichtungsverfahren* systematisch durchgeplant. Man teilte dazu die gesamte Waldfläche entsprechend der geplanten Wachstumsdauer der Bäume in so genannte Flächenfachwerke ein, d. h. in möglichst gleich große Waldbestände. Bei einer Umtriebszeit von 80 Jahren waren dies 80 Fachwerke, wie sie Kling zur Bewirtschaftung vorgesehen hatte. Doch insbesondere die Laubholzbestände im Pfälzerwald wurden mit Umtriebszeiten bewirtschaftet, die mehrere Menschengenerationen zeitlich übersteigen konnten. So werden Eichen, die ihr Wachstum zur Zeit des Hambacher Fests begonnen hatten, noch heute geschlagen. Die Förster setzten meist auf die Hochwaldwirtschaft mit langen Wachstumszeiten von durchschnittlich mehr als 200 Jahren, die vor allem große Massen wertvollen Bau- und Nutzholzes liefern sollten. Die kulturellen Umbrüche mit der rationalen Forstwirtschaft kamen nun in der Entwicklung einer eigenen forstlichen Fachsprache zum Ausdruck: Die Wälder wurden *eingerichtet*, landwirtschaftliche Nutzungen wurden als *Nebennutzungen* abgewertet, die *Forstwirtschaft* und der *Waldbau* bildeten nicht nur in sprachlicher Hinsicht ein Pendant zu *Landwirtschaft* und *Ackerbau*.[62]

Die größte Sorge hatten die Förster des frühen 19. Jahrhunderts allerdings, dass man die noch sehr unübersichtlichen, unregelmäßig bestockten und nach Baumarten heterogenen

61 Bayerisches Hauptstaatsarchiv München, Staatsrat 2134: Die Organisation des Forstwesens 1821, S. 17f.

62 Bernd-Stefan Grewe: Forst-Kultur. Die Ordnung der Wälder im 19. Jahrhundert, in: Stefan Haas/Mark Hengerer (Hgg.): Im Schatten der Macht. Kommunikationskulturen in Politik und Verwaltung 1600–1950, Frankfurt/New York 2008, S. 145–170.

Wälder übernutzen konnte. Zu schlecht ließen sich die artenreichen, mit vielen Lichtungen durchsetzten Bestände in ihrem Wachstum berechnen. Aus Furcht vor der Holznot wurden die Hiebsätze deshalb in den ersten Jahren bayerischer Herrschaft in wörtlichem Sinne sehr konservativ kalkuliert und angesetzt. In den folgenden Jahrzehnten konnten diese Hiebsätze kontinuierlich erhöht werden, so dass sie 1859 um nahezu ein Drittel höher lagen als 1819. Diese Resultate lassen sich auf zwei Arten interpretieren: Entweder war es also gelungen, die Erträge der angeblich *devastirten* Wälder in nur 40 Jahren deutlich zu steigern, oder die Hiebsätze waren anfänglich zu niedrig kalkuliert worden. Das stärkste Argument für eine Unterschätzung der Produktionskraft der Wälder ist, dass die tatsächlichen Ergebnisse der Holzeinschläge die geplanten Holzmengen auf der kalkulierten Fläche deutlich übertrafen. Jedes Mal erhielten die Förster mehr Holz, als sie zuvor berechnet hatten, obwohl sie nicht einmal die gesamte dafür vorgesehene Fläche einschlagen ließen.[63]

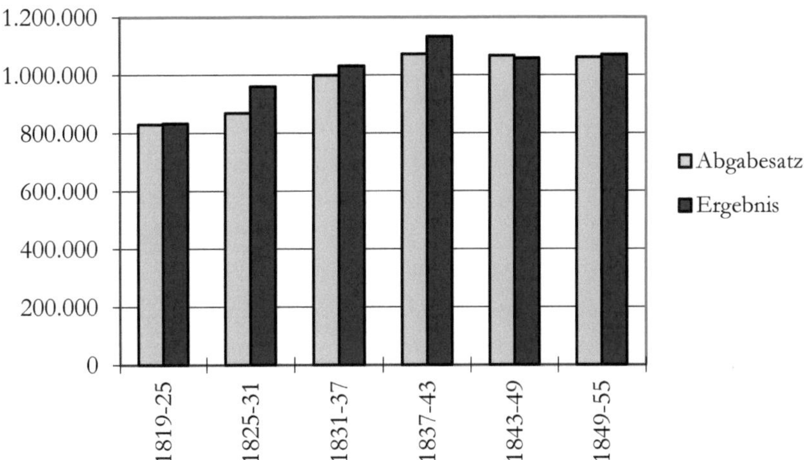

Fällungsergebnis und Abgabesatz im Vergleich. Die bayerischen Staatsforsten 1819–1855 (im bayer. Klafter)

Für diese These spricht auch, dass die Förster in ganz Bayern die künftigen Hiebsätze für die nächste Periode zwischen 1819 und 1837 stets anhoben und höher festlegten als die Fällungsergebnisse des zurückliegenden Zeitraums. Sie wussten also bei ihrer Berechnung bereits mit Sicherheit, dass sie die Leistungsfähigkeit der Wälder unterbewertet hatten. Im pfälzischen Regierungsbezirk gelang es so, die Holzerträge in diesem Zeitraum um ein Drittel zu steigern.[64] Dieser Befund spricht sehr deutlich gegen die hypothetische Annahme, dass die pfäl-

63 Die Forstverwaltung Bayerns (wie Anm. 19), S. 341.

64 Die Forstverwaltung Bayerns (wie Anm. 19), S. 416f.

zischen Wälder übernutzt waren. Wegen des langsamen Wachstums der Bäume ist es nahezu ausgeschlossen, dass es den Förstern gelingen konnte, in nur 40 Jahren die Holzernte so stark zu steigern.

Wenn man außerdem noch eine nicht unbeträchtliche Dunkelziffer an nicht entdeckten Holzfreveln in diesen Wäldern hinzurechnet, dann ist der Schluss offensichtlich, dass die Wälder mehr Holz produzierten, als die Statistiken der Staatsforstverwaltung auswiesen. Auch in den folgenden Jahrzehnten legten die Holzerträge noch weiter zu. Eine auf fehlende Holzvorräte zurückgehende Holzknappheit ist demnach sehr unwahrscheinlich. Hingegen konnte eine zu niedrig angesetzte Hiebsplanung durchaus zu Engpässen auf dem Holzmarkt führen und die Preise in die Höhe treiben. Bis 1843 war hierfür tatsächlich vor allem die Furcht vor der Holznot ausschlaggebend.

In diesem Jahr kam es zu einer grundsätzlich neuen Ausrichtung der Forstwirtschaft. Denn nun wurden in Staats- und Gemeindewäldern die Hiebsätze eingefroren, obwohl die Erträge zuvor die Erwartungen noch übertroffen hatten und obwohl die Bevölkerung weiter zugenommen hatte. Der Staatsforstverwaltung ging es nun darum, den Waldzustand durch systematischen Waldbau zu verbessern, wozu etliche Schläge von der Nutzung ausgenommen und die Umtriebszeiten noch einmal deutlich erhöht wurden. Nun legte die Forstverwaltung also Holzreserven in den Wäldern an, die dann später während der Hochindustrialisierung einen beträchtlichen Teil der enorm ansteigenden Bau- und Nutzholznachfrage befriedigen konnte. Welche wirtschaftlichen und sozialen Folgen diese Forstpolitik für die pfälzische Bevölkerung hatte, war für die bayerische Regierung nachrangig. Auf den Holzmarkt mussten diese Maßnahmen verknappend und damit preistreibend wirken. Somit förderte die Staatsforstverwaltung damit ein Phänomen, das sie eigentlich vermeiden wollte: Versorgungsengpässe für weite Teile der Bevölkerung und illegale Selbsthilfe. Es waren zunächst die Logik des Kampfes gegen die Holznot und später dann der systematische Waldbau, die eine Bekämpfung und zunehmende Kriminalisierung insbesondere der agrarischen Waldnutzungen erzwangen. Diese sollten vor allem durch Verbote und Einhegungen von jungen Beständen unterbunden werden. Wie die Statistiken der Forstdelikte eindrücklich belegen, waren für einen beträchtlichen Bevölkerungsteil das Holz und die anderen Waldressourcen auf legale Weise nun nicht mehr erhältlich. Selbst dem bayerischen Innenminister, Fürst Ludwig von Öttingen-Wallerstein, fiel dies bei einer Dienstreise 1833 durch die Pfalz auf. Er bezeichnete die Situation als eine „beinahe totale Waldsperre".[65]

65 Der Reisebericht ist vollständig abgedruckt in: August BECKER: Die Pfalz vor 100 Jahren. Zur Geschichte des Hambacher Festes, in: Zeitschrift für Bayerische Landesgeschichte 2 (1929), S. 65–88, hier S. 72f.

5. Folgen der bayerischen Forstpolitik in der Pfalz

Am Beispiel des Umgangs mit dem Wald lässt sich beobachten, wie sehr sich der Zugriff des modernen Staats von jenem der Herrschaften im Ancien Régime unterschied. Vor allem war die Durchschlagkraft der modernen, arbeitsteiligen Bürokratie ungleich größer, denn nun wurden Gesetze und Anordnungen flächendeckend ausgeführt und durchgesetzt. Lokale und soziale Ausnahmeregelungen als typische Kennzeichen frühneuzeitlicher Herrschaftsausübung gehörten der Vergangenheit an, einheitliches Recht und einheitliche Ordnung herrschten nun überall. In dieser Hinsicht kann man die Umgestaltung der heterogenen, kleinräumig gemischten, teilweise gutwüchsigen und teilweise völlig übernutzten Wälder des 18. Jahrhunderts zu den nach forstwirtschaftlichen Regeln gestalteten Forsten durchaus als Spiegelbild eines umfassenderen Prozesses staatlicher Durchdringung interpretieren.[66] Nun wurden mit der Schlagwaldwirtschaft und den Aufforstungen ein homogener, gleichaltriger und nur aus wenigen Baumarten bestehender Hochwald geschaffen. Diese neuen Wälder ließen sich leichter überwachen und ihre Holzerträge berechnen. Unterschlagungen durch das Forstpersonal waren so deutlich schwieriger zu bewerkstelligen, zumal oft auch die Bürger*innen auf eine Einhaltung der Regeln in ihren Gemeindewäldern drangen.

Der frühneuzeitliche Trend zur zunehmenden Ausschließung der landwirtschaftlichen Nebennutzungen setzte sich fort. Nutzungsverbote oder Begrenzungen der Nutzungen waren jedoch erst im frühen 19. Jahrhundert durchsetzbar, so dass eine funktionale Differenzierung der Flächennutzung erst jetzt ihren Abschluss fand. Bislang multifunktional genutzte Waldflächen wurden nun – soweit rechtlich möglich – ausschließlich der Holzproduktion zugewiesen. Für die Landwirtschaft verstärkte diese zunehmende Exklusion der Waldweide und vor allem des Streuholens den ohnehin latent bestehenden Futter- und Düngermangel.

Der ungebrochene Wille zur Durchsetzung bürokratischer Vorstellungen zeigte sich paradigmatisch zum einen bei der unnachsichtigen Verfolgung der Forstdelikte, zum anderen auch gegenüber den Gemeinden, die die Kontrolle über ihre Wälder verloren. Nachdem im Vormärz einzelne Gemeinden noch dagegen opponiert hatten, setzte sich in den Gemeinderäten jedoch zunehmend die Erkenntnis durch, dass sich mit den Gewinnen aus den Holzversteigerungen die anstehenden Investitionen in die kommunale Infrastruktur wesentlich einfacher finanzieren ließen als mit zusätzlichen Steuern.[67]

Gerade die Unterschichten waren auf mehrfache Weise von diesen Maßnahmen negativ betroffen: Zum einen litten sie am stärksten unter der Kommerzialisierung der Holzversorgung, unter der abgeschafften Gabholzverteilung und den künstlich in die Höhe getriebenen

66 Eine solche Deutung für die preußische Forstwirtschaft: James C. Scott: Seeing Like a State. How Certain Schemes to Improve the Human Condition Have Failed, New Haven/London 1998, S. 11–52.

67 Ausführlicher dazu Grewe: Der versperrte Wald (wie Anm. 1), S. 382–396; vgl. Norbert Franz; Durchstaatlichung und Ausweitung der Kommunalaufgaben im 19. Jahrhundert. Tätigkeitsfelder und Handlungsspielräume ausgewählter französischer und luxemburgischer Landgemeinden im mikrohistorischen Vergleich (1805–1890),Trier 2006.

Holzpreisen, zum anderen blieb ihnen deshalb oft keine Alternative zur illegalen Selbsthilfe, was sie zu Tausenden in eine hoffnungslos wirkende Armutsspirale und verstärkt zu einer wirtschaftlich motivierten Emigration trieb.

Auf der anderen Seite gelang es den Förstern jedoch, auf diese Weise eine nachhaltige Forstwirtschaft einzuführen und so die Wälder bis in die Gegenwart zu erhalten. Dabei schoss die bayerische Forstverwaltung jedoch weit über ihr Ziel hinaus. Gelöst wurde der Konflikt zwischen nachhaltiger Waldbewirtschaftung und sozialer Frage erst durch die Industrialisierung, die wesentlich auf der nicht-nachhaltigen Nutzung fossiler Energieträger beruhte und Dünger und billigere Ersatzstoffe etwa für die Pottasche bereitstellte. Die Sperrung des Waldes trug entscheidend zu seinem Erhalt bei, auch wenn man heute manche ökologische Nebenwirkung der verordneten Hochwaldwirtschaft etwas kritischer beurteilen mag, insbesondere die verbreiteten Monokulturen.

Viele der einst heterogen aufgebauten und artenreichen Wälder wurden durch neue Bestände ersetzt, die nur aus ein oder zwei Baumarten gleichen Alters und gleicher Größe bestanden. Die Bestände wurden dichter bestockt und waren insgesamt dunkler, die unerwünschten Pflanzen und Baumarten wurden unterdrückt oder im wörtlichen Sinne *ausgerottet*.[68] In homogenen Wäldern konnte man die Nachhaltigkeit der Holzproduktion zuverlässiger berechnen, ein Raubbau oder eine schleichende Übernutzung wäre sofort sichtbar geworden. In den Wäldern, die multifunktional genutzt wurden, aus vielen verschiedenen Baumarten unterschiedlichen Alters und Wuchsformen bestanden und in unterschiedlicher Dichte bestockt waren, war eine solche schleichende Übernutzung kaum nachzuweisen oder zu verhindern. Auch deshalb bekämpften die Förster die agrarischen *Nebennutzungen* und favorisierten den Nadelholzanbau, der etwa die traditionelle Waldweide ausschloss. Insofern leistete die neue Übersichtlichkeit der stufenweise aus altersgleichen Bäumen aufgebauten Wälder einen wesentlichen Beitrag zur forstlichen Nachhaltigkeit. Eine ökologische Nachhaltigkeit war mit dieser Forstwirtschaft hingegen nicht zu erreichen. Doch viele Förster und einige Verwaltungen erkannten bereits im 19. Jahrhundert die Nachteile der neuen Wälder und entwickelten alternative Waldkonzepte wie den *gemischten Wald* (Karl Gayer) und einen *naturgemäßen Waldbau*, die zwar das Kriterium der ökologischen Nachhaltigkeit nicht erfüllten, aber doch deutlich artenreicher und widerstandsfähiger waren als viele Nadelholzkulturen.[69]

68 Grundlegend dazu, wie sich der Wald zunehmend in die forstwirtschaftlichen Kategorien hineinentwickelte: Matthias BÜRGI: Waldentwicklung im 19. und 20. Jahrhundert. Veränderungen in der Nutzung und Bewirtschaftung des Waldes und seiner Eigenschaften als Habitat am Beispiel der öffentlichen Waldungen im Züricher Unter- und Weinland, Zürich 1998.

69 Zeitgenössisch: Karl GAYER: Der gemischte Wald, seine Begründung und Pflege, insbesondere durch Horst- und Gruppenwirtschaft, Berlin 1886.

Nutzwald im 19. und 20. Jahrhundert
Waldaufbau zur Ertragssicherung

Sebastian Hein

Die Problemlage

Die Zeiträume, in denen sich großräumige Wälder und Waldökosysteme entwickeln, sind lang gedehnt und spiegeln damit die Stabilität, Resilienz und auch die Komplexität dieser Landbedeckung auch in den gemäßigten Breiten wieder. Bei diesen in wald- und auch forstgeschichtlicher Zeit Deutschlands zumeist nur graduellen Veränderungen nimmt jedoch das 19. Jahrhundert und in seiner Folge teilweise das auch 20. Jahrhundert eine ganz bedeutende Ausnahmerolle ein: Recht rasch – aus forstlich-menschlicher Perspektive – wurden die im Laufe des Mittelalters und der beginnenden Industrialisierung auf großer Fläche zerstörten und übernutzten Wälder wiederbewaldet. Die besondere Stellung dieser etwa 150 Jahre ist für viele Länder Mitteleuropas und teilweise sogar darüber hinaus gültig und ist in ihrer zeitlich langen Wirkung noch in den heutigen Wäldern als Echo dieser herausragenden Forst-Epoche zu spüren: der Wiederaufbau der Wälder mit dem Ziel, einen ertragreichen Nutzwald zur Holzproduktion begründen. Es ging dabei um nichts weniger als um die Befriedigung des überlebensnotwendigen menschlichen Bedürfnisses der Holznutzung. So gilt das 19. Jahrhundert forstgeschichtlich als das Jahrhundert des Waldaufbaus.

Was war jedoch zuvor geschehen? Wie kam es zu dieser Situation? Die Ausgangslage mit ihren Herausforderungen, ihren Protagonisten und ihren Lösungen soll im Folgenden aus der Perspektive der heutigen forstwissenschaftlichen Disziplinen Waldbau und Waldwachstum beschrieben werden. Dazu soll auch auf die Parallelen in der Ausgangslage, der Entwicklung und Bewältigung der Herausforderungen in anderen Ländern, hier beispielhaft in Frankreich sowie Japan eingegangen werden.

Bis etwa zur Wende vom 18. in das 19. Jahrhundert war der Wald die unersetzliche Zentralressource der ländlichen und städtischen Bevölkerung: Brennholz, Baumaterial und Lebensmittel hatten dort ihren Ursprung, die Übergänge der Landnutzung vom Feld hin zu Wald waren fließend (vgl. Vieheintrieb) und wenn auch die Steuerung der Waldnutzung schwierig, weil konfliktbeladen, war, so zeigen doch die ersten Wald- und Forstordnungen sowie die forstlichen Beiträge zur Jäger- und Hausväterliteratur das allgemeine Bewusstsein der Bevölkerung um die Abhängigkeit von der Ressource Wald[1]. Der Begriff „hölzernes Zeitalter" für diese Vorepoche zum 19. Jahrhundert weist richtigerweise auf diese zentrale Bedeutung hin. Wohlergehen der Bevölkerung, Wirtschaftswachstum durch vorindustrielles Gewerbe und Landwirtschaft waren eng miteinander gekoppelt. Zahlreiche, für das soziale Zusammenleben zentrale handwerkliche Berufe waren ohne Wald und seine Holzprodukte undenkbar (zum Beispiel Zimmerer, Wagner, Bötcher, Seifensieder, und ganz allgemein der Hausbau mit Wänden aus gewundenen Weidenzweigen). Und alles, was das dörfliche Leben mit Material aus dem Wald aufbaute, war auch wieder abbaubar und konnte in den Kreislauf des Werdens und Vergehens zurückgeführt werden.

Zwar war der Wald (vgl. Forst von lat. *foris* = draußen, außerhalb; Bedeutung: was außerhalb des umfriedeten dörflichen Bereich liegt) abgegrenzt vom geschützten Dorfbereich und war daher Gegenstand von Furcht und Fantasien, aber dennoch wurde er intensiv und mit heute nur noch museal vorhandenen Transportmitteln genutzt und vor allem im Ergebnis Jahrhunderte langer, wenig geregelter Bewirtschaftung übernutzt. Bis heute sind Spuren dieser Zeiten noch im heutigen Landschaftsbild und Waldbau sichtbar, auch aus einer naturschutzfachlichen Perspektive: in Deutschland sind heute keine großflächigen Waldungen vorhanden, in denen man in gesichertem Nachweis unwidersprochen behaupten könnte, es hätte hier noch keine menschliche Beeinflussung durch Holznutzung stattgefunden. Heutige, natürlich aussehende, bewaldete Naturschutzgebiete oder Nationalparks sind daher allesamt Folgen moderner Bemühungen um reliktischen Erhalt kleiner Flächen, haben aber stets die Axt unserer Vorfahren gesehen.

So gipfelt die frühneuzeitliche Übernutzung im heutigen Deutschland bis etwa zum Wechsel vom 18. ins 19. Jahrhundert in ausgebeinten, lichten Wäldern mit veränderter Baumartenzusammensetzung, niedrigem Holzvorrat, Bodenerosion und dezimierten Wildbeständen insbesondere bei den Großsäugern darunter Großraubwild als Nahrungskonkurrenten und Gefahr für den Menschen. Der Verlust der Fruchtbarkeit der Waldböden wurde beschleunigt durch den stetigen Nährstoffaustrag aus dem Wald hin zum Dorf und Feld in Form von Holz und Rinde. Aber noch mehr Wirkung entfaltete die Nutzung des Anfeuerholzes mit den besonders in den Zweigen enthaltenen, aber für die Waldernährung so wichtigen und seltenen basischen Kationen. Gleiches gilt auch für die Nutzung von Pottasche (vergleiche Waldname „Glaswald") zur erleichterten Glasproduktion sowie die Bereitstellung von Holzkohle (vergleiche Waldname „Kohlwald"). Diese Situation ist übrigens ähnlich für viele Orte Europas, aber auch in Übersee, wenn auch in unterschiedlichem Ausmaß: Als beeindruckendes Beispiel aus Japan mag die Szene „Futagawa, 33. Station" aus den „53 Stationen auf der Tokaido-Handelsstraße" (1831–1834) von Utagawa Hiroshige gelten,

1 Kurt MANTEL: Wald und Forst in der Geschichte, Alfeld/Hannover 1990, S. 518; Karl HASEL/Ekkehard SCHWARTZ: Ein Grundriss für Studium und Praxis, Remagen [3]2006, S. 394.

Abb. 1: Intensive Nutzung auch abgelegener Waldbereiche aufgrund hoher Nachfrage und Übernutzung der näher an den Bedarfsorten gelegenen Waldungen (Holzdruck eines unbekannten Künstlers mit alpenländischer Szene, 1899); überraschend ähnliche Darstellungen zum Transportwesen und zu Übernutzungen des Waldes finden sich auch für die japanischen Alpen.

die nach Übernutzung der Wälder dieses Fernhandelsweges im Bildhintergrund nur noch die Reste der dortigen eigentlich flächendeckenden Wälder zeigt[2].

Etwa diese Jahrhundertwende lässt sich als Auftakt zum Bedeutungswechsel des Waldes festmachen: Noch ist er wie oben begründet die Zentralressource, mit deren Übernutzung die Leute in Holznot geraten sind, aber mit der ersten und dann schnelleren Verfügbarkeit von Kohle, Eisen und damit besseren Transportmitteln (besonders Schiffen, Eisenbahn) in der ersten Hälfte des 19. Jahrhunderts sowie mit der Einführung der Stallfütterung und Mineraldüngung findet eine Entkopplung von Wald-, und Holzreichtum und Rohstoffversorgung der Wirtschaft statt. Ebenso können damit viele Produkte, die bislang aus dem Wald entstammten durch Stein und Eisen und später chemische Produkte ersetzt werden. Der Wald war entlastet, aber nicht mit einem Schlag sondern in einem länger andauernden Prozess und daher graduell und in regional unterschiedlicher Geschwindigkeit. Noch lange wurde alles aus dem Wald genutzt, auch und besonders krummes Holz bis dann später die industrielle Arbeitsteilung geradschaftige Baumarten für eine schnelle Nutzung bevorzugen sollte.

2 Utagawa HIROSHIGE: The Fifty-Three Stations of the Tōkaidō (東海道五十三次 Tōkaidō Gojūsan-tsugi). Holzschnitt-Druck zur 33. Station: „Futagawa", URL: https://en.wikipedia.org/wiki/Shirasuka-juku#/media/File:Tokaido32_Shirasuka.jpg. [zuletzt aufgerufen am 01.02.2019].

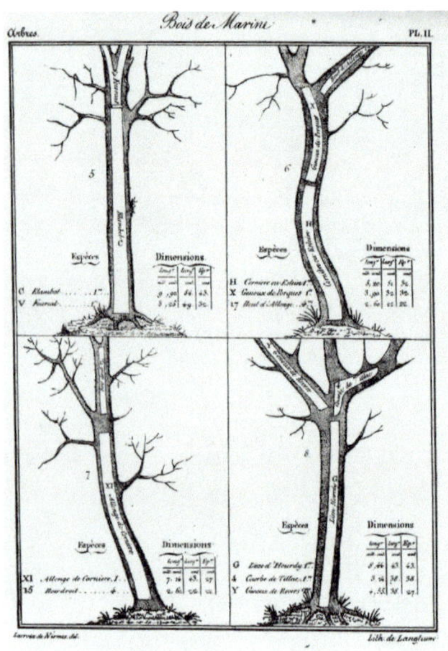

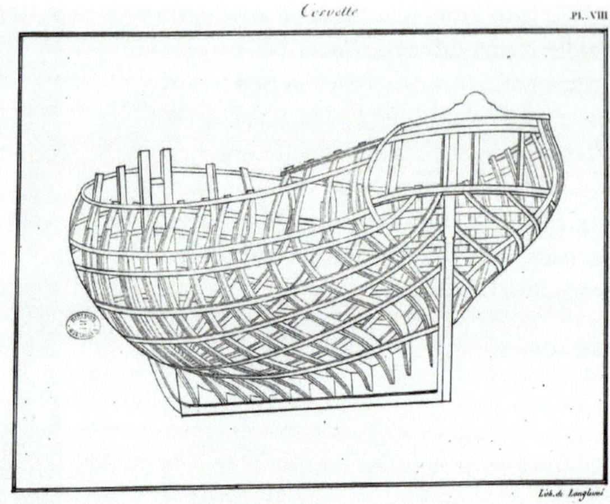

Abb. 2a–c: Alles musste und konnte genutzt werden. Was in heutiger industrieller Nutzung nicht mehr verwendbar ist, waren vor dem 20. Jahrhundert wertvolle Einzelstücke bei individueller Verwendung (oben links, *Bois de Marine*, und rechts, *Corvette*)[3]. Unten: Holzschiffsbau in der Batavia-Werft/NL nach alter Tradition[4].

Diese frühe Phase jedoch sollte noch einige Jahrzehnte dauern, weil sich der forstliche Kenntnisstand, die waldbezogene Bildung und in deren Folge die Methoden zur Quantifizierung der forstlichen Nachhaltigkeit erst noch entwickeln mussten.

3 Nachweis: Lith de LANGLUMÉ: In: Atlas. Des modéles d'ètats, des formules, Paris 1825, S. 117, 129

4 Nachweis: Foto: Sebastian HEIN, 2001.

Die Protagonisten

In dieser Entwicklung spielen die sogenannten forstlichen Klassiker die zentrale Rolle der Protagonisten: Georg Ludwig Hartig (1764–1837), Friedrich Wilhelm Leopold Pfeil (1783–1859), Johann Christian Hundeshagen (1783–1834), Heinrich Cotta (1763–1844) und Carl Justus Heyer (1797–1856)[5]. Sie gelten als Begründer der Forstwissenschaft und damit der akademischen Forstausbildung an der Wende des 18. ins 19. Jahrhundert und haben aus dieser Zeit eine reiche forstliche Literatur hinterlassen, die waldbauliche, standortskundliche oder mathematische Schwerpunkte beleuchtet. Es waren jedoch keine Ökologen, auch nicht was man heute von den akademischen Forstleuten erwartet, Manager der Waldbewirtschaftung unter Austarieren oft divergierender gesellschaftlicher Ansprüche, sondern hatten einen eindeutigen naturwissenschaftlichen Schwerpunkt mit den Disziplinen Mathematik, Ertragskunde und Waldbau, nachdem sie zunächst Staats-/Kameralwissenschaften studiert hatten. Das Besondere an ihnen war, dass sie in leicht einprägsamen Kernsätzen (z. B. Pfeil) die Erkenntnisse der Forstwissenschaft zusammenfassen oder (z. B. Hartig, Cotta) diese wissenschaftlich formulieren und enzyklopädisch in einem einheitlichen System zusammenfügen konnten.

Die Lösungen

a) Nachhaltssicherung – Kann die Mathematik helfen?
Dabei entstanden beachtliche Lösungsansätze, die mit ihrem Planungshorizont weit in unsere Zeit hineinreichten. Die zentrale Frage war, wie man bei begrenzter Fläche des Waldeigentums den nachfolgenden Generationen genauso viele Nutzungsmöglichkeiten überlassen konnte, wie man sie für sich selbst beanspruchen wollte (vergleiche dazu die passgenaue Definition von Nachhaltigkeit im wegweisenden, sogenannten Brundtland-Bericht[6]). Als Ausganglage waren die vielerorts üblichen Formen der Waldbewirtschaftung im Mittelwaldbetrieb vorhanden[7]. Es galt dabei jedoch erst einmal eine genaue Vermessung der Gesamtwaldflächen zu veranlassen, was eine beachtliche Leistung angesichts der damaligen Rechenhilfen und Möglichkeiten zur Aufzeichnung darstellte. Beim Zerlegen der Gesamtfläche in Einheiten gleicher Flächen (sogenannte Flächenfachwerke) oder gleicher Volumina aufstockendes Holzes oder Holzzuwachses (sogenannte Massenfachwerke) erfolgte eine Ertragsabschätzung über viele Jahrzehnte (teilweise bis zu fast 200 Jahren), was insbesondere bei

5 MANTEL: Wald (Wie Anm. 1); HASEL/SCHWARTZ: Grundriss (wie Anm. 1).

6 Gro Harlem BRUNDTLAND: Report of the World Commission on Environment and Development – Our Common Future. United Nations, Oslo 1987, S. 247.

7 Peter GÜRTH: Geschichte des Waldbaus in Baden-Württemberg im 19. und 20. Jahrhundert (Berichte Freiburger Forstliche Forschung, Heft 46), Freiburg 2003, S. 224.

degradierten Wäldern mit unklarer Abschätzung des Produktionspotentials zu verständlichen Unsicherheiten führte (zum Beispiel BÄRNTHOL für Teile Frankens[8]). Dennoch stellten diese sehr mathematischen Lösungen beachtlich langfristige Verbindlichkeiten gegenüber künftigen Generationen dar und zeugen zugleich auch von hohem Verantwortungsbewusstsein und tatsächlichem Verzicht gegenüber der unmittelbaren Nutzungsmöglichkeit. So verwundert es nicht, dass Friedrich Schiller beim Besuch des Ilmenauer Forstes, als ihm vom dortigen Forstmann die langfristige Nutzungs- und Nachhaltsplanung vorgestellt wurde, erstaunt antwortete: *„Ihr seid groß, ihr wirket unbekannt und unbelohnt, frei von des Egoismus Thyrannei, und eures Fleißes Früchte reifen der späten Nachwelt noch.*"[9]

b) Versuchsanlagen – Wie wird das Wachstum des Waldes messbar?

Solche vorbildlich vorausschauenden Forstplanungen litten jedoch stets unter den unsicheren Zuwachsprognosen zum Holzwachstum. Die forstlichen Klassiker hatten dieses Problem zwar mathematisch (Voluminierung von Stämmen mit je nach Baumart verschiedenen Schaftformen, Anzahl der Stämme pro Hektar, Festlegung zum Mindestdurchmesser messbaren Holzvolumens) grundsätzlich gelöst, aber es blieb offen wie sich Ertragsverhältnisse regional und überregional unterscheiden und entsprechend den standörtlichen Gegebenheiten variieren. Dabei kam der Weiterentwicklung der Forstwirtschaft der Fortschritt der Wissenschaft zu Gute: Zunächst nur in den Akademien der forstlichen Klassiker gepflegt, erfolgte in der zweiten Hälfte des 19. Jahrhunderts der Übertrag dieses neuen wissenschaftlichen Faches hin zu Universitäten in mathematisch-naturwissenschaftlichen Fakultäten. Das Wissen um eine verbesserte Ertragsschätzung konnte erst jetzt und nur im Zusammenschluss der neu gegründeten Akademien, Forschungs- und Versuchsanstalten und Universitäten gelöst werden. Hier wurden auch einige der Forst-Professoren der Universität Tübingen sichtbar[10]: Prof. Dr. Carl Julius Tuisko Lorey, Prof. Dr. Herrmann Nördlinger, Prof. Dr. Anton von Bühler sowie Prof. Dr. Christoph Wagner: Beispielsweise war Lorey beteiligt am Gründungstreffen der IUFRO (International Union of Forest Research Organisations), initiiert durch den Verein Deutscher Forstlicher Versuchsanstalten auf seiner Jahrestagung 1892 in Eberswalde bei Berlin[11]. Ziel dieses Verbandes war die Entwicklung von Methoden für forstwissenschaftliche Versuchsanlagen und der Standards, um den langfristigen Forstversuchen zum Waldzuwachs und Ertrag eine angemessene Kontinuität und Repräsentativität zu sichern. Diese Schritte zur überregionalen Quantifizierung des Waldwachstums hat-

8 Renate BÄRNTHOL: Nieder- und Mittelwald in Franken: Waldwirtschaftsformen aus dem Mittelalter. Verlag Fränkisches Freilandmuseum, Bad Windsheim 2003.

9 Gottlob KÖNIG: Schiller's Weidspruch, in: Sylvan ein Jahrbuch für Forstmänner, Jäger und Jagdfreunde (1814), S. 153.

10 MINISTERIUM FÜR ERNÄHRUNG, LANDWIRTSCHAFT UND UMWELT BADEN-WÜRTTEMBERG (Hg.): Biographie bedeutender Forstleute aus Baden-Württemberg (Schriftenreihe der Landesforstverwaltung Baden-Württemberg, Bd. 55), Stuttgart 1980, S. 640.

11 Hans PRETZSCH: Grundlagen der Waldwachstumsforschung, Berlin 2002, S. 414.

Abb. 3a–c: Beschilderung im Stadtwald Tübingen, im Bereich des ehemaligem Lehr- und Versuchswaldes der Universität zu sehen. Einzelne Hinweise auf die ehemaligen waldwachstumskundlichen Versuchsanlagen und akademische Lehre sind noch heute zu finden.

ten also auch die frühen Forst-Professoren der Universität Tübingen mitgestaltet. Die heutigen Überreste (zumeist Fremdländeranbauten noch sichtbar) sind noch immer unter anderem in den Abteilungen „Großholz", „Professorengarten" und „Professorenstein" zwischen Kusterdingen und Tübingen zu sehen.

Die Forschung und forstlich-akademische Ausbildung hatte zunächst die Universität Hohenheim inne, wurde dann jedoch 1881 von der Universität Tübingen übernommen, aber bereits im Jahre 1920 an der Universität Freiburg angesiedelt. Die in dieser 40-jährigen forstwissenschaftlichen Forschungsperiode an der Universität Tübingen angelegten Versuchsflächen wurden mit dem Wechsel nach Freiburg gesamthaft an die Württembergische Versuchs- und Forschungsanstalt übergeben. Der noch heute auffälligste Erinnerungsort dieser Epoche ist wohl der Professorenstein im Stadtwald Tübingen (heute oberhalb der Deponie Kusterdingen), an dem etwas abseits des Weges der Professoren Lorey und Nördlinger gedacht wird c) Fremdländeranbau – Ist eine Ertragssteigerung möglich?

Das Wissen um die begrenzten Waldflächen, die unbefriedigende Produktivität der heimischen Standorte (synonym im forstwissenschaftlichen Sprachgebrauch für die Summe der boden- und klimagegebenen Wachstumsbedingungen) besonders aber auch der mit der weiteren Industrialisierung ansteigende Bedarf an konstruktiv verwendbarem Bauholz, ließ auch die forstwissenschaftlichen Professoren der Universität Tübingen nach Alternativen

Abb. 4: Auch im Landschaftsbild stechen die Relikte (Kronenspitzen der Douglasien am Horizont) der universitären Versuchsanbauten mit fremdländischen Baumarten noch heute deutlich sichtbar heraus; Blick von der Lustnauer Neckarseite nach Süden.

suchen. Die neuen, oben erwähnten internationalen Kontakte ermöglichten neuen Formen des wissenschaftlichen Austausches und so gerieten als produktiv eingeschätzte, fremdländische Baumarten, überwiegend aus dem nordamerikanischen Raum, in den Blickpunkt der Forschung. Von den damals angelegten Versuchsanbauten der Universitäten Tübingen stechen bei einem Begang der entsprechenden Waldabteilungen heute gerade diese fremdländischen Baumarten heraus: z. B. Douglasie (*Pseudostuga menziesii)* , Schindelborkige Hickory (*Carya ovata*), Amerikanische Schwarznuss (*Juglans nigra*) und Nordamerikanische Roteiche (*Quercus rubra*).[12]

In den Unterlagen der Württembergischen Versuchsanstalt findet sich zu einer der hier getesteten Baumarten, *Carya ovata*, ein Brief der damaligen Skifabrik Marquardt, Heilbronn a.N. vom 15.6.1940, mit der Bitte, man möge doch diese Baumart wegen ihrer herausragenden Festigkeitseigenschaften waldwachstumskundlich eingehender untersuchen[13]. In einem beigelegten Auszug der Zeitschrift „Skiläufer" wird dazu dann ausführlich die Hoffnung geäußert, „[...] *daß, wenn nicht unsere Enkel, so doch unsere Urenkel auf Hickoryski laufen, die in Deutschland selbst gepflanzt und gefällt worden sind.*"[14]

Bis auf den heute bedeutenderen Anbau der Douglasie waren jedoch diese frühen Versuche zur Produktionssteigerung im „Nutzwald" insgesamt nicht von großem Erfolg gekrönt.

12 Bernhard METTENDORF: Forstliche Exoten im Großholz. 100 Jahre Anbau fremdländischer Baumarten bei Tübingen (Tübinger Blätter, Bd. 82), Tübingen 1995, S. 24–27.

13 Elke LENK: Schriftliche Mitteilung zu den Versuchsflächenakten „Hickory", Forstliche Versuchs- und Forschungsanstalt Baden-Württemberg, Abteilung Waldwachstum, Freiburg i. Br. 2017, o. S.

14 Ski-Hickory-Pflanzung in Deutschland (1940), in: Der Skiläufer 5 (12), S. 181/Hickory-Pflanzung (1940), in: Der Skiläufer 5 (13) o. S.

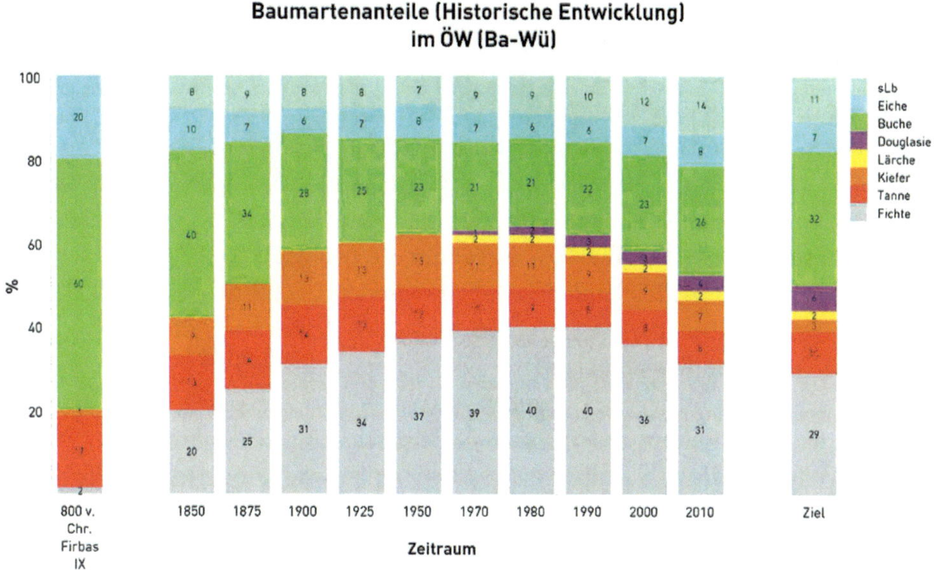

Abb. 5: Langfristige Baumartenentwicklung in Baden-Württemberg als Folge der Bedingungen des Naturraums und der menschlichen Bewirtschaftungsziele.

Die Anbauten mit Hickory sind inzwischen ausnahmslos aufgegeben worden. Dennoch mag diese frühe Bemühung auch indirekt als ein weiteres beeindruckendes Beispiel des langfristigen Nachhaltigkeitsdenkens in der Waldnutzung gewertet werden. Auch im Bereich der ehemals universitären forstlichen Versuchsanlagen sind nur noch Einzelexemplare dieser Baumart zu finden. Allein die Douglasie ist in diesen Waldabteilungen noch häufig zu finden. Sie ist die zurzeit einzige fremdländische Baumart, die es auch deutschlandweit zu etwas größerer, wenn auch insgesamt noch geringer Bedeutung gebracht hat (6,6 %, nach Flächenanteilen[15]), sodass sie in der 3. Bundeswaldinventur separat erwähnt und ausgewertet wird. Auf diesen Flächenanteilen bringt sie es jedoch auf den höchsten periodischen Zuwachs aller Baumarten und Baumartengruppen (18,9 m^3/ha*J). Die Begeisterung der damaligen Forstleute für Neues – vor allem aber die Holznot und der Mangel an Nutzwald – hat in der Baumartenzusammensetzung und Zuwachsverhältnissen Deutschlands und auch Baden-Württembergs mit dieser fremdländischen Baumart den wohl sichtbarsten Ausdruck gefunden .

15 BUNDESMINISTERIUM FÜR ERNÄHRUNG UND LANDWIRTSCHAFT (HG): Ergebnisse der Bundeswaldinventur 2012, Berlin 2016, S. 270.

Frankreich

Die frühe forstwissenschaftliche Lehre begann jedoch nicht erst in der zweiten Hälfte des 19. Jahrhunderts. Die zuvor genannten forstlichen Klassiker in Deutschland hatten mit ihren forstlichen Schulen und Akademien an der Wende vom 18. ins 19. Jahrhundert schon früh in anderen Ländern eigenständige Parallelentwicklungen: So wurde in Nancy, Région Lorraine, die Ecole Nationale du Génie Rural des Eaux et des Forêts (ENGREF, heute Teil AgroParisTech), im Jahre 1825 zeitnah zu den forstlichen Akademien in Deutschland im Stile napoleonischer „*Ecoles d'Ingénieurs*" gegründet. Bis heute ist diese forstwissenschaftliche Einrichtung die zentrale akademische Ausbildungsstätte für forstwissenschaftliches Personal höherer Laufbahnen der französischen Staatsforstverwaltung Office National des Forêts (ONF). Aus deren Reihen ging auch einer der französischen Protagonisten zur Wiederbewaldung der auch in diesem Land devastierten Wälder hervor, Prosper Demontzey (1831–1898), der als Absolvent dieser Schule zu den bedeutendsten Pionieren der Wiederbewaldung der französischen Südalpen wurde. Die französische forstgeschichtliche Literatur[16] verweist dabei immer wieder auf die großen Leistungen der frühen Forstingenieure der Verwaltung devastierte Hanglagen der Alpen und deren Vorgebirge erfolgreich wiederbewaldet zu haben.

Die Lehren des 19. und 20. Jahrhunderts

Was kann man aus diesen beiden Jahrhunderten aus forstlicher Sicht lernen? Neben vielen anderen Dingen vielleicht die Einsicht, dass Wald und auch unser Wald in Deutschland nicht so statisch ist, wie wir es gerne hätten: Wald (nicht nur Holz) war und muss auch heute (wieder) als eine endliche Ressource angesehen werden. Wo früher Wälder waren, waren einmal keine und die heutigen Wälder wachsen anders, da sie sich aus anderen Baumarten zusammensetzen und auch auf inzwischen besseren Standorten (forstlicher Begriff für das Zusammenwirken von Boden und Klima) mit anderer Bodenfruchtbarkeit wachsen. Und nicht zuletzt hatten wir Menschen mit unseren Vorfahren den Anteil am Niedergang und die Forstleute mit dem aus der Gesellschaft gewachsenen Auftrag ihren Beitrag am Wiederaufbau des Nutzwaldes im 19. und 20. Jahrhundert geleistet.

16 Adam BIRO: Histoire de forêts – La forêt française du XIIIe au XXe siècle, Centre historique des Archives nationales, Musée de l'histoire de France/Groupe d'histoire des forêts françaises, Paris 1997, S. 158.

Bildrechtenachweise

Rainer Schreg: Kahlschlag? im Urwald? Archäologische Aspekte zu Landesausbau und Rodung im Mittelalter
Abb. 1 gemeinfrei; Poznań, National Museum.
Abb. 2 © Karl Schumacher: Der Ackerbau in vorrömischer und römischer Zeit (Kulturgeschichtliche Wegweiser durch das Römisch-Germanische Central-Museum, Bd. 1), Mainz 1922.
Abb. 3 © Stefanie Jacomet/Angela Kreuz: Archäobotanik. Aufgaben, Methoden und Ergebnisse vegetations- und agrargeschichtlicher Forschung (UTB 8158), Stuttgart 1999, Abb. 11.31.
Abb. 4, 5, 6 © Rainer Schreg.

Christoph Schurr: Jagdausübung im Mittelalter und in der frühen Neuzeit bis in die Zeit des 30-jährigen Krieges
Abb. 1 © Graphik: Christoph Schurr, basierend auf Daten aus: Rudolf Freiherr von Wagner-Frommenhausen: Das Jagdwesen in Württemberg unter den Herzogen, Tübingen 1876.

Peter Rückert: Wald und Herrschaft im späteren Mittelalter
Abb. 1, 2 © HStA Stuttgart.
Abb. 3 © Peter Rückert.
Abb. 4a–b © Corpus Vitrearum Medii Aevi, Freiburg i. Br. (Foto: Rüdiger Becksmann).
Abb. 5 © Friedrich Huttenlocher: Geographischer Überblick, in: Der Schönbuch. Beiträge zu seiner landeskundlichen Erforschung (Veröffentlichung des Alemannischen Instituts Freiburg Nr. 27. Arbeitsgruppe Tübingen), Bühl/Baden 1969, S. 24.
Abb. 6 © Staatliche Schlösser und Gärten Baden-Württemberg.
Abb. 7 © Historisches Museum Basel, Inv. 1939.1206.

Stefan Knödler: Der Wald in der deutschen Literatur
Abb. 1 gemeinfrei;
Joachim Schäfer: Heiligenlexikon (https://www.heiligenlexikon.de/Fotos/Ludwig_Richter-Genoveva.jpg).

Sebastian Hein: Einführung: Nutzwald im 19. und 20. Jahrhundert. Waldaufbau zur Ertragssicherung
Abb. 1 gemeinfrei; B. R.: Holztriften durch die Partnachklamm, in: Die Gartenlaube 18 (1899), S. 573 (https://de.wikisource.org/wiki/Holztriften_durch_die_Partnachklamm).
Abb. 2a-b gemeinfrei;.Bibliothèque nationale de France, Département Droit, économie, politique F-17823 (https://gallica.bnf.fr/ark:/12148/bpt6k63380504).
Abb. 2c, 3a–c, 4 © Sebastian Hein.
Abb. 5 © Forsteinrichtungsstatistik 2001–2010, hg. von Landesbetrieb Forst Baden-Württemberg, Stuttgart 2014, S. 27.